Super mathematics

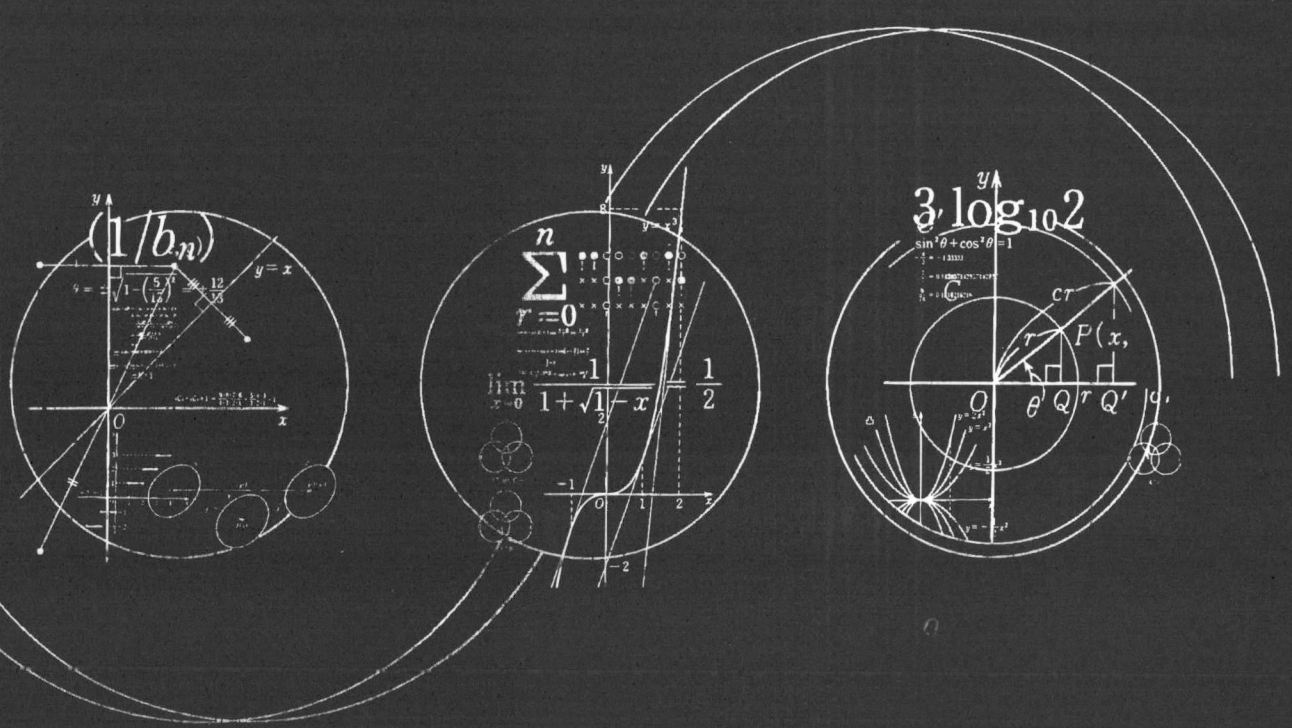

Super mathematics

수학독본

마츠자카 가즈오 지음
김태성 옮김

Super mathematics

수학독본

제 ❶ 권 수·식의 계산 / 방정식 / 부등식

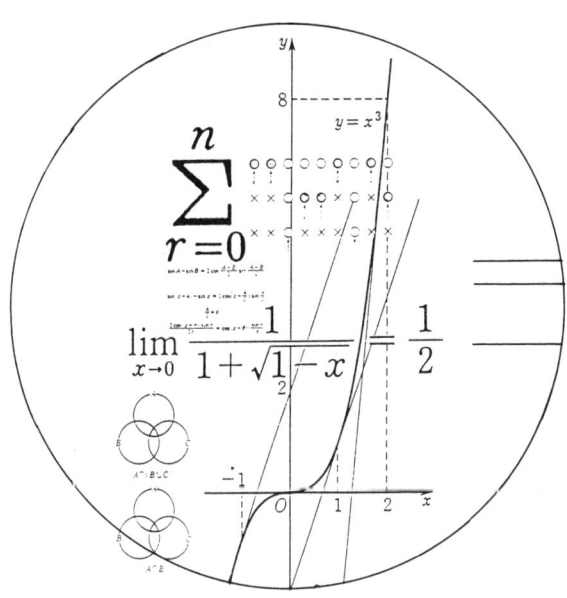

한길사

Sūgaku Tokuhon (수학독본)
(6 vols.) by Kazuo Matsuzaka

Copyright (c) 1989, 1990 by Kazuo Matsuzaka

Originally published in Japanese by Iwanami Shoten,
Publishers, Tokyo in 1989 — 1990

Korean translation copyright (c) 1994 by
Hangil Publishing Co.,Ltd.

머리말

나는 이 강의를, 초·중등 수학을 성실한 자세로 배우기를 원하는 모든 사람을 위하여 쓰고 있습니다. 내용은 중고교 수학, 특히 고교 수학입니다만, 나이가 어린 독자도 읽을 수 있도록 자세히 쓰고 있습니다.

이 강의는, 재미있는 이야기를 취하여 하나로 정리한 것은 아닙니다. 이것은 여섯 권 전권을 통하는 어떤 종류의 일관성과 흐름을 가지고 있습니다. 결국, 나는 하나의 새로운 교과서를 쓰는 것인지도 모릅니다. 그러나, 이것은 보통 교과서와는 다릅니다. 왜냐하면 나는 여러 가지 제약없이 이 책을 쓰고 있기 때문입니다. 이 강의는 보통 교과서보다 훨씬 자유롭습니다. 또 ——그러리라고 생각합니다만—— 훨씬 깊고 풍부한 내용을 담고 있습니다. 여러분은 이 강의를 읽음으로써 지금까지 깨닫지 못했던 것을 알게 되고, 새로운 발견을 하기도 하고, 매우 흥미있는 수학 문제에 인도되기도 할 것입니다.

이 강의에는 예나 예제가 많이 있습니다. 그리고 질문도 많이 있습니다. 질문은 쉬운 문제부터 조금 생각해야만 되는 문제까지 여러 단계의 것이 골고루 있습니다. 그리고 독자의 편의를 위해, 원칙적으로 모든 문제에 대한 해답을 넣었습니다. 나는 독자에게 시간이 허용하는 한 이러한 문제를 모두 풀어 보기를 권유합니다. 수학의 여러 개념을 마음 속에 새겨 두기 위해서는, 그저 책을 읽고 이해한다는 생각만으로는 불충분하고, 역시 "자신의 힘으로 풀어본다"고 하는 실천이 필요하기 때문입니다.

나는 너무 기교적이거나 발생원이 확실하지 않은 이상하고 부자연스러운 문제는 될 수 있는 한 피했습니다. 내가 이 강의를 통해서 이야기하고 싶은 것은 흐름이 있는 수학의 한 이야기이지 기술이나 요령 그 자체가 아니기 때문입니다.

이 강의에서는 상식적인 교과 과정의 의미로 초·중등 수학의 범위로 생각할 수 있기 때문에——어디까지가 초·중등 수학이고 어디부터가 고등 수학인지는 확실하지 않습니다만——조금 위쪽까지 연장하였습니다. 이것은 결코 교과 과정을 거기까지 끌어 올리는 것을 주장하는 의미는 아닙니다. 다만, 이야기의 전개에서 자연적으로 거기까지 나아가는 편이 좋다고 생각했기 때문에 나아가는 것 뿐입니다. 이 강의에는 인위적으로 부자연스러운 곳은 없습니다. 따라서, 이것은 아마 최종적으로는 독자를 상당히 높은 수준까지 이끌 것입니다.

이 강의에는 때때로 생략해도 좋은 곳이 있습니다. 그것은 본문과는 일단 관계가 없는 것이어서 그 때마다 그것을 예고하고 있습니다. 그러나, 그것은 흥미있는 부분이기 때문에 될 수 있으면 독자들이 읽기를 바랍니다. 그러나, 읽어 보고도 알 수 없다면 생략하고, 후일에 또 되돌아보시오. 이 주의는 다른 일반적인 것에서도 통용됩니다. 이 강의를 읽어가면서 이해할 수 없는 곳이 있다면, 독자는 우선 다음으로 나아가고, 조금 지난 후 다시 그곳을 읽어 보십시오.

나는 이 강의를 나이 어린 독자들이 읽어 주기를 바랍니다. 그러나 또 대학생이나 사회인 ——특히 학교 선생님, 수학에 흥미를 가진 부모님, 일반적으로 교육에 관심을 가진 분들 ——이 읽기를 기대합니다. 이 강의가 수학을 배우는 사람, 수학을 가르치는 사람에게 조금이나마 매력 있는 존재가 된다면 나는 만족합니다.

끝으로 나는, 직접 간접으로 이 강의를 쓰는데 도움을 주신 분들과 이 강의의 출판에 협력해 주신 분들에게 감사를 표합니다.

수학독본 1

Super mathematics

차례

제 1 장   수학은 여기부터 시작이다 : 수

제 2 장   문자와 기호의 활약 : 식의 계산

제 3 장　수학의 위력을 발휘하다 : 방정식

제 4 장　대소관계 : 부등식

기하학에 왕도는 없다.

유클리드

새로운 공부를 시작하려고 할 때에는, 이미
아는 것도 그것을 처음에 완전하게 정리해 두
는 일이 필요하다.

1 수학은 여기부터 시작이다
—— 수

1.1 실수의 분류

여러분들은 아마도 수의 개념이나 식의 계산, 방정식
을 푸는 방법 등에 대해서, 이미 어느 정도의 경험을 가
지고 있을 것입니다. 특히 경험이 많은 분들에게는 이 장
은 거의 복습이 될지도 모릅니다. 그러나 새로운 공부를
시작하려고 할 때에는, 이미 알고 있어도, 그것을 처음에
완전하게 정리해 두는 일이 필요합니다. 그래서 나는 처
음 두 장에서 수와 식에 관한 기본적인 것들을 정리하여
두었습니다.

먼저 수의 분류부터 시작합시다.

◆ 유리수·무리수

수에는 여러 가지 종류가 있는데 우리에게 가장 친밀

한 수는 말할 것도 없이 1, 2, 3, 4, …라고 하는 수입니다. 이런 수를 **자연수** 또는 **양의 정수**라고 부르며, 물건의 개수를 세거나, 물건에 순서를 정할 때에 사용합니다. 자연수의 부호를 바꾼 수 $-1, -2, -3, -4, …$는 **음의 정수**라고 부릅니다. 양의 정수, 음의 정수, 0을 합쳐서 **정수**라고 합니다. 즉, 정수라 함은 $0, 1, -1, 2, -2, 3, -3, …$와 같은 모든 수를 말합니다.

또 우리는 $-\dfrac{1}{2}, \dfrac{10}{7}, \dfrac{11}{74}$ 과 같은 수를 **분수**라고 부르는 것을 알고 있습니다. 수학적으로 더 정확한 용어는 **유리수**입니다. 즉, 유리수는 m을 정수, n을 0이 아닌 정수라 할 때, $\dfrac{m}{n}$의 형태로 표시하는 수입니다.

임의의 정수 m은 $\dfrac{m}{1}$으로 표시되므로 유리수입니다. $-\dfrac{1}{2}, \dfrac{10}{7}, \dfrac{11}{74}$ 등은 정수가 아닌 유리수입니다.

우리는 더욱더 2의 제곱근 $\sqrt{2}$, 원주율 π와 같은 수도 알고 있습니다. 이들 수는 유리수가 아닙니다. 이와 같은 수를 **무리수**라고 부릅니다. $\sqrt{3}, \sqrt{5}, \sqrt{6}, \sqrt{7}, \sqrt{8}, \sqrt{10},$ …등도 역시 무리수입니다.

유리수와 무리수를 합하여 **실수**라고 합니다. 따라서 실수를 분류해 보면 다음과 같이 됩니다.

실수의 분류

$$
\text{실수} \begin{cases} \text{유리수} \begin{cases} \text{정수} \begin{cases} \text{양의정수(자연수) } 1, 2, 3, \cdots \\ 0 \\ \text{음의 정수 } -1, -2, -3, \cdots \end{cases} \\ \text{정수가 아닌 유리수 } -\dfrac{1}{2}, \dfrac{10}{7}, \dfrac{11}{74} \text{ 등} \end{cases} \\ \text{무리수 } \sqrt{2}, \sqrt{3}, \pi \text{ 등} \end{cases}
$$

◆ **수직선**

실수는 다음과 같이 1개의 직선 위의 점과 일대일대응을 한다고 할 수 있습니다.

지금 1개의 직선 l을 생각하면, 그 위에 서로 다른 두 점 O, E를 잡고, O를 **원점**, E를 **단위점**이라 부릅시다. 이때 우선 점 O에 수 0을 대응시킵니다. 또, l 위의 O 이외의 점 A에 대해서는 선분 OE의 길이를 단위로 하여 측정한 선분 OA의 길이가 a일 때, 만약 점 A가 O에서 보아 E와 같은 쪽에 있으면 A에 양수 a를 대응시키고, 만약 점 A가 O에서 보아 E와 반대쪽에 있으면 A에 음수 $-a$를 대응시킵니다.

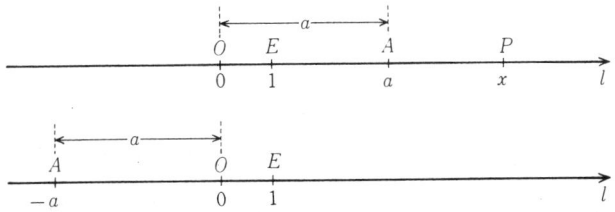

이와 같이 하면, 직선 l 위의 모든 점에 각각 1개의 실수가 대응하고, 또 1개의 실수에는 반드시 l 위의 1개의 점이 대응합니다. 이렇게 해서, 모든 실수와 직선 l 위의 모든 점 사이에 "일대일대응"이 됩니다. 이와 같이 직선 l 위의 각 점에 각각 1개의 실수를 대응시킬 때, l을 **수직선**이라 합니다.

수직선 l 위의 점 P에 대응하는 실수가 x일 때, x를 점 P의 **좌표**라 부릅니다. 원점 O의 좌표는 0, 단위점 E의 좌표는 1입니다. 점 P의 좌표가 x임을 $P(x)$로 나타냅니다. 또 이때, 점 P를 간단히 점 x라 부릅니다. 즉, 수직선 위의 각 점은 각각, 그것에 대응하는 실수를 표시한다고 생각하는 것입니다. 역으로 말하면, 수직선 위의 점에 의해서 표시된 수, 그것이 실수임을 뜻합니다.

수직선을 평면 위에 나타낼 때에는, 보통 위의 그림과 같이 단위점 E를 원점 O의 오른쪽에 정합니다. 그때 양수는 원점보다 오른쪽에 있는 점으로 표시되고, 음수는 원점보다 왼쪽에 있는 점으로 표시됩니다. 양수를 표시하고 있는 부분, 즉 원점 O에서 보아 단위점 E가 있는 쪽 부분을 **양의 부분**이라 말하고, 반대로 음수를 나타내는 부분을 **음의 부분**이라 말합니다. 또 원점 O에서 단위점 E로 향하는 방향을 **양의 방향**, 그 반대 방향을 **음의 방향**이라고 말합니다. 양의 방향이 어느 쪽인지는 보통 앞의 그림과 같이 화살표를 그리므로써 표시합니다.

◈ 유리수의 조밀성, 무리수를 유리수에 접근

수직선 위에서 정수를 표시하는 점은 그림과 같이 같은 간격 1로 좌우로 한없이 늘어서 있습니다.

또, 분모가 2인 유리수는 수직선 위에 간격이 같은 $\frac{1}{2}$로 늘어서 있습니다. 같은 형태로, 분모가 5, 10, …, 100, … 인 유리수는, 각각 $\frac{1}{5}$, $\frac{1}{10}$, …, $\frac{1}{100}$, …인 같은 간격으로 늘어서 있습니다.

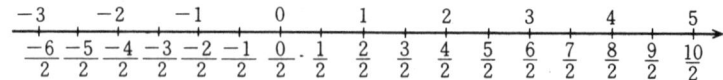

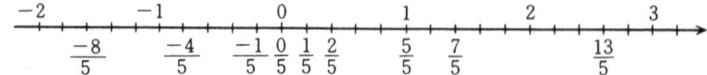

일반적으로, n을 하나의 자연수라 할 때, 분모가 n인 유리수는 간격이 같은 $\frac{1}{n}$로 수직선 위에 늘어서 있습니다. n이 한없이 커지면 이 간격은 한없이 작아집니다. 이런 것으로부터,

수직선 위에 어떤 작은 선분 AB를 잡아도, 이 선분 위에 무수히 많은 유리수가 존재한다

는 것을 알 수 있습니다. 물론, 위에서 유리수라고 하는 것은 정확히 "유리수를 표시하는 점"의 의미입니다.

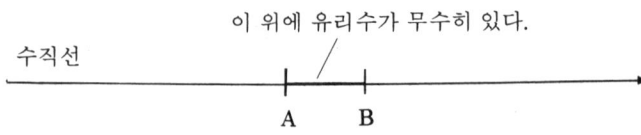

이 성질은, **유리수는 수직선 위에 조밀하게 분포하고 있음**을 나타냅니다. 간단히 **유리수의 조밀성**이라고 말합니다.

이와 같이 유리수는 수직선 위에 조밀하게 분포하고 있지만, 그래도 아직 수직선 위에는 유리수가 아닌 점도 있습니다. 예를 들면, 한 변의 길이가 1인 정사각형의 대각선 길이 $\sqrt{2}$ 는, 오른쪽 그림과 같이 수직선의 점으로 표시되지만 이 수는 유리수는 아닙니다.

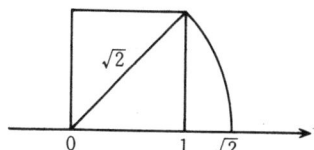

이와 같이 유리수로는 표시되지 않는 점을 표시하는 수가 무리수입니다.

그러나, 수직선 위에 유리수는 조밀하게 존재하고 있기 때문에, 무리수는

유리수에 의해 얼마든지 접근시킬 수 있습니다.

다시 말하면 수직선 위의 모든 점이 유리수는 아니지만, 유리수가 아닌 점 즉, 무리수도 얼마든지 가까운 유리수에 의해 접근시킬 수 있다는 것입니다.

$\sqrt{2}$ 가 무리수인 것의 증명은 몇 페이지 뒤에 하겠으니 그곳을 보기 바랍니다.

◆ 실수를 소수로 나타내기

정수가 아닌 유리수를 소수의 형태로 표시하면

$$\frac{13}{8} = 1.625$$

와 같은 유한소수이든가, 또는

$$-\frac{4}{3} = -1.33333\cdots$$

$$\frac{1}{7} = 0.142857142857142857\cdots$$

$$\frac{9}{74} = 0.1216216216\cdots$$

과 같은 소수의 어떤 자리 이하에 똑같은 숫자의 배열이 한없이 반복되는 무한소수가 됩니다. 이와같은 무한소수

를 **순환소수**라고 부릅니다.

순환소수는, 보통, 순환하는 부분의 최초의 숫자와 최후의 숫자 위에 점을 찍어 다음과 같이 표시합니다.

$$-1.33333\cdots = -1.\dot{3}$$
$$0.142857142857142857\cdots = 0.\dot{1}4285\dot{7}$$
$$0.1216216216\cdots = 0.1\dot{2}1\dot{6}$$

그리고 또, 숫자의 순환하는 부분을 그 순환소수의 **순환마디**라 합니다. 위의 3개의 예의 **순환마디**는 각각 3, 142857, 216이고, **순환마디의 길이**는 각각 1, 6, 3입니다.

한편, 무리수를 소수로 표시한 때에는, 그것은 순환하지 않는 무한소수가 됩니다. 예를 들면

$$\sqrt{2} = 1.41421356\cdots$$
$$\pi = 3.14159265\cdots$$

의 우변의 소수는 순환하지 않는 무한소수입니다.

◆ 유리수와 순환소수

유리수를 소수로 표시하면 왜 유한소수 또는 순환소수가 되는가?

그 이유는 다음과 같습니다. $\frac{13}{8}$, $\frac{1}{7}$ 이라고 하는 2개의 분수를 소수로 고친 계산을 예로 들어 설명하겠습니다.

```
        1.625                    0.142857
   8) 13                    7) ①0
       8                        7
      --                       --
      50                       30
      48                       28
      --                       --
      20                       20
      16                       14
      --                       --
      40                       60
      40                       56
      --                       --
       0 …나누어떨어짐          40
                               35
                              --
                              50
                              49      이후 같은 계산이
                             --       반복됨
                             ①…
```

위의 2개의 계산은 $\frac{13}{8}$, $\frac{1}{7}$을 각각 소수로 고친 계산을 나타내고 있습니다. $\frac{13}{8}$의 경우는 소수 3째자리에서 나누어떨어집니다. 이와 같이 소수 몇째자리에서 나누어떨어지는 경우에는 유한소수가 됩니다.

한편, $\frac{1}{7}$은 언제까지 나누어도 떨어지지 않습니다. 그러나, 위의 계산에서 아는 바와 같이, 나머지로서 순서대로 1, 3, 2, 6, 4, 5, 1이 나오지만, 이 마지막 나머지 1은 처음의 나머지 1과 같습니다. 따라서 이후는 전과 완전히 같은 계산이 반복됩니다. 그러므로 $\frac{1}{7}$을 소수로 고친 결과는 순환소수가 됩니다.

일반적으로, 유리수 $\frac{m}{n}$이 순환소수일 때는, 나머지로 나타나는 수는 n보다 작은 양의 정수 1, 2, ···, $n-1$ 중의 어느 것입니다. 따라서 $(n-1)$회 나눗셈을 하는 동안에는, 반드시 이전에 나타난 것과 동일한 나머지가 나타납니다. 그리고 이후의 계산은 전과 같은 계산이 반복되므로 몫의 숫자도 순환해서 나타나게 됩니다.

즉, 위의 설명에서 알 수 있는 것처럼, 유리수 $\frac{m}{n}$이 순환소수인 경우에는, 그 순환마디의 길이는 $n-1$을 넘지 못합니다. 위에서 $\frac{1}{7}$의 순환마디의 길이는 6입니다. 이것은 우연히 생각할 수 있는 최대 길이의 순환마디임을 의미합니다.

문제 1 $\frac{1}{6}$, $\frac{30}{11}$, $-\frac{65}{202}$, $\frac{1}{17}$을 소수로 고쳐서, 위에서 설명한 순환소수의 표현 방법으로 나타내시오. $\frac{1}{17}$의 순환마디의 길이는 얼마입니까?

위에서 유리수는 유한소수 또는 순환소수로 됨을 서술했습니다. 이제는 그 역으로 <u>유한소수 또는 순환소수를 유리수로 나타낼 수 있음</u>을 설명하겠습니다.

우선 유한소수가 유리수인 것은 명백합니다. 왜냐하면,

예를 들어 0.45, 3.216과 같은 유한소수는 각각

$$0.45 = \frac{45}{100} = \frac{9}{20}, \qquad 3.216 = \frac{3216}{1000} = \frac{402}{125}$$

가 되기 때문입니다.

다음에, 임의의 순환소수도 역시 유리수임을 나타내 봅시다. 예를 들면

$$x = 2.\dot{3}\dot{6} = 2.363636\cdots$$

이라고 하는 순환소수를 생각해 봅시다. 이것을 100배 하면

$$100x = 236.363636\cdots$$

이 되고, $100x - x$를 계산하면

$$\begin{array}{r} 100x = 236.363636\cdots \\ -) \quad x = \quad\ 2.363636\cdots \\ \hline 99x = 234 \end{array}$$

가 됩니다. 따라서 x는 $x = \dfrac{234}{99} = \dfrac{26}{11}$ 인 유리수임을 알 수 있습니다.

같은 방법으로, $x = 0.\dot{2}7\dot{0}$에 대해서는

$$\begin{array}{r} 1000x = 270.270270270\cdots \\ -) \quad x = \quad\ 0.270270270\cdots \\ \hline 999x = 270 \end{array}$$

따라서 $x = \dfrac{270}{999} = \dfrac{10}{37}$ 이 됩니다.

이상의 예에서 임의의 순환소수가 유리수임을 알았을 것이고 또 순환소수를 유리수로 고치는 방법도 터득했으리라 생각합니다.

문제 2 다음의 순환소수를 분수로 고치면 어떻게 됩니까?
$$1.\dot{6}, \quad 3.5\dot{2}, \quad 0.\dot{5}\dot{7}, \quad 4.2\dot{5}\dot{4}, \quad 1.\dot{7}4\dot{0}$$

위에서 서술한 결과에 의하면, 유리수와 유한소수 또는 순환소수와는 결국 같은 것입니다. 그리고 또, 무리수

는 순환하지 않는 무한소수와 같은 것이 됩니다.

이것은 기본적인 것이므로 확실하게 기억해 두기 바랍니다. 다음과 같이 진하게 써 놓겠습니다.

유리수 ⟷ 유한소수 또는 순환소수
무리수 ⟷ 순환하지 않는 무한소수

◆ 0.9̇는 1과 같다

계속하여 순환소수 0.9̇는 1과 같다는 것을, 주의하기 바랍니다. 실제로, $x = 0.\dot{9}$라 하면

$$
\begin{array}{r}
10x = 9.999999\cdots \\
-)\ \ x = 0.999999\cdots \\
\hline
9x = 9
\end{array}
$$

가 되고, 따라서 $x = 1$이 됩니다. 즉

$$\mathbf{0.\dot{9} = 1}$$

입니다! 간단한 일이지만, 이것을 기억해 놓으세요.

위의 것을 역으로 해석하면, 1이라고 하는 수는 0.9̇라고 하는 순환소수의 형태로도 나타낼 수 있는 것입니다. 같은 형태로 예를 들어 $0.25 = 0.249\dot{9}$, $6.3 = 6.29\dot{9}$ 등이 됩니다. 즉, 임의의 유한소수는 어느 곳에서부터 **9가 무한히 연속하는 순환소수**의 형태로도 나타낼 수 있습니다.

◆ √2 가 무리수임의 증명

여기서 $\sqrt{2}$ 가 무리수인 것을 증명해 보겠습니다. 뒤의 증명 방법은 피타고라스에 의해 알려진 것으로 옛부터 알려진 매우 유명한 증명입니다. 먼저, 짝수와 홀수에 대해 간단한 주의를 하겠습니다. 짝수는 2의 배수인 정수이고, 그것은 k를 정수로 하여 $2k$의 형태로 표시됩니다. 홀수는 2의 배수가 아닌 정수로 k를 정수로 하여 $2k+1$의 형태로 표시됩니다. 물론, 임의의 정수는 짝수이거나 홀수입니다.

나는 우선 단계적으로 "홀수의 제곱은 홀수임"을 보이

려고 합니다. 그것은 극히 간단합니다. 실제로, n을 홀수
라 하면, n은 어떤 정수 k에 의해서 $n=2k+1$로 표시됩
니다. 따라서

$$n^2=(2k+1)^2=4k^2+4k+1$$
$$=2(2k^2+2k)+1$$

이 되고, 이것은 확실히 홀수입니다. 여기서 n을 정수라
할 때, "n이 홀수라면 n^2도 홀수임"을 알 수 있었습니다.
이것으로부터 또, 정수 n에 대해서

(*) n^2이 짝수라면, n이 짝수이다

라는 것을 알 수 있습니다.

아래에 서술하는 "$\sqrt{2}$가 무리수이다"는 것의 증명은,
이 간단한 명제 (*)가 기본적인 역할을 하는 것입니다.

이제, 명제의 증명을 설명하겠습니다.

지금 증명하려는 결론을 부정해서, $\sqrt{2}$가 유리수라고
가정해 봅시다. 그러면, $\sqrt{2}$는 양의 정수 m, n을 사용해서

$$\sqrt{2}=\frac{m}{n} \qquad ①$$

로 표시됩니다. 여기서 우변의 분수 $\frac{m}{n}$ 은 "기약분수"이
며, 즉 분자와 분모의 최대공약수는 1이라고 가정해도 됩
니다. 왜냐하면, 만약 m과 n이 1보다 큰 공약수를 가지
면, 양쪽을 최대공약수로 약분하여, $\frac{m}{n}$을 기약분수로 할
수 있기 때문입니다. 따라서 앞으로 $\frac{m}{n}$은 기약분수입니
다. 위의 식 ①의 양변에 n을 곱하고 또 제곱을 하여 봅
시다. 그러면

$$2n^2=m^2 \qquad ②$$

이 되고, 좌변 $2n^2$은 짝수이므로 우변 m^2도 짝수입니다.
그러므로 이미 증명된 명제 (*)에 의해 m은 짝수입니다.
따라서 m은 어떤 정수 k에 의해서

$$m=2k \qquad ③$$

로 표시됩니다. 이제 ③을 ②의 우변에 대입하여, 양변을
2로 나누면

$$n^2=2k^2 \qquad ④$$

이 얻어집니다. ④에서 n^2은 짝수이고, 다시 (✳)에 의해 n도 짝수입니다. 여기서 m, n은 짝수이고 2라는 공약수를 갖게 됩니다.

그러나 이것은 $\dfrac{m}{n}$이 기약분수라고 하는 가정에 모순입니다. 즉, 우리는 모순에 빠져 버린 것입니다. 이 모순은 $\sqrt{2}$가 유리수라고 하는 가정에서 생긴 것입니다. 그러므로 이 가정은 모순입니다! 즉 $\sqrt{2}$는 유리수가 아니고 무리수입니다. 여기서 우리가 목표로 한 증명이 끝났습니다.

어떻습니까? 이 증명이 조금 어려웠습니까? 만약 어렵다고 생각했다면, 일단 앞으로 나아간 후 또 다시 읽으십시오. 그러면 이해가 될 것입니다.

위에서는 "$\sqrt{2}$가 유리수라고 가정하면 모순이 생기기 때문에, $\sqrt{2}$는 무리수이어야 한다."고 결론지었습니다.

이와 같이

**결론을 부정해서 가정이 모순임을 유도하고
그것에 의해서 결론이 옳음을 보이는 증명법**

을 **귀류법**이라고 합니다. 위에서 기술한 "$\sqrt{2}$가 무리수이다."는 것의 증명은, 귀류법에 의한 증명의 가장 고전적인 예라고 말해도 좋습니다.

앞에서도 말했지만, $\sqrt{2}$만이 아니고, $\sqrt{3}$, $\sqrt{5}$, $\sqrt{6}$, $\sqrt{7}$, $\sqrt{8}$, $\sqrt{10}$, … 등도 모두 무리수입니다. 그러나 위의 $\sqrt{2}$가 무리수라는 증명법과 같이 이들 수가 무리수임을 증명하려면, 각 수마다 별도의 연구를 하지 않으면 퍽 곤란합니다. 위의 $\sqrt{2}$가 무리수임의 증명에 사용한 방법은 이외의 수에는 잘 적용되지 않기 때문입니다. 나는 후에 이들 수가 무리수임을 통일적인 방법에 의해서 "단번에 증명하는" 기회를 갖고 싶습니다.

더 계속해서 설명하면, 원주율 π가 무리수라는 것의 증명은, 위의 $\sqrt{2}$가 무리수임의 증명에 비교하면, 비교되지 않을 정도로 어려운 것입니다. 사람들은 거의 π가 무리수라는 사실을 알고 있지만, 그 증명은 알지 못합니다. 수학 선생님조차 많은 분들은 그것을 알지 못합니다. 실은 나도 오랫동안 그 증명을 알지 못했습니다. 그러나 어느 때 어느 책에서 니-벤(Ny. Ben)이라는 분이 연구한 증명을 보고, 이 증명이 놀라울 정도로 초등적인 방법에 의하여 얻어짐을 알았습니다. 그것은 거의 고교생이 이수하는 과정의 범위 내에서 이해가 가능하다고 말해도 되는 증명입니다. 만약 가능하면 나는 이 증명도 이 강의에서 소개해 보고 싶습니다.

1.2 실수의 연산과 대소

다음으로 수의 연산이나 대소에 관한 기본적인 사항에 대해 대충 복습해 보기로 합시다.

◆ 사칙연산

수의 연산에서 가장 기본적인 것은 말할 필요도 없이 **덧셈, 뺄셈, 곱셈, 나눗셈**인 4개의 연산이고, 이 4개를 합쳐서 **사칙연산**이라고 합니다. 또, 2개의 수 a, b에 대해서

$$a+b, \quad a-b, \quad a \times b, \quad a \div b$$

를 각각 "a, b의 **합**", "a에서 b를 뺀 **차**", "a, b의 **곱**", "a를 b로 나눈 **몫**"이라고 부르는 것도 누구나 알고 있는 사실입니다.

곱 $a \times b$는 $a \cdot b$ 또는 간단히 ab로도 씁니다. 뒤에 쓴 것이 가장 간단하기 때문에 곱을 표현하는데 보통 이 기법을 씁니다. 물론, 3×8을 38이라고 쓸 수는 없습니다. 우리가 숫자를 쓸 때에는 38은 3×8과는 전혀 다른 의미를 갖고 있기 때문입니다. 기호를 생략하는 데에는 그 경우에 따른 약속이 필요합니다.

뺄셈이 덧셈의 역연산이고, 나눗셈이 곱셈의 역연산인

것도 이번에 확실히 생각해 두기로 합시다. 즉,

  $a-b$를 구하는 일은, $b+x=a$인 수 x를 구하는 일

  $a\div b$를 구하는 일은, $bx=a$인 수 x를 구하는 일

입니다. 이것이, 뺄셈, 나눗셈이 각각 덧셈, 곱셈의 역연산이라고 한 뜻입니다.

  곱 $a\times b$를 ab로 쓴 것처럼, 몫 $a\div b$는 $\dfrac{a}{b}$라고도 씁니다. 여기서 또,

0으로 나눌 수는 없다

는 사실을 생각해 둡시다. 0에는 어떤 수를 곱하여도 0이 되기 때문입니다. 따라서 $a\div 0$이라든가 $\dfrac{a}{0}$라고 하는 값은 의미가 없습니다. 앞으로 우리는, 나눗셈을 할 때에는 "0으로 나눈다"는 것은 언제나 제외하고 생각합니다.

◆ 수의 집합은 어느 연산에 대하여 닫혀 있는가?

  어떤 것들의 모임을 **집합**이라고 합니다.

  예를 들면, 자연수 1, 2, 3, 4, … 전체의 모임은 1개의 집합입니다. 이 집합을 "자연수 전체의 집합"이라고 부릅니다. 같은 형태로서 "정수 전체의 집합", "유리수 전체의 집합", "실수 전체의 집합" 등을 생각할 수 있습니다.

  두 개의 자연수 a, b의 합 $a+b$나 곱 ab는 자연수입니다. 이것은 "자연수의 범위에서는 덧셈, 곱셈이 자유로이 행해진다"라든가, "자연수 전체의 집합은 덧셈, 곱셈에 대해서 **닫혀 있다**"고 표현합니다. 그러나 $3-5$나 $4\div 3$은 자연수의 범위에서는 구할 수 없으므로, 자연수 전체의 집합은 뺄셈, 나눗셈에 대해서는 닫혀 있지 않습니다.

  두 개의 정수의 합, 차, 곱은 또 정수입니다. 즉, 정수 전체의 집합은 덧셈, 뺄셈, 곱셈에 대해서 닫혀 있습니다. 그러나 나눗셈에 대해서는 닫혀 있지 않습니다. 예를 들면 $4\div 3$은 정수가 아니기 때문입니다.

  다음에 유리수 전체의 집합을 생각해 봅시다. 지금 a,

b를 두 개의 유리수라 하고

$$a = \frac{m}{n}, \quad b = \frac{m'}{n'}$$

라 합니다. 여기서 m, n, m', n'는 정수이고, n과 n'는 0이 아닙니다. 이 때

$$a + b = \frac{m}{n} + \frac{m'}{n'} = \frac{mn' + m'n}{nn'}$$

$$a - b = \frac{m}{n} - \frac{m'}{n'} = \frac{mn' - m'n}{nn'}$$

$$ab = \frac{m}{n} \times \frac{m'}{n'} = \frac{mm'}{nn'}$$

가 되므로, $a + b$, $a - b$, ab도 유리수입니다. 더욱이 b가 0이 아니면, 그것은 분자 m'가 0이 아닌 정수임을 의미하므로

$$a \div b = \frac{m}{n} \div \frac{m'}{n'} = \frac{m}{n} \times \frac{n'}{m'} = \frac{mn'}{nm'}$$

가 되어서, $a \div b$도 유리수입니다. $a \div b$는 $\frac{a}{b}$ 라고도 씁니다. 이것은 앞에서도 말했습니다. 이처럼, 유리수의 범위에서는 덧셈, 뺄셈, 곱셈, 나눗셈의 사칙연산이 (0으로 나누는 것만 제외하면) 자유로이 행해집니다. 앞에서도 주의했던 것처럼, 나눗셈에서는 0으로 나누는 일은 항상 제외하고 생각하므로, 위 문장의 괄호 안의 단서는 실은 불필요합니다. 간단히 유리수의 범위에서는 덧셈, 뺄셈, 곱셈, 나눗셈의 "사칙연산이 자유로이 행해진다 "고 말하면 됩니다. 다른 말로 하면 이것을

유리수 전체의 집합은 덧셈, 뺄셈, 곱셈, 나눗셈의 사칙연산에 대해서 닫혀 있다

고 말할 수 있습니다.

실수 전체의 집합도, 유리수 전체의 집합과 같은 형태로, 덧셈, 뺄셈, 곱셈, 나눗셈의 사칙연산에 대해서 닫혀 있습니다.

즉, 임의의 두 개의 실수 a, b에 대해서, 합 $a + b$, 차 $a - b$, 곱 ab는 실수이고, 또 b가 0이 아니면 몫 $\frac{a}{b}$ 도 실수

입니다. 특히 $\frac{1}{b}$ 을 b의 **역수**라고 합니다.

역시 이것도 잘 알려져 있듯이, 실수의 덧셈과 곱셈에 대해서는 다음의 법칙이 성립합니다.

덧셈의 교환법칙　$a+b=b+a$

덧셈의 결합법칙　$(a+b)+c=a+(b+c)$

곱셈의 교환법칙　$ab=ba$

곱셈의 결합법칙　$(ab)c=a(bc)$

분배법칙　$\begin{cases} a(b+c)=ab+ac \\ (a+b)c=ac+bc \end{cases}$

이제 여러 가지 수의 집합이 각각 덧셈, 뺄셈, 곱셈, 나눗셈의 어느 연산에 대해서 닫혀 있는가 하는 문제에 대해 복습해 봅시다. 우리가 위에서 얻은 결과를 모으면, 다음과 같은 표가 됩니다.

	덧셈	뺄셈	곱셈	나눗셈
자연수 전체의 집합	○	×	○	×
정수 전체의 집합	○	○	○	×
유리수 전체의 집합	○	○	○	○
실수 전체의 집합	○	○	○	○

위의 표에서, ○는 그 연산에 대해서 닫혀 있고, ×는 닫혀 있지 않음을 나타냅니다.

나는 여기서 여러분에게 한 가지 질문을 하고 싶습니다. 무리수 전체의 집합은 덧셈, 뺄셈, 곱셈, 나눗셈의 사칙연산의 어느 것에 닫혀 있는가?

답은 곧 알 수 있을 것입니다. 그렇습니다. <u>어느 연산에도 닫혀 있지 않다!</u> 이것이 정답입니다.

요컨데, 무리수＋무리수, 무리수－무리수, 무리수×무리수, 무리수÷무리수는, 언제나 무리수가 되는 것은 아니고, 무리수의 어떤 합, 차, 곱, 몫은 유리수로 되는 것도 있다는 뜻입니다. 실제로 예를 들면 $\sqrt{2}$ 나 $-\sqrt{2}$ 는 무리수이지만,

$$\sqrt{2}+(-\sqrt{2})=0, \qquad \sqrt{2}-\sqrt{2}=0$$
$$\sqrt{2}\times\sqrt{2}=2, \qquad -\frac{\sqrt{2}}{\sqrt{2}}=-1$$

등은 모두 유리수입니다.

문제 3 다음 각 집합은, 덧셈, 뺄셈, 곱셈, 나눗셈의 어느 연산에 대해서 닫혀 있습니까?

(1) 짝수 전체의 집합, 즉 정수 0, 2, -2, 4, -4,··· 전체의 집합

(2) 홀수 전체의 집합, 즉 정수 1, -1, 3, -3, 5, -5, ··· 전체의 집합

(3) 양의 유리수 전체의 집합

위에서 무리수 전체의 집합은 사칙연산의 어느 것에도 닫혀 있지 않다고 말했습니다. 그러나 그것은 예를 들면 두 개의 무리수의 합이 반드시 유리수가 된다는 것은 아닙니다. 두 개의 무리수의 합은 유리수가 되는 것도 있지만 무리수가 되는 것도 있습니다. (실제로 후자인 경우가 훨씬 많음)

그러나 유리수와 무리수의 합은 언제나 무리수입니다. 예를 들면, $\frac{1}{3}$ 과 $\sqrt{2}$ 의 합 $\frac{1}{3}+\sqrt{2}$ 를 생각해 봅시다. 이 합은 $\frac{1}{3}+\sqrt{2}=c$ 라 하고, c가 유리수라고 가정해 봅시다. $\frac{1}{3}+\sqrt{2}=c$ 를 변형하면

$$\sqrt{2}=c-\frac{1}{3}$$

이고, 유리수는 뺄셈에 대해서 닫혀 있으므로, 이 우변의 $c-\frac{1}{3}$ 은 유리수입니다. 한편, 좌변의 $\sqrt{2}$ 는 무리수입니다. 이것은 모순입니다! 따라서 c는 무리수이어야만 합니다.

위에서 서술한 증명도, c가 유리수임을 가정하고 거기

에서 모순을 유도해낸 것이므로 역시 귀류법입니다.

일반적으로, a가 유리수 b가 무리수이면 합 $a+b$가 무리수임은, 앞과 똑같은 형태로 증명할 수가 있습니다.

문제 4 a가 0이 아닌 유리수, b가 무리수이면 곱 ab는 무리수임을 증명하시오.

[힌트 : 유리수가 나눗셈에 대해서 닫혀 있음을 사용합니다.]

약간 귀류법의 연습이 계속되지만, 다음과 같은 예제도 역시 귀류법을 사용하여 증명할 수 있습니다.

예제 a, b가 유리수이고 $a+b\sqrt{2}=0$이면 $a=b=0$임을 증명하시오.

증명   이제, $b\neq 0$이라 가정하면 $a+b\sqrt{2}=0$에서
$$\sqrt{2}=-\frac{a}{b}$$
인 식을 얻습니다. a, b가 유리수이고, 유리수는 나눗셈에 대해서 닫혀 있으므로, 이 우변 $-\frac{a}{b}$는 유리수입니다. 한편, $\sqrt{2}$는 무리수입니다. 이것은 모순이므로 $b=0$이 아니면 안됩니다. $b=0$임을 알면 이것과 $a+b\sqrt{2}=0$에서 또 $a=0$이 되는 것도 알 수 있습니다.

문제 5 a, b, c, d가 유리수이고
$$a+b\sqrt{2}=c+d\sqrt{2}$$
이며, $a=c, b=d$임을 증명하시오.

◆ 거듭제곱과 지수법칙

수 a에 대해서 $aa, aaa, aaaa, \cdots$을 각각 a의 **2승**(제곱), **3승**(세제곱), **4승**(네제곱), $\cdots$이라 부르고, $a^2, a^3, a^4,$ $\cdots$이라고 쓰는 것을 여러분은 잘 알고 있을 것입니다. (이 책에서도 a^2과 같은 기호는 이미 몇 번 사용했습니

다.)

일반적으로 a를 n개 거듭곱한 것을 a^n 이라 표시하고, a의 **n승**이라고 부릅니다. 특히 2승, 3승은 각각 **평방, 입방**이라고도 합니다. a의 1승 a^1은 a자신입니다. $a^1 = a$, a^2 a^3, …, a^n …을 총칭해서 a의 **거듭제곱**이라고 합니다. (실은 이렇게 말하는 방법은 반드시 정확한 것은 아닙니다. a, a^2, a^3, …만이 a의 거듭제곱이 아니고, 곧 아래에서 보게 될 거듭제곱의 의미는 훨씬 확장되기 때문입니다. 여러분은 앞으로 나아가면서 거듭제곱의 의미가 한층 비약적으로 확장되는 것을 볼 수 있을 것입니다.)

거듭제곱을 옛날에는 **멱**이라고 말했습니다. 이 "멱"이라고 하는 말의 한자는, 罒 밑에 幕(막) 혹은 ⼂머리 밑에 幕 (즉 羃 또는 冪)이라고 씁니다만, 너무나 어렵기 때문에 오래 전에 사라졌습니다. 그러나 나이가 많은 분에게는 향수가 있는 말로서 또한 음이 짧은 장점으로 지금도 이 "멱"이라는 말은 여기저기서 사용되고 있습니다.

a의 거듭제곱 a^n에 대해서, n을 이 거듭제곱의 **지수**라고 합니다. 대개 "멱지수"라고 말하기도 하지만, 그것은 거듭제곱을 "멱"이라고 부른 때의 자취입니다.

거듭제곱에 대해서, 예를 들어 a^2a^3, $(a^2)^3$, $(ab)^3$ 을 계산하면

$$a^2a^3 = aa \times aaa = a^5$$
$$(a^2)^3 = a^2 \times a^2 \times a^2 = aa \times aa \times aa = a^6$$
$$(ab)^3 = ab \times ab \times ab = aaa \times bbb = a^3b^3$$

이 됩니다. 이 예에서 알 수 있듯이, 일반적으로 임의의 양의 정수 m, n에 대해서, 다음의 법칙이 성립합니다.

1 $a^ma^n = a^{m+n}$

2 $(a^m)^n = a^{mn}$

3 $(ab)^n = a^nb^n$

이것들을 **지수법칙**이라고 부릅니다.

다음으로 $a \neq 0$인 경우에 거듭제곱 a^n의 의미를 n이 0이나 음의 정수인 경우에까지 확장시켜 봅시다. 그 확장의 기본 원리가 되는 것은 지수법칙이고, 확장 후에도 이 법칙이 성립하도록, 확장을 시도해 보는 것입니다.

우선, $a^m a^n = a^{m+n}$이 $m=1$, $n=0$일 때도 성립하면

$$a \times a^0 = a$$

가 됩니다. 그러면 우리는

$$\boldsymbol{a^0 = 1}$$

라고 정합니다. (개인적인 일이지만, 내가 중학교에 다닐 때, 그리고 아직 학교 수업에서 그것을 배우기 전에, 어떤 친구한테서 a^0은 무엇인지 알고 있는가라는 질문을 받았습니다. 내가 전혀 알지 못한다고 하자, 사실은 그것은 1이며 그 이유는 이러이러하다라는 말을 듣고서 대단히 감탄했던 일을 지금도 기억하고 있습니다).

다음으로, 음의 지수의 거듭제곱의 의미를 생각해 봅시다. 이때 p를 양의 정수라 하고, $a^m a^n = a^{m+n}$ 의 m, n에 각각 p, $-p$를 대입하면

$$a^p \times a^{-p} = a^0$$

이 되지만, 위에서 정한 것처럼 a^0은 1입니다. 따라서 만약 위의 식이 성립하는 것이라 한다면

$$\boldsymbol{a^{-p} = \frac{1}{a^p}}$$

라 정하여 집니다. 특히 a^{-1}은 a의 역수 $\frac{1}{a}$을 의미하는 것이 됩니다.

이렇게 하여 우리는 n이 0이나 음의 정수인 경우에까지, a^n 의 의미를 정할 수가 있었습니다. 다만, n이 0이나 음의 정수인 경우에는, a^n 은 $a \neq 0$일 때에만 정의되는 것을 잊어서는 안됩니다.

그런데 위와 같이 거듭제곱의 의미를 지수가 0이나 음의 정수까지 확장하여도 지수법칙은 임의의 정수 m, n에 대해서 역시 성립합니다. 예를 들면, $m=3$, $n=-2$

라 하여, 지수 법칙 **1, 2, 3**을 확인하면 각각 다음과 같이
됩니다.

1 $a^3 \times a^{-2} = a^3 \times \dfrac{1}{a^2} = a = a^{3+(-2)}$

2 $(a^3)^{-2} = \dfrac{1}{(a^3)^2} = \dfrac{1}{a^6} = a^{-6} = a^{3 \times (-2)}$

3 $(ab)^{-2} = \dfrac{1}{(ab)^2} = \dfrac{1}{a^2 b^2} = \dfrac{1}{a^2} \times \dfrac{1}{b^2} = a^{-2} \times b^{-2}$

문제 6   다음 수를 정수 또는 분수의 형태로 쓰시오.

$2^{-3}, \quad (-3)^{-2}, \quad 4^0, \quad (-5)^{-3}$

문제 7   다음의 결과를 간단히 하고, 지수를 0이나 음수로
사용하지 말고 쓰시오.

(1) $a^6 \times a^{-4}$ (2) $a^3 \times a^{-3}$ (3) $a^5 \div a^8$

(4) $a^{-2} \div a^{-5}$ (5) $(a^{-2})^2$ (6) $(ab^{-1})^{-3}$

거듭제곱의 기호는 대단히 큰 수나 작은 수를 나타낼
때 편리합니다. 물리학 등에서는 흔히 이러한 표시법을
사용합니다. 예를 들면, 1광년 즉, 빛이 1년간 진행하는
거리는 대충 9.46×10^{15}m이고, 전자의 질량은 대충 9.11×10^{-28}g입니다.

그리고 수사 일, 십, 백, 천, 만은 각각 $1, 10, 10^2, 10^3, 10^4$
이고, 그후 일만 배마다 새로운 수사가 이어져 갑니다.
그러니까, 만 다음의 억은 10^8, 억 다음의 조는 10^{12}, 조 다음
의 경은 10^{16} 입니다. 요시다 고유(吉田光由)라는 사람이
1627년에 지은 『진겁기』(塵劫記)라는 산술책에는, 경의
다음에 이어지는 해, 서, 양, 구, 간, 정, 재, 극, 항하사, 아
승기, 나유타, 불가사의, 무량대수라고 하는 수사가 기록
되어 있다고 합니다. 마지막의 무량대수라고 하는 것이
보통의 의미로의 수사인지 어떤지 나는 잘 모르지만, 만
약 위의 수사가 쭉 일만 배마다 이어져 있다면, 마지막의
무량대수는 10^{68} 입니다. 옛사람들도 대단히 큰 수를 생각
했던 것입니다!

인간의 수명이 비약적으로 연장되어 고령화 사회가 문

제로 떠오르고 있지만, 한국인의 평균 수명은 아직 3만일에도 못 미칩니다. (여성 쪽은 이제 여기에 접근해 가서, 겨우 넘어서려 하고 있습니다. 3만일이 대충 몇 년이 되는지 한 번 계산해 보세요.) 위에서 말한 것처럼 큰 수에 비하면 그것은 "작은 수"입니다. 그것은 겨우 3×10^4에 불과합니다. 초라고 하는 짧은 시간의 단위로 계산하여도, 인간의 일생은 25억초, 즉 2.5×10^9초 정도에 불과할 뿐입니다. 여러분은 이러한 숫자를 보고 어떤 느낌을 갖게 됩니까?

◈ 실수의 대소

여기서는 실수의 대소에 관한 가장 기본적인 사항을 보기로 합시다.

수평인 수직선에서는, 양수는 원점보다 오른쪽의 점으로 나타내고, 음수는 원점보다 왼쪽의 점으로 표시합니다.

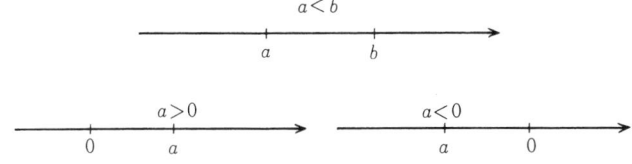

실수 a, b에 대해서, b가 a보다 **크다** 혹은 a가 b보다 **작다**고 말하는 것은 점 a가 점 b보다 왼쪽에 있는 것입니다. 이때

$$a < b \quad \text{혹은} \quad b > a$$

라고 씁니다. 특히

$$a가\ 양수인\ 경우는\ a > 0,$$
$$a가\ 음수인\ 경우는\ a < 0,$$

로 표시합니다.

a가 양이면, $-a$는 음, a가 음이면 $-a$는 양입니다.

대소의 정의에서 명확하게, 임의의 두 개의 실수 a, b에 대해서

$$a < b, \quad a = b, \quad a > b$$

라고 하는 세 개의 관계 사이에서 어느 것인가 한 개만이 꼭 성립합니다.

$a < b$인 경우는 $b - a > 0$인 경우와 같습니다.

b가 a보다 크든가 또는 같을 때

$$a \leq b \quad \text{혹은} \quad b \geq a$$

라 씁니다. 따라서, 예를 들어 $2 \leq 5$든지 $5 \leq 5$든지 어느 것도 옳은 부등식입니다.

두 개의 양수의 합이나 곱은 양수입니다. 즉

$$a > 0, b > 0 \quad \text{이면} \quad a + b > 0, ab > 0$$

이 됩니다. 이것은 기본적인 성질입니다.

수의 연산에 대해서, 법칙

$$a(-b) = (-a)b = -ab, \quad (-a)(-b) = ab$$

가 성립하면, 위의 성질에서

양수와 음수의 곱은 음, 음수와 음수의 곱은 양이라는 것을 알 수 있습니다.

여기에서 특히, 실수 a가 0이 아니면, 그것이 양이건 음이건 a^2은 양으로 됩니다. 물론 0^2은 0입니다. 이 결과를 정리하면 다음과 같습니다.

임의의 실수 a에 대해서 $a^2 \geq 0$이고,

$a^2 = 0$이 되는 것은 $a = 0$일 때에 한한다.

이것은 대단히 중요한 성질입니다.

우리들은 뒤에 부등식에 대해서도 약간 체계적으로 의논하고, 여러 가지 부등식의 증명을 다룰 기회를 가질 것입니다. 나는 그 때에, 부등식에 대한 여러 가지 성질이, 몇 개만의 성질을 "기본 성질"로 인정하면 유도된다고 하는 문제에도 가능한 범위에서 언급해 보려고 생각하고 있습니다.

◆ **절대값**

실수 a에 대해서, 그 **절대값**을

$$a \geqq 0 \quad \text{이면} \quad a \text{ 자신}$$
$$a < 0 \quad \text{이면} \quad -a$$

라 정의합니다. $a<0$이면 $-a$는 양이므로, 실수 a의 절대값은 항상 양 또는 0입니다. 실수 a의 절대값을 $|a|$라 표시합니다.

예를 들어

$$|3| = 3, \ |-3| = 3, \ |\sqrt{2}| = \sqrt{2}, \ |-\sqrt{2}| = \sqrt{2}$$

입니다. 또 정의에 의해서 $|0| = 0$입니다.

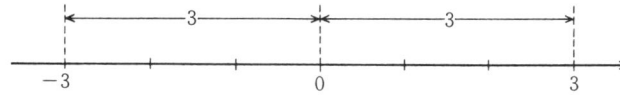

수직선상에서 말하면, $|a|$는 다음 그림과 같이 원점 0 에서 점 a까지의 거리를 나타내고 있습니다.

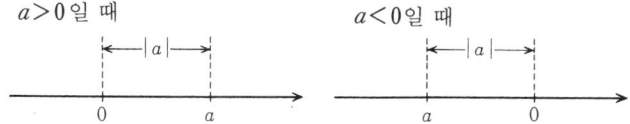

절대값의 개념과 그 처리는 의외로 실수하기 쉽기 때문에, 이제 다시, 정의를 반복해 두기로 합시다.

$$\boldsymbol{a \geqq 0 \quad \text{이면} \quad |a| = a}$$
$$\boldsymbol{a < 0 \quad \text{이면} \quad |a| = -a}$$

또 다음 성질에도, 확실히 주목해 둡시다.

항상 $|a| \geqq 0$이고

$|a| = 0$이 되는 것은 $a = 0$일 때에 한한다.

원점에서 점 a까지의 거리와 점 $-a$까지의 거리와는 분명히 같습니다. 따라서 임의의 실수 a에 대해서

$$|a| = |-a|$$

가 됩니다. 또, $|a|$는 a, $-a$ 어느 쪽이거나 $(-a)^2 = a^2$ 이므로 임의의 실수 a에 대해서

$$|a|^2 = a^2$$

이 성립합니다.

더욱 곱이나 몫의 절대값에 대해서는

$$|ab| = |a||b|, \quad \left| \frac{a}{b} \right| = \frac{|a|}{|b|}$$

가 성립합니다. 단, 몫인 경우에는 $b \neq 0$이라는 것은 말할 것도 없습니다. 이 등식들의 증명도 실질적으로는 간단합니다. 수학적으로도 어려울 것은 없습니다. 단, a, b의 양쪽 모두가 양인 경우, 한 쪽이 양이고 다른 쪽이 음인 경우, 양쪽 모두가 음인 경우로 나누어서, 각각의 경우에 이 등식이 성립함을 확인하면 됩니다. 그것은 극히 간단합니다. 다만 이러한 경우 나누는 것이 귀찮을 뿐입니다. 의욕이 있는 사람이라면 이것을 증명해 보십시오.

문제 8   위와 같이 몇 가지 경우로 나누어서 $|ab| = |a||b|$ 를 증명하시오.

또, 수직선상에서는 왼쪽에 있는 수가 오른쪽에 있는 수보다 작기 때문에, 예를 들면

$$-10000 < -10, \quad -10 < -0.01$$

등이 됩니다. 즉, -10000은 -10보다 "작다", 또 -10은 -0.01보다 "작다"는 것입니다. 수학적인 말로서 분명히 이렇게 말하는 것이 옳습니다. 그러나 일상적인 어감으로는 이러한 표현은 좀 이상합니다. 우리들은 일상적으로 "대소"라는 말을 아마 절대값의 감각으로 사용하고 있는 것이 아닐까요. 그 뜻은 -10000은 절대값이 큰 음수, -0.01은 절대값이 작은 음수, 라고 말하는 편이 자연스럽게 받아들여진다고 생각합니다. 같은 의미로,

$$-10, \quad -10^2, \quad -10^3, \quad -10^4, \quad -10^5, \quad \cdots$$

와 같은 수열을 "무한히 작아지는 음의 수열"이라고 하는 것은 적당한 표현법이라고는 생각할 수 없습니다. 역시 "절대값이 무한히 커지는 음의 수열"이라고 하는 편이 좋을 것입니다.

1.3 정 수

나는 여기서 조금 이야기를 되돌려, 정수에 대해 몇 가지를 기술하려고 합니다.

◆ 정수의 범위에서의 나눗셈

나는 앞에서 정수 전체의 집합은 덧셈, 뺄셈, 곱셈에 대해서는 닫혀 있지만, 나눗셈에 대해서는 닫혀 있지 않다고 말했습니다. 그리고 예를 들면 $4 \div 3$은 정수의 범위에서는 구할 수 없다고 했습니다. 그러나, 나눗셈을 배우기 시작하는 국민학생이었다면, $4 \div 3$은 "정수의 범위에서는 구할 수 없다"고 하는 어려운 말은 하지 않고, $4 \div 3$은 "몫이 1이고 나머지가 1"이라고 하는 식으로 답할 것입니다. 그렇습니다. $\frac{4}{3}$와 같은 분수를 알기 이전의 정수만의 세계에서는 "나눗셈"이라 하는 것은 이러한 연산이었던 것입니다. 예를 들면,

$$4 \div 3 \text{은} \quad \text{몫이 } 1, \quad \text{나머지가 } 1$$
$$365 \div 7 \text{은} \quad \text{몫이 } 52, \text{나머지가 } 1$$
$$200 \div 50 \text{은} \quad \text{몫이 } 4, \quad \text{나머지가 } 0$$
$$725 \div 28 \text{은} \quad \text{몫이 } 25, \text{나머지가 } 25$$
$$2 \div 5 \text{은} \quad \text{몫이 } 0, \quad \text{나머지가 } 2$$
$$30000 \div 365 \text{은} \quad \text{몫이 } 82, \text{나머지가 } 70$$

이러한 것이 정수 세계에서의 "나눗셈"이었습니다.

이와 같이 정수의 범위에서 생각하는 "나눗셈"은 전에 말했던 "곱셈의 역연산으로서의 나눗셈"과는 약간 의미가 다릅니다. 그것은 "몫과 나머지를 구하는 연산"입니다. (더욱이 여기서 말하는 "몫"이라 하는 말의 의미도 전에 사용했던 의미와는 조금 다른 것에 주의하세요.) 정확을 기하기 위해서는, 정수의 범위에서의 "몫과 나머지를 구하는 연산"으로서의 나눗셈을, 정제법이라고 부르

고, 일반적인 나눗셈과 구별하는 편이 좋을 지도 모릅니
다. 그러나 일부러 이러한 말을 사용하는 것도 조금 과장
된 기분이 들고, 통상적인 경우, 나눗셈이라는 말이 어느
의미로 사용되고 있는가는 전후의 문맥에 따라 분명합니
다. 정수의 범위 내에서만 생각될 때에는, 나눗셈이라는
것은 보통 지금까지 정제법이라 불렸던 연산을 가리키고
있는 것입니다.

위의 "365÷7의 몫이 52, 나머지가 1", "30000÷365의
몫이 82, 나머지가 70"이라는 것은 등식의 형태로 표시하
면 각각

$$365 = 7 \times 52 + 1$$

$$30000 = 365 \times 82 + 70$$

이 됩니다. 일반적으로 a, b를 두 개의 양수라 할 때, a를
b로 나눈 몫이 q이고, 나머지가 r이라 하는 것은

$$a = bq + r$$

이라는 등식으로 표시됩니다. 여기서 r은 0 이상이고 b보
다 작은 정수입니다.

위에서는 a, b 모두 양수이지만, 여러 가지 문제를 다
루기 위해서는, a가 0이나 음수인 경우도 포함하여 생각
해 두는 것이 편리합니다. 예를 들면, -365를 7로 나누
는 연산을 생각해 봅시다. 그러면

$$365 = 7 \times 52 + 1$$

이었으므로

$$-365 = -7 \times 52 - 1 = 7 \times (-52) + (-1)$$

이 됩니다. 따라서 -365를 7로 나눈 몫은 -52이고, 나
머지는 -1입니다. 물론, 이런 답도 틀린 것은 아니지요.
그러나, 보통 <u>나머지는 나누는 수보다 작은 0이상
의 정수로</u> 두는 습관이 있습니다. 이 습관에 맞추기 위
해, 위의 나머지 부분이 -1로 되는 것을 양수로 고쳐 봅
시다. 그렇게 하기 위해서 $7 \times (-52) + (-1)$이라 하는
식 사이에 $-7 + 7$을 끼어 넣어

$$7 \times (-52) + (-1) = 7 \times (-52) - 7 + 7 + (-1)$$
$$= 7 \times (-53) + 6$$

으로 변형하면 됩니다. 이것으로

$$-365 = 7 \times (-53) + 6$$

이라는 식을 얻을 수 있습니다. 그리고 우리는 보통, 이 식에서 -365를 7로 나누었을 때의 몫은 -53, 나머지는 6이라고 합니다.

일반적으로 a, b를 주어진 두 개의 정수라 하고 b는 양수라 합시다. b의 배수 0, b, $-b$, $2b$, $-2b$, $\cdots$를 수직선 상에 나타내면, 그것들은 등간격 b로 원점의 좌우에 무한히 늘어섭니다.

$$I_k \left(\begin{array}{l} \text{좌측 끝을 포함하고} \\ \text{우측 끝을 포함하지 않는다.} \end{array} \right)$$

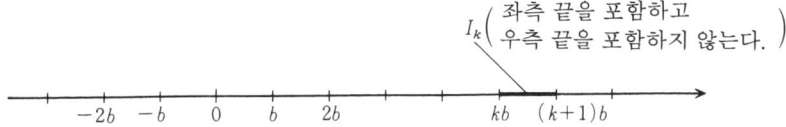

$$-2b \quad -b \quad 0 \quad b \quad 2b \qquad\qquad kb \quad (k+1)b$$

지금, 그림과 같이, 정수 k에 대해서 kb와 $(k+1)b$ 사이의 좌측 끝점 kb를 포함하고 우측 끝점 $(k+1)b$ 를 포함하지 않는 선분을 I_k로 표시하기로 하면, 이들 선분

$$\cdots, I_{-3}, I_{-2}, I_{-1}, I_0, I_1, I_2, I_3, \cdots$$

은 어느 두 개도 겹치지 않으며, 그리고 수직선 전체는 이들 선분에 따라 많이 만들어집니다. 따라서, 주어진 정수 a는 이들 선분의 어느 한 개만에 포함될 수 있습니다. 지금, a가 포함될 수 있는 선분을 다음 그림과 같이 I_q라 합시다.

$$I_q$$
$$\overbrace{\qquad}^{r}$$
$$(q-1)b \qquad qb \quad a \quad (q+1)b \qquad (q+2)b$$

이때 $a - qb = r$ 이라 하면, 물론 r은 0 이상이고, 또 r은 $(q+1)b - qb = b$ 보다도 작기 때문에, $0 \leq r < b$가 됩니다. 그리고 $a - qb = r$로 놓았기 때문에, $a = qb + r = bq + r$입니다. 이것으로

$$a = bq + r, \qquad 0 \leq r < b$$

로 되는 정수 q와 r이 존재하는 것을 알 수 있습니다. 더 구나 그와 같은 정수 q와 r은, 주어진 a와 b에 대해서, 각각 단 한 개가 정해집니다. 그것은 더 설명할 필요는 없겠지요. 여러분이 앞의 그림을 보고 생각해 보면 곧 알 것입니다.

위에서 증명된 것은, 간단한 것입니다만 매우 기본적인 것입니다. 그러므로 나는 그것을 "정리"로서 기술해 두겠습니다.

> **정리** a, b를 주어진 정수라 하고, b를 양수라 하면
> $$a = bq + r, \qquad 0 \le r < b$$
> 를 성립시키는 정수 q와 r이 각각 단 한 개 존재한다.

위의 정리의 식에서 q와 r을 각각 a를 b로 나누었을 때의 **몫**, **나머지**라고 합니다. 나머지는 **잉여**라고도 합니다. 즉, 여기서 말하는 몫은 유리수로서의 몫 $\dfrac{a}{b}$와는 의미가 다른 것을 한 번 더 주의합시다.

문제 9   다음 경우 정리의 식을 성립시키는 q와 r을 구하시오.

(1) $a = 720$, $b = 39$ (2) $a = -50$, $b = 12$

(3) $a = 5$, $b = 13$ (4) $a = -5$, $b = 13$

나머지 r이 0으로 될 때에는 a는 b로 **나누어떨어진다**고 합니다. 이 경우 위에서 말한 몫은 전에 기술한 의미의 몫 $\dfrac{a}{b}$와 일치합니다.

위에서는 b는 양수라 했습니다만, b가 음수인 경우에도 유리수 $\dfrac{a}{b}$가 정수로 될 때에는, a는 b로 나누어떨어진다고 합니다. 예를 들면, 6은 2나 3으로 나누어떨어집니다만, -2나 -3으로도 역시 나누어떨어집니다.

◆ 배수, 약수

정수 b에 대해서, $0, b, -b, 2b, -2b, 3b, -3b, \cdots$를 b의 **배수**라 합니다. 즉, b의 배수란 k를 정수로서 kb의 형태로 표시되는 정수입니다.

0의 배수는 0뿐입니다.

b가 0이 아닌 정수이면, b의 배수란 b로 나누어떨어지는 정수일 수밖에 없습니다. 정수 a가 정수 b의 배수일 때 b를 a의 **약수**라 합니다. 예를 들면 12는 3의 배수, 3은 12의 약수입니다. 또, -12도 3의 배수이고, -3은 12의 약수입니다. 배수, 약수라고 하는 개념에는 수의 부호는 아무런 영향을 미치지 않습니다.

몇 개의 정수에 공통된 약수를 그들 정수의 **공약수**라고 합니다. 예를 들면 8과 12의 공약수는 1, 2, 4 또는 -1, -2, -4 입니다. 또 10, -15, 25 세 수의 공약수는 1, 5, -1, -5입니다. 공약수 중 양의 최대의 것을 **최대공약수**라고 부릅니다. 따라서 위의 예에서는

8과 12의 최대공약수는 4

10, -15, 25의 최대공약수는 5

가 됩니다.

몇 개의 정수의 최대공약수가 예를 들어 6이라면, 이들 정수의 공약수 전체는 6의 약수 전체, 즉 1, 2, 3, 6 또는 이들의 부호를 바꾼 수 -1, -2, -3, -6이 됩니다. 일반적으로, 몇 개의 정수의

공약수 전체의 집합은 최대공약수의 약수 전체의 집합

과 일치합니다. 물론, 이러한 것은 무조건 인정해서 좋을 이유는 없습니다. 사실은 증명이 필요합니다. 그러나 위에서 말한 것은 아마 여러분이 더 잘 알고 있을 것이고, 나는 지나치게 세밀한 것에 일일이 여러분을 멈추게 하고 싶지는 않습니다. 나는 그대로 인정해도 좋다고 생각하는 것은 다만 사실을 써 둘 뿐이고, 특히 여러분의 주위를 환기하고 싶은 경우에만 그것에 따르는 기술을 하

려고 합니다.

두 개의 정수 a, b의 최대공약수가 1일 때, a와 b는 **서로 소**라고 합니다. 예를 들면, 2와 3, 3과 4, 4와 5는 각각 서로 소입니다. 그러나 8과 12는 서로 소가 아닙니다. 이 두 수의 최대공약수는 4이기 때문입니다. 두 개의 정수를 그들의 최대공약수로 나누면, 몫으로서 얻을 수 있는 정수는 서로 소가 됩니다. 다시 말하면, 일반적으로 두 개의 정수 a, b의 최대공약수가 d일 때

$$a=a'd, \qquad b=b'd$$

라고 하면, a'와 b'는 서로 소가 되는 것입니다.

앞에서 $\sqrt{2}$ 가 무리수임을 증명할 때, 기약분수라고 하는 말이 나왔습니다만, 유리수의 분수 표시 $\dfrac{m}{n}$ 이 **기약분수**라 하는 것은 분자 m과 분모 n이 서로 소임을 의미하고 있습니다. 임의의 유리수 $\dfrac{m}{n}$ 은, 그 분자와 분모의 최대공약수로 약분하면, 기약분수로 고쳐집니다.

공약수에 대응하는 개념으로서 몇 개의 정수에 공통된 배수를 그들 정수의 **공배수**라고 합니다. 예를 들면, 8과 12의 공배수는 24, -24, 48, -48, 72, -72, …입니다. 공배수 중에서 가장 작은 양수를 **최소공배수**라고 합니다. 8과 12의 최소공배수는 24입니다. 대체로 주어진 몇 개의 정수인 공배수는 그들 정수의 최소공배수의 배수로 되어 있습니다.   따라서

공배수 전체의 집합은 최소공배수의 배수 전체의 집합
과 일치합니다.

정수 8과 12의 최대공약수는 4, 최소공배수는 24입니다만, 그들의 곱 $4\times24=96$은, $8\times12=96$과 같습니다. 이것은 일반적으로, 임의의 두 개의 양수 a, b에 대해 성립합니다. 즉, a, b의 최대공약수를 d, 최소공배수를 m으로 하고

$$a=a'd, \qquad b=b'd$$

로 하면,

$$m = a'b'd, \qquad ab = dm$$

로 됩니다. "두 개의 양수의 곱＝최대공약수×최소공배
수"입니다. 특히 a, b가 서로 소인 양수인 경우에는 a, b
의 최소공배수는 ab가 됩니다.

◆ 소수

이미 주의한 것처럼, 약수, 배수 관계에서는 수의 부호
는 아무 관계도 없습니다. 따라서 여기에서는 일단 양수
만을 생각하고, 약수나 배수도 양의 약수, 양의 배수 만
을 의미하는 것으로 해둡니다.

a를 1보다 큰 정수라 하면, a는 반드시 1과 a라 하는
두 개의 약수를 가집니다. a가 1과 a 이외의 약수를 가지
지 않을 때, a를 **소수**라 합니다. 1보다 큰 정수이고, 소수
가 아닌 것은 **합성수**라 부릅니다. 예를 들어, 2, 3, 5, 7,
11 등은 소수, 4, 6, 8, 9, 10, 12 등은 합성수입니다. 1은
어떤 의미로는 "소수 중의 소수"라고 말할지도 모르지
만, 이것은 소수에도 합성수에도 들지 않습니다. 1은 특
별한 정수입니다!

자연수의 열에서 소수를 선택해 내는 방법으로 고대
그리스에서 알아낸 **에라토스테네스의 체**라고 불리우는
방법이 있습니다. 그것은 다음과 같이 합성수를 "체로 쳐
서 떨어뜨리는"것입니다.

우선 자연수를 1에서 시작해서 크기의 순으로 나열합
니다. 처음의 1은 소수가 아니기 때문에 지웁니다. 다음
2는 소수입니다만, 2의 (2 자신을 제외) 배수 4, 6, 8, 10,
…은 합성수이기 때문에 그것들을 지웁니다. 그때 2 다음
에 남아 있는 최초의 수 3은 소수입니다. 다음에 3의 배
수 6, 9, 12, 15, …을 지웁니다. 그 때 3 다음에 남아 있는
최초의 수 5는 소수입니다. 다음에 5의 배수 10, 15, 20,
25, …을 지웁니다. 이와 같은 방법으로 계속해 갈 때, 지
워지지 않고 남아 있는 수가 소수입니다. 다음의 표는 위

의 방법으로 **60**까지의 소수를 구한 것입니다.

<u>1</u>	2	3	<u>4</u>	5	<u>6</u>	7	<u>8</u>	<u>9</u>	<u>10</u>
11	<u>12</u>	13	<u>14</u>	<u>15</u>	<u>16</u>	17	<u>18</u>	19	<u>20</u>
<u>21</u>	<u>22</u>	23	<u>24</u>	<u>25</u>	<u>26</u>	<u>27</u>	<u>28</u>	29	<u>30</u>
31	<u>32</u>	<u>33</u>	<u>34</u>	<u>35</u>	<u>36</u>	37	<u>38</u>	<u>39</u>	<u>40</u>
41	<u>42</u>	43	<u>44</u>	<u>45</u>	<u>46</u>	47	<u>48</u>	<u>49</u>	<u>50</u>
<u>51</u>	<u>52</u>	53	<u>54</u>	<u>55</u>	<u>56</u>	<u>57</u>	<u>58</u>	59	<u>60</u>

위의 표에서, 예를 들어 **18**의 밑에 선이 두 개 그어져 있는 것은, 그것이 **2**와 **3**의 배수로서 두 번 없어졌음을 의미하고 있습니다. 물론 실제로는 이미 없어진 수를 새삼스럽게 또 없앨 필요는 없습니다.

위의 표에 의해서, **60**보다 작은 소수는

2　**3**　**5**　**7**　**11**　**13**　**17**　**19**　**23**

29　**31**　**37**　**41**　**43**　**47**　**53**　**59**

의 **17**개인 것을 알 수 있습니다. 이 기회에 처음 **2** 이외의 소수는 모두 홀수인 것에 주의해 둡시다. **2**는 그 의미에서 "특별한 소수"입니다!

자연수의 열을 앞 쪽까지 더 써서 늘어 놓고서 위의 방법을 계속해 가면, 우리는 차츰 많은 소수를 찾아낼 수 있겠지요. 한편 주어진 모든 자연수에 대해서, 그것이 소수인가 합성수인가의 판정을 완성하려고 하면, 오늘날에도 원칙적으로 에라토스테네스의 체에 의할 수밖에 없습니다.

비교적 작은 수에서는, 그 계산은 인간의 손에 의해서도 무엇인가 실행할 수 있습니다. 그러나 "큰"수가 되면 인간의 손으로는 어쩔 수가 없습니다. 오늘날에는 컴퓨터가 인간의 손으로는 도저히 해낼 수 없는 계산을 해주고 있습니다. 더욱이 고도의 현대 수학을 이용한 소수 판정법 등도 여러 가지 개발되었습니다. 그 결과 우리가 현재 소수에 대해서 가지고 있는 정보는, **19**세기 말에 비하면, 비교가 되지 않을 만큼 풍부하게 되었다고 해도 좋을 것입니다. 그러나 지극히 큰 자연수가 되면, 그것이 소수인가 합성수인가의 판단은 오늘날에도 역시 어려운 일입니다. 그것은 결코 즉석에서 알 수 있는 것은 아닙니다.

◆ 소인수분해

예를 들면, 42, 180, 6475와 같은 합성수는, 각각

$$42 = 2 \cdot 3 \cdot 7$$
$$180 = 2 \cdot 2 \cdot 3 \cdot 3 \cdot 5 = 2^2 \cdot 3^2 \cdot 5$$
$$6475 = 5 \cdot 5 \cdot 7 \cdot 37 = 5^2 \cdot 7 \cdot 37$$

과 같이 소수의 곱으로 나타낼 수 있습니다. 이와 같이 합성수가 반드시 소수의 곱으로 표시된다는 것은 독자가 잘 알고 있겠지만, 이것은 중요한 것이기 때문에, 나는 좀더 확실히 하기 위해 그 증명을 정확하게 기술하려고 합니다.

임의의 합성수는 소수의 곱으로서 표시할 수가 있다.

증명 a를 임의의 주어진 한 개의 합성수라고 합니다. 그러면, a는 합성수이기 때문에, 1도 a도 아닌 약수를 갖습니다만, 그 약수 중에는 최소인 수가 있을 것입니다. 그 수를 p라 하면, p는 소수입니다. 왜냐하면, 만약 p가 합성수이고 1도 p도 아닌 약수 p'를 가진다고 하면, p'는 p보다도 작은 a의 약수로 되고, p가 a의 (1보다 크다) 약수 중 최소인 것이다라고 한 가정에 위배되기 때문입니다. 그래서 a를 p로 나눈 몫을 b라 하면

$$a = pb$$

가 되고 b는 1보다 크고 a보다 작은 자연수입니다. 만약 b가 소수라면, 위의 식이 a를 소수의 곱으로 표시한 식이 됩니다. 또, b가 합성수라면, 1보다 큰 b의 약수 중에서 최소인 수를 q라 하면, 위와 같은 형태의 이유에 따라 q는 소수입니다. 그리고 b를 q로 나눈 몫은 $b = qc$, 따라서

$$a = pqc$$

가 되고, 동시에 $a > b > c > 1$이 됩니다. 만약 c가 소수라면, 이것으로 우리의 목적은 달성됩니다. 또 c가 합성수라면, 위와 같은 조작을 다시 계속합니다. 그러나 여기서 $a > b > c > \cdots$로 되어 있기 때문에, 이러한 조작이 무한히 계속된다는 것은 있을 수 없습니다. 따라서 결국에는 a가 소수의 곱으로서 표시 됩니다. 이것으로 증명이 끝났습니다.

자연수 a를 소수의 곱의 형태로 표시하는 것을 a의 **소인수분해**라고 합니다. (다만, 우리는, a자신이 소수일 때에는, 단지 $a = a$라는 식을 a의 소인수분해의 식이라 생각합니다.) 주어진 자연수의 소인수분해는, 그것이 작은 수라면 비교적 간단합니다. 조금 큰 수가 되면 우리는 곧 자기의 무능을 느끼기 시작합니다만, 컴퓨터라면 가볍게 해 줍니다. 그러나, 매우 큰 수가 되면, 설령 컴퓨터라 해도 간단하게는 해 주지 않습니다. 소인수분해는 오래되고 또 영원한 화제입니다.

몇 개의 정수에 대해서, 그것들의 소인수분해가 간단하게 되는 경우에는, 그것을 이용하여 최대공약수나 최소공배수를 찾아낼 수가 있습니다. 예를 들면

$$42 = 2 \cdot 3 \cdot 7 \quad \text{과} \quad 180 = 2^2 \cdot 3^2 \cdot 5$$

의 최대공약수는 $2 \cdot 3 = 6$, 최소공배수는 $2^2 \cdot 3^2 \cdot 5 \cdot 7 = 1260$ 입니다. 또, 여러분이나 나 자신의 수고를 덜기 위해 처음부터 소인수분해된 형태의 것으로 하면

$$2 \cdot 3^2 \cdot 5 \cdot 7^3 \cdot 11$$
$$2 \cdot 5 \cdot 7^2 \cdot 11^2$$
$$5^3 \cdot 7^2 \cdot 11 \cdot 37^2$$

이라는 세 개의 수의 최대공약수는 $5 \cdot 7^2 \cdot 11$, 최소공배수는 $2 \cdot 3^2 \cdot 5^3 \cdot 7^3 \cdot 11^2 \cdot 37^2$ 입니다.

문제 10 다음 수의 최대공약수와 최소공배수를 구하시오.

답은 소인수분해된 형태로 써 주시오.

(1) $3^6 \cdot 19^2$, $3^3 \cdot 7^2 \cdot 19$

(2) $2^2 \cdot 5^2 \cdot 13^2$, $2^3 \cdot 5 \cdot 11 \cdot 13$, $2^4 \cdot 11^2 \cdot 13^3$

◆ 소수는 무한히 있다

소수는 우리에게 여러 가지 신비한 화제를 제공해 줍니다. 나는 페이지 32에서 60까지의 소수의 표를 보였습니다. 만약 우리가 다소의 노력을 아끼지 않는다면, 1000 정도까지의 소수의 표는 쉽게 만들 수 있지요. 그러나 물론 그 뒤에도 소수는 계속 이어집니다.

소수 중에는 매우 재미있는 숫자의 배열로 된 것도 있습니다. 예를 들면,

1234567891

이라 하는 소수입니다. 또 11이 소수인 것은 이미 알고 있습니다만, 1이라는 숫자만으로 늘어서 있는 그 다음의 큰 소수는

1111111111111111111

이라 하는 수입니다. 여기에는 1이 19개 늘어서 있습니다. 앞에서 소개한 수를 읽는 방법으로 읽어 보면, "백십일경천백십일조천백십일억천백십일만천백십일"이 됩니다. 대단히 큰 수입니다. 그러나 이 정도의 수에 놀라지 마십시오. 수학의 기법이 발달하고, 컴퓨터의 성능이 고도화됨에 따라, 우리는 놀라울 정도로 큰 소수를 알게 되었습니다. 그것은 그 숫자를 인쇄했을 때만도 수십페이지에 이르는 큰 소수입니다. 더구나 그러한 큰 소수의 기록은 점점 경신되어 가는 듯한 추세입니다. 현재 알려져 있는 최대의 소수는 무엇인가? 나는 최신 정보를 가지고 있지 않아 그것에 대해서 정확한 것은 모릅니다. 만일 내가 그것을 알고서 여기에 기록했다 하더라도, 아마 이 책이 출판될 즈음에는 그 기록은 깨져버리게 되겠지요.

나는 위에서 "최대의 소수"라는 말을 사용했습니다. 그러나 이것은, 우리가 현재 확실히 소수로 알고 있는 소

수 중에서 최대인 것이라는 의미입니다. 도대체, 정말로 "최대의 소수"라는 것이 존재하는 것인가? 아니면 소수의 열은 끝없이 계속하는 것인가? 우리는 이런 의문을 갖게 됩니다. 그것은 끝없이 계속됩니다.

소수는 무한히 존재한다

그리고, 고대 그리스인은 지금부터 이천수백 년 전에 이미 그 사실을 알고, 분명히 증명까지 하고 있었습니다!

나는 아래에 "소수가 무한히 존재한다"라고 하는 그들의 증명을 소개해 보려고 합니다. 아래에 기술하는 증명은, 그들의 증명을 다소 현대식으로 수정했습니다. 그러나 그 본질은 고대 그리스인이 증명했던 것과 변함이 없습니다.

지금, 우리가 증명해야 할 결론을 부정하고, 소수의 열 2, 3, 5, 7, 11, 13, 17, …이 유한 개 있고, 더욱이 최대인 소수가 존재한다고 가정해 봅시다. 그 최대의 소수를 P라 하고, "모든 소수" 2, 3, 5, 7, …, P의 곱에 1을 더한 수를 생각합시다. 즉

$$a = (2 \times 3 \times 5 \times 7 \times 11 \times \cdots \times P) + 1$$

이라 하는 수를 생각하는 것입니다. 이 수 a는 물론 P보다도 크기 때문에, 소수가 아닙니다. 즉, a는 합성수입니다. 따라서 a는 소수의 곱으로 분해됩니다. 그러므로 a는 적어도 하나의 소수에 의해서 나누어떨어집니다. 그런데 a는 "모든 소수" 2, 3, 5, 7, …, P의 어느 것에 대해서도 나누어떨어지지 않습니다. 왜냐하면, a를 어느 소수로 나누어도 1이 남기 때문입니다. 이것은 모순입니다! 따라서, 소수의 열이 유한이라 하는 가정은 틀립니다. 즉, 소수는 무한히 존재합니다.

이것은 놀랍게도 간단하고, 뚜렷한 증명입니다. 만약 여러분이 이 증명을 충분히 이해하지 못했다면, 앞에서도 말했습니다만, 한참 이 책을 읽어 나간 후 이 증명을 다시 보십시오.

이 증명은 유클리드의 "원론"이라는 책 중에 나와 있습니다. 이 책은 기원전 3세기에 쓰여진 것으로 오늘날에 전하는 세계 최고의 수학책이며, 오랫동안 학문의 법전으로서 우러러 받들어진 유명한 서적입니다.

◆ 2, 3, 5, 11의 배수

간단한 것입니다만, 여기에서 소수 2, 3, 5, 11을 인수로 가지는 자연수의 분별법을 기술해 두겠습니다.

우선, 2와 5에 대해서는, 그 판정법은 누구라도 알고 있습니다. 즉, 2를 인수로 가지는 자연수는 끝자리의 숫자가 0, 2, 4, 6, 8인 수이고, 5를 인수로 가지는 자연수는 끝자리의 숫자가 0, 5인 수입니다. (더욱이 널리 알고 있다고 생각하기 때문에 쓰는 것을 잊고 있었습니다만, **인수**란 약수와 같은 의미입니다.)

또, 어떤 자연수가 3을 인수로 가지는가 어떤가는, 그 수의 모든 자릿수의 숫자의 합이 3의 배수인가 어떤가로 정해집니다. 왜냐하면

$$9, 99, 999, 9999, 99999, \cdots$$

은 모든 9의 배수이고, 따라서 3의 배수이기 때문에, 예를 들면 5928인 수를

$$5928 = 5 \cdot 1000 + 9 \cdot 100 + 2 \cdot 10 + 8$$
$$= 5 \cdot (999 + 1) + 9 \cdot (99 + 1) + 2 \cdot (9 + 1) + 8$$
$$= (5 \cdot 999 + 9 \cdot 99 + 2 \cdot 9) + (5 + 9 + 2 + 8)$$

로 고쳐 써 보면, 앞의 괄호 부분은 9로 나누어떨어지고, 따라서 3으로 나누어떨어집니다. 그리고 $5 + 9 + 2 + 8 = 24$도 3의 배수입니다. 따라서 5928은 3으로 나누어떨어집니다. 한편 6478은 $6 + 4 + 7 + 8 = 25$가 3의 배수가 아니기 때문에, 3으로는 나누어떨어지지 않습니다.

주어진 자연수가 11을 인수로 가지는가 어떤가에 대해서는 다음과 같은 판정법이 있습니다. 우선

$$11, 99, 1001, 9999, 100001, 999999, \cdots$$

은 모두 11로 나누어떨어지는 것에 주의합시다. 이 중 99, 9999, …와 같이, 9가 짝수 개로 된 수가 11로 나누어떨어지는 것은 분명합니다. 또 1001, 100001, …와 같이 짝수 개 자리로 양 끝의 숫자가 1, 가운데 숫자가 모두 0인 수는, 각각

$$1001 = 990 + 11, \qquad 100001 = 99990 + 11, \cdots$$

와 같이 되기 때문에, 역시 11로 나누어떨어집니다. 여기서, 예를 들어 42834라는 수를 생각해 봅시다. 이 수는

$$4 \cdot 10000 + 2 \cdot 1000 + 8 \cdot 100 + 3 \cdot 10 + 4$$
$$= 4 \cdot (9999 + 1) + 2 \cdot (1001 - 1) + 8 \cdot (99 + 1) + 3 \cdot (11 - 1) + 4$$
$$= (4 \cdot 9999 + 2 \cdot 1001 + 8 \cdot 99 + 3 \cdot 11) + (4 - 2 + 8 - 3 + 4)$$

가 되고, 위에 기술한 이유로, 처음의 괄호 부분은 11로 나누어떨어집니다. 또 $4 - 2 + 8 - 3 + 4 = 11$이기 때문에, 결국 42834는 11로 나누어떨어짐을 알 수 있습니다. 일반적으로, 어떤 자연수가 11의 배수인지 아닌지는 각 자리의 숫자를 서로 어긋나게 $+$, $-$로서 더한 결과가 11의 배수인가 아닌가에 따라 판정할 수가 있습니다. 예를 들면 12345는

$$1 - 2 + 3 - 4 + 5 = 3$$

이니까 11의 배수는 아닙니다만, 623898은

$$6 - 2 + 3 - 8 + 9 - 8 = 0$$

이므로 11로 나누어떨어집니다.

◈ 유클리드의 호제법

두 개의 양수 a, b의 최대공약수를 구하는 데에는, 이미 말했던 것처럼, a, b를 소인수분해하면 됩니다. 그러나 이것도 이미 말했던 것처럼, 우리가 책상 위에서 종이와 연필만을 상대하고 있을 때에는 소인수분해는 그리 간단히 되지는 않습니다.

두 개의 양수 a, b의 최대공약수를 구하는 데에, 좀더

실제적인 방법은 "유클리드의 호제법"입니다. 그것은 다음과 같은 방법입니다.

지금 $a \geqq b$이고, a를 b로 나눈 몫을 q, 나머지를 r이라 합니다. 즉,

$$a = bq + r, \qquad 0 \leqq r < b$$

라 합니다. 이 때, 만약 $r = 0$이라면, 즉 a가 b로 나누어떨어지면, b가 a와 b의 최대공약수입니다. 또, 만약 $r > 0$이면, 위의 식에서 $r = a - bq$이므로, e를 a, b의 임의의 공약수라 하면, 우변의 $a - bq$가 e로 나누어떨어지고, 따라서 r이 e로 나누어떨어집니다. 그러므로 e는 b와 r의 공약수가 됩니다. 한편, e'를 b, r의 임의의 공약수라 하면, $a = bq + r$이라는 식에서 e'는 a를 나누어떨어지게 하고, 따라서 e'는 a, b의 공약수가 됩니다. 이것으로 a와 b의 공약수는 b와 r의 공약수이고, 역으로 b와 r의 공약수는 a와 b의 공약수임을 알 수 있습니다. 따라서 "a, b의 공약수 전체의 집합"은 "b, r의 공약수 전체의 집합"과 일치합니다. 이것으로부터 특히

$$(a,\ b의\ 최대공약수) = (b,\ r의\ 최대공약수)$$

임을 알 수 있습니다.

다음에 b를 r로 나눈 나머지를 r_1이라 하고, 위에서 설명한 것과 같은 형태의 이유로, $r_1 = 0$이라면 r이 b와 r의 최대공약수가 되고, $r_1 > 0$이라면

$$(a, b의\ 최대공약수) = (b, r의\ 최대공약수)$$
$$= (r, r_1의\ 최대공약수)$$

가 됩니다. 이 방법을 나누어떨어질 때까지 계속하면, 유한번의 나눗셈에 의해서 반드시 a, b의 최대공약수를 구할 수 있습니다.

위에서 설명한 방법이 **유클리드의 호제법**입니다. 이것은 옛날부터 알려져 있는 유명한 방법입니다. 사실은 이것도 앞에서 소개한 유클리드의 "원론"이라는 책 속에 이미 확실하게 적혀 있습니다.

한 예로서, 247과 962의 최대공약수를 유클리드의 호제법에 의해 구해 봅시다.

962÷247을 계산하면, 몫이 3, 나머지가 221

247÷221을 계산하면, 몫이 1, 나머지가 26

221÷26을 계산하면, 몫이 8, 나머지가 13

26÷13을 계산하면, 몫이 2로 나누어떨어진다!

따라서 247, 962의 최대공약수는 13입니다.

위의 계산을 오른쪽과 같은 형식으로 쓸 수 있습니다. 이 계산 방식을 "비(非) 자 법"이라고 합니다. 그리고 보니, 한자의 非자와 닮았군요.

247	3	962
221	1	741
26	8	221
13	2	208
0		26

문제 11 유클리드의 호제법으로 다음 두 수의 최대공약수를 구하시오.

(1) 255와 315   (2) 288과 639   (3) 6292와 8580

◆ **최대공약수의 어떤 성질**

이제부터 나는 유클리드의 호제법으로부터 얻어지는 하나의 성질에 대해서 설명하고자 합니다. 이것은 아마 훗날 응용할 기회가 있을 것으로 생각되는데, 정수의 이론에 있어서 중요한 역할을 할 것입니다.

예를 들면 위에서 247과 962의 최대공약수를 구했을 때의 계산을 등식으로 써 봅시다. 그러면

$$962 = 247 \cdot 3 + 221 \qquad ①$$

$$247 = 221 \cdot 1 + 26 \qquad ②$$

$$221 = 26 \cdot 8 + 13 \qquad ③$$

$$26 = 13 \cdot 2 \cdots\cdots \text{ 따라서 } 13\text{이 최대공약수}$$

가 됩니다. 지금, 알기 쉽게 ①, ②, ③을 각각

$$221 = 962 - 247 \cdot 3 \qquad ①'$$

$$26 = 247 - 221 \cdot 1 \qquad \text{②}'$$

$$13 = 221 - 26 \cdot 8 \qquad \text{③}'$$

로 고쳐, ③′의 26에 ②′의 우변을 대입하여, 그것을 정리
한 식의 221에 ①′의 우변을 대입하여, 또 정리합니다. 그
러면, 다음과 같이 됩니다.

　②′의 우변을 대입　①′의 우변을 대입
즉

$$13 = 247 \cdot (-35) + 962 \cdot 9$$

인 결과가 얻어집니다. 이것으로, 247과 962의 최대공약
수 13은 어느 정수 r, s에 의해

$$247r + 962s$$

라는 형태로 나타내짐을 알 수 있습니다. 이 경우, 그 정
수 r, s는 각각 $r = -35$, $s = 9$입니다.

　이제 하나 더 간단한 예
를 들어 봅시다.

　126과 45의 최대공약수는
9입니다. 이것은 소인수분
해로 곧 알 수 있지만, "非
자 법"으로 계산하면 오른
쪽과 같이 됩니다.

45	2	126
36	1	90
9	4	36
		36
		0

　그 계산을 등식으로 쓰면 아래 왼쪽과 같이 됩니다.

$$126 = 45 \cdot 2 + 36 \quad \cdots \text{④} \qquad 36 = 126 - 45 \cdot 2 \quad \cdots \text{④}'$$

$$45 = 36 \cdot 1 + 9 \quad \cdots \text{⑤} \qquad 9 = 45 - 36 \cdot 1 \quad \cdots \text{⑤}'$$

$$36 = 9 \cdot 4$$

위의 ④, ⑤를 ④′, ⑤′로 고쳐 쓰고, ⑤′의 36에 ④′의 우
변을 대입하면

$$9 = 45 - 36 \cdot 1$$
$$= 45 - (126 - 45 \cdot 2) \cdot 1 \qquad \text{④}' \text{의 우변을 대입}$$
$$= 45 \cdot 3 + 126 \cdot (-1)$$

이 됩니다. 즉, 이 경우도 최대공약수 9가

$$45r + 126s \ (r, s \text{는 정수})$$

의 형태로 나타납니다. 이 경우는 $r=3$, $s=-1$입니다.

이와 같이 일반적으로 두 개의 양수 a, b의 최대공약수를 d라 하면, d는 적당한 정수 r, s에 의해 $d=ar+bs$로 표시됩니다. 그리고 r, s를 구하기 위해서는, 호제법의 계산이 이용됩니다. 어떻습니까? 계산의 요령을 알겠습니까? 연습으로 다음 문제를 풀어 보세요. 이 문제의 답을 내려면, 앞의 문제에서 했던 계산을 그대로 유용하게 쓰면 됩니다.

문제 12 문제 11의 (1)의 255와 315의 최대공약수에 대해서
$$최대공약수 = 255r + 315s$$
를 성립시키는 정수 r, s를 구하시오. 또 문제 11의 (2)의 288과 639의 최대공약수에 대해서
$$최대공약수 = 288r + 639s$$
를 성립시키는 정수 r, s를 구하시오.

위에서 본 바와 같이 두 양수 a, b의 최대공약수 d는 적당한 정수 r, s에 의해 $d=ar+bs$로 표현됩니다. 여기에서 a, b는 반드시 양수일 필요는 없고, 음수라도 상관없습니다. 실제로 예를 들어 247과 962의 최대공약수 13은
$$13 = 247 \cdot (-35) + 962 \cdot 9$$
로 나타냈습니다만, 만약 247과 -962였다면
$$13 = 247 \cdot (-35) + (-962) \cdot (-9)$$
$$즉 \ r = -35, s = -9$$
로 하면 되기 때문입니다.

a, b가 구체적인 수가 아니고 일반적인 정수를 나타내는 문자인 경우에는, $ar+bs$ 대신에 $ra+sb$로 써도 좋습니다. 어느 쪽이 좋다고 말할 수는 없습니다. 나는 위에서 얻은 결과를 다음과 같은 형태로 적어 두려고 합니다.

> 0이 아닌 두 개의 정수 a, b의 최대공약수를 d라 하면, d는 적당한 정수 r, s에 의해
>
> $$d = ra + sb$$
>
> 로 표현됩니다.

위의 사실은, 어쩌면 여러분에게 신기한 것이었는지도 모릅니다. 그러나 별로 어려운 것은 아니었을 것으로 생각합니다. 이것은 유용한 사실입니다. 만약 여러분이 어렵다고 생각하는 것이 있다면, 반복해서 말해 두지만, 가벼운 마음으로 읽어 나가고, 조금 지난 후 되돌아가 다시 읽어 보십시오. 위의 결과에서, 특히 a, b가 서로 소인 경우 (즉 $d=1$인 경우)에는 다음과 같이 사실을 알 수 있습니다.

정수 a, b가 서로 소이면

$$ra + sb = 1$$

이 되는 정수 r, s가 존재한다.

문제 13 $82r + 17s = 1$이 되는 정수 r, s를 구하시오.

끝으로, $d = ra + sb$가 성립하는 정수 r, s는 단 하나로 정해지는 것이 아니라는 것에 주의합시다. 예를 들어, 등식

$$13 = 247r + 962s \qquad (*)$$

는, 위에서와 같이 $r = -35$, $s = 9$에 대해 성립하지만, $r = 39$, $s = -10$; $r = -109$, $s = 28$ 등에 대해서도 성립합니다. 일반적으로 n을 임의의 정수로 하고

$$r = -35 + 74n, \quad s = 9 - 19n \qquad (**)$$

로 하면, 이 r, s는 $(*)$을 만족합니다. 즉, 위의 등식 $(*)$을 성립시키는 정수 r, s의 쌍은 무한히 존재하는 것입니다. 문제 12나 문제 13의 답의 r, s도 "해의 한쌍"을 나타내고 있는 것에 지나지 않고, 실제로는 해는 무한히 존재합니다. (또, 계속해서 써 놓는다면, 위의 등식 $(*)$을 성

립시키는 정수 r, s의 "모든 해"는 (**)에 의해 주어집니다. 왜 그럴까? 관심이 있는 분들은 그 이유를 생각해 보십시오.)

◆ 집합의 표기, 부분집합

계속되는 것이지만, 위의 이야기와 관련해서, 여기서는 일반적으로 집합의 쓰는 방법 등을 소개하면서, 정수인 집합에 대한 하나의 성질을 말하려고 합니다. 우선 집합의 표기법 등에 대해서 대충 설명하겠습니다.

어떤 것의 모임을 집합이라고 한다는 것은 앞에서도 말했습니다. 하나의 집합을 구성하고 있는 개개의 것을 그 집합의 **원소**라고 합니다. 원소 대신에 **요소**라는 말을 쓰기도 합니다.

어떤 a가 집합 A의 원소일 때, a는 집합 A에 **속한다**고 하고

$$a \in A \quad \text{또는} \quad A \ni a$$

라고 씁니다. a가 A의 원소가 아닐 때에는

$$a \notin A \quad \text{또는} \quad A \not\ni a$$

라고 씁니다. 예를 들면, A를 자연수 전체의 집합이라고 하면, $1 \in A$, $4 \in A$, $-2 \notin A$, $\frac{1}{3} \notin A$입니다. 또, A를 유리수 전체의 집합이라고 하면, $-2 \in A$, $\frac{1}{3} \in A$, $\sqrt{2} \notin A$, $\pi \notin A$입니다. 그 집합을, 원소를 써서 나열하면

$$\{a, b, c, \cdots\}$$

로 나타냅니다. 예를 들면, 10의 양의 약수 전체의 집합은 $\{1, 2, 5, 10\}$으로 나타냅니다. 또, 자연수 전체의 집합은 $\{1, 2, 3, 4, \cdots\}$로 나타냅니다. 이 집합은 무한히 많은 원소를 가지므로 그 모든 원소를 나열할 수는 없지만, 지금 쓴 것 같이 쓰면 $\cdots$부분의 의미는 명백하므로 이런 기법이 허용되는 것입니다. 이와 같이 $\{1, 3, 5, 7, \cdots\}$라고 쓰면, 당신은 이것을 (당신이 상당히 유별난 사람이 아닌 한) 양의 홀수 전체의 집합이라고 해석하겠지요.

　　유한 개의 원소만을 가지는 집합을 **유한집합**이라고 하고, 무한개의 원소를 가진 집합을 **무한집합**이라고 합니다. 10의 양의 약수 전체의 집합 $\{1, 2, 5, 10\}$은 유한집합이고, 한편, 자연수 전체의 집합 $\{1, 2, 3, 4, \cdots\}$는 무한집합입니다.

　　양의 유리수 전체의 집합은 위와 같은 표기법으로 나타낼 수는 없습니다. 몇 개의 양의 유리수를 쓰고 그 다음에 …라고 써도, …의 의미를 누구도 명확하게 알 수는 없기 때문입니다. 그래서 이 집합을

$$\{x \mid x\text{는 양의 유리수}\}$$

라는 표기법으로 나타냅니다. 이와 같이 $\{x \mid x$는 양의 실수$\}$라고 쓰면 이것은 양의 실수 전체의 집합을 나타냅니다. 또는 문자 x가 실수를 나타내고 있다는 양해 아래 $\{x \mid 0 < x < 1\}$라고 쓰면, 이것은 0보다 크고 1보다 작은 실수 전체의 집합을 나타냅니다. 즉, 일반적으로 어느 조건을 만족하고 있는 x전체의 집합을

$$\{x \mid x\text{의 만족하는 조건}\}$$

이라는 표기법으로 나타냅니다. 여기에서 문자 x는 다른 임의의 문자로 바꾸어도 의미는 같습니다. 예를 들면, $\{y \mid y$는 양의 실수$\}$는 역시 양의 실수 전체의 집합을 나타냅니다.

　　위의 표기법은 다음과 같이 조금 더 확장된 의미로도 사용됩니다. 예를 들면

$$\{2n \mid n\text{은 정수}\}$$

는, n이 모든 정수를 옮아갈 때의 정수 $2n$ 전체의 집합, 즉, 짝수 $0, 2, -2, 4, -4, \cdots$ 전체의 집합을 나타냅니다. $\{2n+1 \mid n$은 정수$\}$는, 홀수 전체의 집합입니다. 더 일반적으로, 예를 들면

$$\{247m + 962n \mid m, n\text{은 정수}\}$$

의 의미도, 독자는 쉽게 이해할 수 있겠지요. 이것은 247의 임의의 배수 $247m$과 962의 임의의 배수 $962n$과의 합

전체의 집합을 나타내고 있습니다.

A, B가 두 개의 집합으로, A의 모든 요소가 B에 속해 있을 때, 즉, "$x \in A$이면 $x \in B$"일 때, A를 B의 **부분집합**이라고 하며

$$A \subset B \quad \text{또는} \quad B \supset A$$

라고 씁니다. 또 이때, A는 B에 **포함된다**, B는 A를 **포함한다**고 합니다. (고교 교과서 등에서는 보통, ⊆, ⊇라는 기호를 사용합니다만, 이 강의에서는 더 단순한 기호 ⊂, ⊃를 사용하겠습니다.)

$A \subset B$이면서 동시에 $B \subset A$이면, A와 B의 요소는 완전히 일치합니다. 이때 두 개의 집합 A, B는 **서로 같다**고 말하고 $A = B$라 씁니다. $A \subset B$이지만 $A = B$는 아닐 때, A를 B의 **진부분집합**이라고 합니다. 예를 들면, 정수 전체의 집합은 유리수 전체의 집합의 진부분집합입니다.

◈ 정수의 전체에 대한 하나의 명제

정수의 이야기가 상당히 길어졌습니다만, 마지막으로, 정수의 집합에 대한 하나의 명제를 진술하고, 일단 이 화제를 마무리짓도록 합시다.

지금 a, b를 두 개의 주어진 0이 아닌 정수라 하고, 집합

$$A = \{ma + nb \,|\, m, \, n\text{은 정수}\}$$

를 생각합니다. 이것은, a의 임의의 배수 ma와 b의 임의의 배수 nb와의 합인 $ma + nb$라는 형태의 정수 전체의 집합입니다. 또 a, b의 최대공약수를 d라 하고, d의 배수 전체의 집합을

$$B = \{kd \,|\, k\text{는 정수}\}$$

라 합니다. 내가 여기에서 나타내려는 것은, 이 두 개의 집합 A, B가 사실은 "같다"는 것입니다. 예를 들면, 우리는 앞에서 유클리드의 호제법으로 247과 962의 최대공약수가 13인 것을 알았습니다. 위에서 말한 주장에 따르면, m, n을 정수라 하고 $247m + 962n$의 형태로 쓰여지는 정

수 전체의 집합은, 13의 배수 전체의 집합과 일치합니다. 즉,

$$\{247m+962n \mid m, n은 \ 정수\}=\{13k \mid k는 \ 정수\}$$

입니다. 나는 다음에 명제를 일반적인 형태로 진술하고, 또한 일반적인 형태로 증명하겠습니다. 만일 여러분이 "일반적인 형태"라는 것에 저항감을 가진다면, 이 증명을, 예를 들면 $a=247$, $b=962$, $d=13$으로 읽을 수 있으면 좋다고 생각합니다. 그렇게 하면, 아마 구체적인 이미지에 의해 증명을 이해할 수가 있겠지요.

---

a, b를 0이 아닌 정수라 하고, d를 a, b의 최대공약수라 하면, 집합

$$\{ma+nb \mid m, n은 \ 정수\}$$

는, d의 배수 전체의 집합 $\{kd \mid k는 \ 정수\}$와 일치한다.

증명
$$A=\{ma+nb \mid m, n은 \ 정수\},$$
$$B=\{kd \mid k는 \ 정수\}$$

라 합니다.

x를 A의 임의의 원소라 하면, x는 어떤 정수 m, n에 의해 $x=ma+nb$로 표시됩니다. 여기에서 a, b는 모두 d의 배수이므로, $ma+nb$는 d의 배수입니다. 따라서 $x=ma+nb$는 B의 요소가 됩니다. 즉

$$\text{``}x \in A \ \text{이면} \quad x \in B\text{''}$$

입니다. 이것으로 $A \subset B$라는 것을 알 수 있습니다.

다음에 y를 B의 임의의 원소라 하면, y는 어떤 정수 k에 의해 $y=kd$로 표시됩니다. 그런데, 우리는 이미 d가 적당한 정수 r, s에 의해

$$d=ra+sb$$

로 나타나는 것을 알고 있습니다. 따라서

$$y=kd=k(ra+sb)=(kr)a+(ks)b$$

가 되고, $kr=m$, $ks=n$이라 하면 y는 $y=ma+nb$ 로 표시됩니다. 이것은 y가 A의 원소라는 것을 나타내고 있습니다. 즉,

"$y \in B$ 라면 $y \in A$"

입니다. 따라서 $B \subset A$이고, 앞에 증명된 $A \subset B$와 합하여서, $A=B$라는 것이 증명되었습니다.

위의 명제에 의해, 특히 a, b가 서로 소인 정수의 경우에는, 집합 $\{ma+nb \mid m, n$은 정수$\}$는 정수 전체의 집합과 일치한다는 것을 알 수 있습니다.

문제 14   다음 집합을 하나의 정수의 배수 전체의 집합 형태로 고쳐 쓰시오.

(1) $\{6m+15n \mid m, n$은 정수$\}$

(2) $\{242m+880n \mid m, n$은 정수$\}$

문제 15   다음 집합은 정수 전체의 집합과 일치합니다. 그 이유를 말하시오.

(1) $\{4m+3n \mid m, n$은 정수$\}$

(2) $\{10000m+3969n \mid m, n$은 정수$\}$

⌐1.4 제곱근을 포함한 식의 계산

이야기의 방향을 바꾸어서, 이번에는 제곱근 및 제곱근을 포함하는 식의 계산을 다루겠습니다. 이 절은 간단합니다. 그 내용은 대체로 단순한 계산 연습 뿐입니다. 생각하기 어려운 것은 (제곱근의 존재라는 가장 근본적인 문제를 별도로 하면)거의 없습니다.

◆ 제곱근

a를 실수라 할 때, 제곱하면 a가 되는 수, 즉

$$x^2 = a$$

로 되는 수 x를 a의 **제곱근**이라고 합니다.

 a가 양수라면 a의 제곱근은 실제 존재합니다! 우리는 이것을 인정해 둡시다라고 말하는 것은, 이것을 엄밀히 증명하는 것이 실은 상당히 어렵기 때문입니다. 이것을 엄밀히 증명하기 위해서는, 실수의 성질을 깊이 연구하지 않으면 안됩니다. 이 곳에서, 이러한 근본 문제에까지 거슬러 올라가는 것은——나는 가능하면, 하고 싶다고 생각하지만——좀 곤란합니다. 그것은 "초등 수학"이 아닌 "고등 수학"의 범위에 속합니다. 앞에서 말한 것은 (나 자신도 미지의 세계이므로) 여기서 분명히 단언할 수는 없습니다. 그러나 어쨌든, 양수 a에 대해서 그 제곱근이 존재한다고 하는 사실을 인정해 두겠습니다. 그것은 두 개로, 한 쪽은 양수 다른 쪽은 음수로, 같은 절대값을 갖고 있습니다. 이 중 양의 제곱근을 $\sqrt{a}$ 라는 기호로 나타냅니다. 따라서 음의 제곱근은 $-\sqrt{a}$입니다. 기호 $\sqrt{}$는 **근호**라고 부르고, $\sqrt{a}$ 는 "루트 a"라고 읽습니다. 예를 들면, 4의 제곱근은 2와 -2이므로, $\sqrt{4} = 2$입니다. 일반적으로 양수 a에 대해서 $\sqrt{a}$와 $-\sqrt{a}$는 오른쪽 그림에 나타나듯이 원점에 대해서 대칭적인 두 개의 수를 나타내고 있습니다.

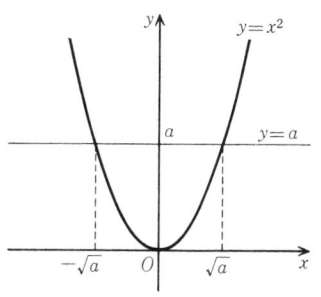

 a가 1에서 10까지의 징수일 때, $\sqrt{a}$ 의 값을 전자계산기 (8자리 숫자의 극히 작은 것)로 구하면, 다음과 같이 됩니다.

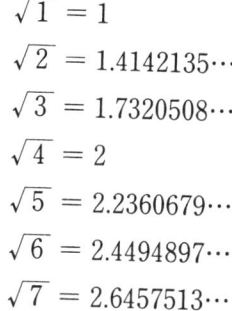

$$\sqrt{1} = 1$$
$$\sqrt{2} = 1.4142135\cdots$$
$$\sqrt{3} = 1.7320508\cdots$$
$$\sqrt{4} = 2$$
$$\sqrt{5} = 2.2360679\cdots$$
$$\sqrt{6} = 2.4494897\cdots$$
$$\sqrt{7} = 2.6457513\cdots$$

$$\sqrt{8} = 2.8284271\cdots$$
$$\sqrt{9} = 3$$
$$\sqrt{10} = 3.1622776\cdots$$

이중에서 $\sqrt{1}$, $\sqrt{4}$, $\sqrt{9}$ 를 빼면, 다른 것은 모두 무리수입니다. 이것은 이미 앞에서도 이야기했습니다.

0의 제곱근은 물론 0뿐입니다. 그래서 $\sqrt{0} = 0$이라고 정합니다.

음수의 제곱근은 존재하지 않습니다. 왜냐하면, 어떠한 실수 x에 대해서도 $x^2 \geqq 0$이었으므로, a가 음수인 경우에는 $x^2 = a$가 되는 실수 x는 존재하지 않습니다.

그렇다고는 하지만, 우리는 나중에 좀더 수의 범위를 확장시키겠습니다. 그 확장시켜진 수의 범위에서는, 음수의 제곱근도 존재합니다. 위에서 음수의 제곱근은 존재하지 않는다고 한 것은, 정확하게 "실수의 범위에서는 존재하지 않는다"고 말하는 것이 옳습니다. 그러나 우리는, 그러한 수의 확장에 대해서 논할 기회가 있을 때까지는 <u>수는 언제나 실수를 의미하고 있다</u>고 생각해 두기로 합시다.

◈ 제곱근의 성질

다음으로 제곱근에 대해서 아니 보다 더 바람직하게 말하면 $\sqrt{a}$ 라는 수에 대해서 기본적인 두 개의 성질을 설명하겠습니다.

성질 1. 임의의 실수 a에 대해서
$$\sqrt{a^2} = |a|$$

증명 $a^2 = (-a)^2$이므로
$a > 0$이라면, a^2의 <u>양의 제곱근</u>은 a
$a < 0$이라면, a^2의 <u>양의 제곱근</u>은 $-a$
입니다. $\sqrt{a^2}$의 의미와 a의 절대치 $|a|$의 의미를 생각하면, 이제부터, a가 양수이든 음수이든 $\sqrt{a^2} = |a|$가 성립함을 알 수 있습니다. $a = 0$인 경우 $\sqrt{a^2}$

= $|a|$인 것은 확실합니다.

성질 2. $a>0, b>0$ 일 때

$$1 \quad \sqrt{ab} = \sqrt{a}\sqrt{b} \qquad 2 \quad \sqrt{\frac{a}{b}} = \frac{\sqrt{a}}{\sqrt{b}}$$

증명 **1** $\sqrt{a} = A,\ \sqrt{b} = B$라 하면

$$A^2 = a, \quad B^2 = b$$

따라서 $(AB)^2 = A^2 B^2 = ab$가 됩니다. 또 $A > 0, B > 0$ 이므로, $AB > 0$입니다. 그러므로 AB는 ab의 양의 제곱근입니다. 따라서

$$\sqrt{ab} = AB = \sqrt{a}\sqrt{b}$$

가 됩니다.

2도 **1**과 같은 방법으로 증명됩니다.

$a>0$이면 $\sqrt{a^2} = a$이므로, **성질 2**의 **1**에 의해 $a>0$, $b>0$일 때 $\sqrt{a^2 b} = \sqrt{a^2}\sqrt{b} = a\sqrt{b}$, 즉

$$\sqrt{a^2 b} = a\sqrt{b} \qquad\qquad ①$$

가 됩니다. 이 공식은 근호 안의 수를 간단히 하기 위해 자주 이용됩니다.

또한, 설명하는 김에 말하겠습니다만, 우리는 앞의 24 페이지의 문제 8에서, $|ab| = |a||b|$라고 하는 등식을 a, b의 부호에 따라 여러 경우로 나누어서 증명했습니다. 그 것은 다소 복잡했습니다. 그러나 위의 성질 **1, 2**를 이용 하면, 그와 같은 경우로 나누지 않고, 통일적으로 간단히 증명할 수가 있습니다. <u>그것은 단 두 줄로 끝납니다.</u> 즉 다음과 같습니다.

a도 b도 0이 아니라고 하면, 성질 **1, 2**에 의해

$$|ab| = \sqrt{(ab)^2} = \sqrt{a^2 b^2} = \sqrt{a^2}\sqrt{b^2} = |a||b|$$

이것으로 $|ab| = |a||b|$가 증명되었습니다! (a, b의 적어 도 한 쪽이 0인 경우에는, $|ab|$, $|a|$, $|b|$는 모두 0이 되 므로, 당연히 이 등식은 성립합니다.)

다만, 위의 증명의 근거로 한 성질 **1**의 $\sqrt{a^2} = |a|$라는

증명에서, 사실 우리는 이미 경우를 나누어서 생각하고 있습니다. 그러므로 위의 증명의 "완전함"은 겉보기에 지나지 않는다고도 할 수 있습니다. 그러나, 역시 이 종류의 통일에 의해서 수학의 기술을 간단 명료한 것으로 하기에는, 적어도 효과를 갖는다고 생각합니다.

◆ 제곱근을 포함한 식의 계산

위의 성질 **1, 2** 더구나 위의 식 ① 등을 이용하여, 우리는 다음과 같은 변형이나 계산을 할 수 있습니다. 여기서 나는 필요 이상으로 여러분에게 계산 연습에 머무르게 하고 싶지 않기 때문에, 최소한의 필요한 계산 예를 제시하는 것에 그치겠습니다.

예 (1) $\sqrt{20} = \sqrt{2^2 \times 5} = 2\sqrt{5}$

(2) $\sqrt{0.27} = \sqrt{\dfrac{27}{100}} = \dfrac{\sqrt{3^2 \times 3}}{\sqrt{100}} = \dfrac{3\sqrt{3}}{10}$

예 (1) $5\sqrt{8} - \sqrt{18} - 3\sqrt{32} + \sqrt{50}$
$= 5\sqrt{2^2 \times 2} - \sqrt{3^2 \times 2} - 3\sqrt{4^2 \times 2} + \sqrt{5^2 \times 2}$
$= 5 \cdot 2\sqrt{2} - 3\sqrt{2} - 3 \cdot 4\sqrt{2} + 5\sqrt{2}$
$= 10\sqrt{2} - 3\sqrt{2} - 12\sqrt{2} + 5\sqrt{2} = 0$

(2) $(2\sqrt{2} + 5\sqrt{3})(5\sqrt{2} - 3\sqrt{3})$
$= (2\sqrt{2} + 5\sqrt{3}) \times 5\sqrt{2} - (2\sqrt{2} + 5\sqrt{3}) \times 3\sqrt{3}$
$= 2\sqrt{2} \cdot 5\sqrt{2} + 5\sqrt{3} \cdot 5\sqrt{2}$
$\quad - 2\sqrt{2} \cdot 3\sqrt{3} - 5\sqrt{3} \cdot 3\sqrt{3}$
$= 20 + 25\sqrt{6} - 6\sqrt{6} - 45 = -25 + 19\sqrt{6}$

문제 16 다음 식을 계산하여, 결과를 가능한 한 간단히 나타내시오.

(1) $\sqrt{8} + \sqrt{18} - \sqrt{72}$ (2) $\sqrt{108} - 4\sqrt{3}$

(3) $(2\sqrt{7} - 5)(2\sqrt{7} + 5)$ (4) $\left(\sqrt{\dfrac{3}{2}} - \sqrt{\dfrac{2}{3}}\right)^2$

◆ 분모의 유리화

예를 들면 $\dfrac{1}{\sqrt{6}-\sqrt{3}}$ 의 값을 대충 계산하고 싶을 때, $\sqrt{6},\ \sqrt{3}$ 의 근사값

$$\sqrt{6} \fallingdotseq 2.4495, \qquad \sqrt{3} \fallingdotseq 1.7321$$

을 직접 이 식에 대입해서

$$\frac{1}{\sqrt{6}-\sqrt{3}} \fallingdotseq \frac{1}{2.4495-1.7321} = \frac{1}{0.7174}$$

로 하면, 계산이 상당히 어렵습니다. 그것은 분모가 복잡한 수이기 때문입니다. 물론 전자계산기를 사용하면 한순간에 답이 나오지만, 우리가 항상 전자계산기를 사용할 수 있는 상황에 있을 수는 없습니다. (거기다가, 너무 기계에만 의지하고 있으면, 인간다운 사고 능력과 계산 능력이 쇠퇴해 버립니다!) 위와 같은 계산에서는 약간의 연구로, "나누는 수" 즉, 분모를 간단하게 할 수 있습니다. 즉, 분모와 분자에 각각 $\sqrt{6}+\sqrt{3}$을 곱하면 됩니다. 여러분은 물론

$$(a+b)(a-b) = a^2 - b^2$$

이라는 공식을 잘 알고 있겠지요. 따라서 $\dfrac{1}{\sqrt{6}-\sqrt{3}}$ 의 분자와 분모에 $\sqrt{6}+\sqrt{3}$을 곱하면

$$\frac{1}{\sqrt{6}-\sqrt{3}} = \frac{\sqrt{6}+\sqrt{3}}{(\sqrt{6}-\sqrt{3})(\sqrt{6}+\sqrt{3})} = \frac{\sqrt{6}+\sqrt{3}}{(\sqrt{6})^2-(\sqrt{3})^2}$$
$$= \frac{\sqrt{6}+\sqrt{3}}{6-3} = \frac{\sqrt{6}+\sqrt{3}}{3}$$

이 됩니다. 따라서, 만일 이 수의 근사값을 구하고 싶으면, 그것은

$$\frac{\sqrt{6}+\sqrt{3}}{3} \fallingdotseq \frac{2.4495+1.7321}{3} = 1.3939$$

로서, 간단히 계산할 수 있습니다. (위에서 사용한 $\fallingdotseq$라는 기호는 "거의 같다"는 것을 나타내는 기호입니다.)

일반적으로, 분모 b에 근호가 포함되어 있는 $\dfrac{a}{b}$꼴의 식을, 분모가 근호를 포함하지 않는 식으로 고치는 것을 **분모의 유리화**라 합니다. 이것은 위와 같이 "근사값을 구한

다"는 목적 뿐만 아니라, 수학의 여러 경우에 있어서 적절한 조치입니다.

m과 n이 정수이고, 분모가 $\sqrt{m}$, $\sqrt{m}+\sqrt{n}$, $\sqrt{m}-\sqrt{n}$ 인 식은 분모와 분자에 각각 $\sqrt{m}$, $\sqrt{m}-\sqrt{n}$, $\sqrt{m}+\sqrt{n}$ 을 곱하여 유리화할 수 있습니다. 그러면 몇 개의 예를 들어 봅시다.

(예) (1) $\dfrac{2}{\sqrt{18}} = \dfrac{2}{3\sqrt{2}} = \dfrac{2\sqrt{2}}{3(\sqrt{2})^2} = \dfrac{2\sqrt{2}}{3\times2} = \dfrac{\sqrt{2}}{3}$

(2) $\dfrac{\sqrt{2}}{\sqrt{3}+\sqrt{2}} = \dfrac{\sqrt{2}\,(\sqrt{3}-\sqrt{2})}{(\sqrt{3}+\sqrt{2})(\sqrt{3}-\sqrt{2})}$

$\qquad = \dfrac{\sqrt{2}\sqrt{3}-(\sqrt{2})^2}{(\sqrt{3})^2-(\sqrt{2})^2} = \dfrac{\sqrt{6}-2}{3-2}$

$\qquad = \sqrt{6}-2$

(3) $\dfrac{2}{\sqrt{5}-1} = \dfrac{2(\sqrt{5}+1)}{(\sqrt{5}-1)(\sqrt{5}+1)}$

$\qquad = \dfrac{2(\sqrt{5}+1)}{(\sqrt{5})^2-1^2} = \dfrac{2(\sqrt{5}+1)}{4}$

$\qquad = \dfrac{\sqrt{5}+1}{2}$

문제 17 다음 식의 분모를 유리화하시오.

(1) $\dfrac{1}{\sqrt{28}}$ (2) $\dfrac{1}{\sqrt{2}-1}$ (3) $\dfrac{4}{\sqrt{5}+2}$

문제 18 $\sqrt{7}$의 근사값 2.6458을 사용하여 $\dfrac{3}{\sqrt{7}-2}$ 의 근사값을 구하시오.

◆ 이중근호의 간략

분모의 유리화에서

$$(a+b)(a-b)=a^2-b^2$$

이라는 공식을 사용했는데

$$(a+b)^2=a^2+2ab+b^2$$

$$(a-b)^2=a^2-2ab+b^2$$

이라는 공식도, 물론 여러분이 잘 아는 것입니다. (위의 세

공식은 중등 수학에 있어서 가장 기본적인 공식으로, 소
위 기본 공식의 "삼총사"입니다.)

그리고, $a > 0$, $b > 0$일 때, 위의 $(a+b)^2$, $(a-b)^2$의 공식
a, b에 $\sqrt{a}$, $\sqrt{b}$를 대입하면

$$(\sqrt{a})^2 = a, \quad \sqrt{a}\sqrt{b} = \sqrt{ab}, (\sqrt{b})^2 = b$$

이므로

$$(\sqrt{a} + \sqrt{b})^2 = a + 2\sqrt{ab} + b$$
$$(\sqrt{a} - \sqrt{b})^2 = a - 2\sqrt{ab} + b$$

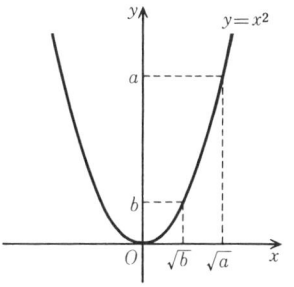

가 됩니다. 그리고 오른쪽 그림에서 알 수 있듯이, $a > b$라
면 $\sqrt{a} > \sqrt{b}$, 즉 $\sqrt{a} - \sqrt{b}$는 양수입니다.

위에서 $a > 0$, $b > 0$일 때

$$(a+b) + 2\sqrt{ab} \text{ 의 양의 제곱근은 } \sqrt{a} + \sqrt{b},$$

또 $a > b$라면

$$(a+b) - 2\sqrt{ab} \text{ 의 양의 제곱근은 } \sqrt{a} - \sqrt{b}$$

임을 알 수 있습니다. 따라서

$$\sqrt{(a+b) + 2\sqrt{ab}} = \sqrt{a} + \sqrt{b}$$
$$\sqrt{(a+b) - 2\sqrt{ab}} = \sqrt{a} - \sqrt{b} \quad \textbf{단, } a > b$$

입니다. 둘째 식에서는 "단, $a > b$"라는 단서가 필요합니
다.

일반적으로 p, q가 두 개의 실수일 때

$$\sqrt{p + 2\sqrt{q}}, \quad \sqrt{p - 2\sqrt{q}}$$

와 같은 식은, 근호를 "이중으로" 갖고 있으므로, "이중
근호의 식"이라고 합니다. 그러나, 위에 진술한 것에서,
만일 주어진 p, q에 대하여, 합이 p, 곱이 q, 즉

$$p = a + b, \quad q = ab$$

가 되는 두 개의 양의 실수 a, b를 찾아내면, 위의 이중
근호의 식을 각각

$$\sqrt{p + 2\sqrt{q}} = \sqrt{a} + \sqrt{b}$$
$$\sqrt{p - 2\sqrt{q}} = \sqrt{a} - \sqrt{b} \quad \textbf{단, } a > b$$

로 고쳐 쓸 수 있습니다.

이와 같이 변형하는 것을 **이중근호를 벗긴다**라고 말합니다. 몇 개의 예를 들어 봅시다.

예 (1) $\sqrt{5+2\sqrt{6}}$

합이 5, 곱이 6인 두 수는 3과 2

따라서 $\sqrt{5+2\sqrt{6}} = \sqrt{3}+\sqrt{2}$

(2) $\sqrt{6-2\sqrt{8}}$

합이 6, 곱이 8인 두 수는 4와 2로, 4>2

따라서 $\sqrt{6-2\sqrt{8}} = \sqrt{4}-\sqrt{2} = 2-\sqrt{2}$

(3) $\sqrt{7+\sqrt{24}}$

우선 $\sqrt{p+2\sqrt{q}}$ 의 꼴로 변형하면, $\sqrt{24} = \sqrt{2^2 \cdot 6}$ $= 2\sqrt{6}$ 이므로, $\sqrt{7+\sqrt{24}} = \sqrt{7+2\sqrt{6}}$ 이 됩니다.

합이 7, 곱이 6이 되는 두 수는 6과 1

따라서 $\sqrt{7+\sqrt{24}} = \sqrt{6}+\sqrt{1} = \sqrt{6}+1$

(4) $\sqrt{3-\sqrt{5}}$

이것은, 이대로 $\sqrt{p-2\sqrt{q}}$ 의 꼴로는 되지 않습니다. 그래서 이것을 $\dfrac{\sqrt{3-\sqrt{5}}}{1}$ 로 생각해서, 분자와 분모에 $\sqrt{2}$ 를 곱해서, 다음과 같이 변형합니다.

$$\sqrt{3-\sqrt{5}} = \frac{\sqrt{6-2\sqrt{5}}}{\sqrt{2}} = \frac{\sqrt{5}-1}{\sqrt{2}} = \frac{\sqrt{10}-\sqrt{2}}{2}$$

위의 (3), (4)에서 알 수 있듯이, 이중 근호의 식을 간단하게 할 때에는, 우선 $\sqrt{p+2\sqrt{q}}$ 또는 $\sqrt{p-2\sqrt{q}}$ 의 꼴로 고쳐 놓는 것이 필요합니다. $\sqrt{q}$ 에 "2"가 붙는 것에 주의하십시오.

문제 19 다음 식의 이중 근호를 벗기고 간단히 하시오.

(1) $\sqrt{4+2\sqrt{3}}$ (2) $\sqrt{9-2\sqrt{20}}$ (3) $\sqrt{8+\sqrt{60}}$

(4) $\sqrt{15-6\sqrt{6}}$ (5) $\sqrt{2-\sqrt{3}}$ (6) $\sqrt{5+\sqrt{21}}$

문제 20 $\sqrt{3-2\sqrt{2}} + \sqrt{5-2\sqrt{6}} + \sqrt{7-2\sqrt{12}}$ 의 값은 얼마입니까?

또, 더욱 확실히 다짐해 두기 위해 주의해 놓는다면, "이중근호의 간략"이라는 것은, 실제상, $\sqrt{p+2\sqrt{q}}$ 또는 $\sqrt{p-2\sqrt{q}}$ 에 있어서, p, q가 양수이고, 그 p, q에 대해서 합이 p, 곱이 q가 되는 두 개의 수 a, b가 또 양수인 경우에만 실효가 있습니다. 예를 들면, $\sqrt{6+2\sqrt{7}}$ 인 이중근호의 식에 대해서, 합이 6, 곱이 7이 되는 두 개의 수를 구하면, $3+\sqrt{2}$ 와 $3-\sqrt{2}$ 가 됩니다. 실제,

$$(3+\sqrt{2})+(3-\sqrt{2})=6$$
$$(3+\sqrt{2})(3-\sqrt{2})=3^2-(\sqrt{2})^2=9-2=7$$

그러므로 이것은 확실합니다. 따라서, 이중근호의 간략한 식에 적용시키면

$$\sqrt{6+2\sqrt{7}}=\sqrt{3+\sqrt{2}}+\sqrt{3-\sqrt{2}}$$

로 되는데, 이 우변도 또 이중근호를 갖고 있습니다! 때문에 실제로는 "간략"하게 되지 않습니다. 즉 $\sqrt{6+2\sqrt{7}}$ 과 같은 식은 간략하게 할 수 없습니다. (매우 보기 드문 경우로, $\sqrt{6+2\sqrt{7}}$ 을 위와 같은 두 식의 합으로 변형하는 것이 효과를 거두는 일도 있겠지요.)

◆ 정수부분, 소수부분

제곱근과는 직접 관계는 없지만, 여기에서 언급한 김에 실수의 정수부분, 소수부분의 설명을 해 두겠습니다.

일반적으로, x를 하나의 실수라 할 때, x를 넘지 않는 최대의 정수를 x의 **정수부분**이라 하고, $[x]$로 나타냅니다. 즉 $[x]$는

$n \leqq x < n+1$ 을 만족하는 정수 n

을 나타낸 것입니다. ([   ]와 같은 기호는 여러 경우에 사용되므로, 이후 이 강의에서 $[x]$라고 쓴다면 항상 x의 정수부분을 나타내는 뜻으로 쓰이지는 않을 것입니다. 여러분은 이 기호를 보았을 때는 전후의 상황에 주의해 주십시오.) 이와 같이, 정수부분의 의미에 사용되는 기호 [ ]를, **가우스의 기호**라 부릅니다.

$x - [x]$를 x의 **소수부분**이라고 합니다.

예를 들면

$\sqrt{2} = 1.4142\cdots$의 정수부분은 $[\sqrt{2}] = 1$

소수부분은 $\qquad\qquad 0.4142\cdots$

$\sqrt{3} = 1.7320\cdots$의 정수부분은 $[\sqrt{3}] = 1$

소수부분은 $\qquad\qquad 0.7320\cdots$

$\sqrt{4} = 2\qquad$ 의 정수부분은 $[\sqrt{4}] = 2$

소수부분은 $\qquad\qquad 0$

$\sqrt{5} = 2.2360\cdots$의 정수부분은 $[\sqrt{5}] = 2$

소수부분은 $\qquad\qquad 0.2360\cdots$

등으로 됩니다.

일반적으로, x의 소수부분은 0이상으로 1보다 작은 실수입니다. 즉, x의 소수부분을 만약 (x)라는 기호로 표시하기로 하면, (x)는 부등식 $0 \leq (x) < 1$을 만족합니다.

◆ 집합 $\{\sqrt{2}m + n \,|\, m, n$은 정수$\}$의 조밀성

이 집합의 조밀성도 제곱근에 직접 관계는 없습니다. 아래에서 사용하는 것은, 단지 $\sqrt{2}$가 무리수라는 사실 뿐입니다. 이 이야기는 약간——어떤 의미로는 상당히 ——어렵습니다. 여러분이 만일 이것을 읽는데 힘이든 다면, 읽지 않아도 전혀 상관이 없습니다. 여러분은 이 부분을 완전히 생략하고, 다음 장으로 넘어가도 됩니다. 이 것을 "본문"이 아닌 "부록"이나 "삽화"처럼 생각하십시오. 내가 이것을 여기에 쓰는 것은, 단적으로 말하면, 단순한 계산 연습만으로 이 절을 끝내고 싶지 않기 때문입니다. 단순한 계산 연습은, 특별히 두뇌를 자극하는 만큼의 무엇을 부여하지는 않습니다. 나는 이 절의 마지막에서 그것을 부여하려고 합니다. 아래에 설명하는 것은, 어떤 한 개의 원리——상당히 간단하고, 그런데도 많은 곳에서 응용될 수 있는 원리——에 기초를 두고 있습니다. 여러분은 그 원리를 이해하고 그것에 흥미를 느낄 것입니다. 그리고 일부분(?)은, 다음에 설명되는 모든 것을 이해하려고 노력할 것입니다. 나는 그런 사람들에게 많은 것을 기대하고 있습니다.

먼저, 기호에 대한 것을 다시 얘기해 둡시다. 즉, 조금 전에 말한 것과 같이, 아래에서 실수 x의 정수부분을 기호 $[x]$로, 소수 부분을 기호 (x)로 나타냅니다.

그런데 지금 $\sqrt{2}$라고 하는 하나의 무리수를 생각합니다. 이 수의 정수배, 즉 m이 정수로서 $\sqrt{2}\,m$으로 나타나는 수를 수직선 위에 그으면, 그것들은 같은 간격 $\sqrt{2}$로 좌우에 한없이 늘어섭니다. 다음에 $\sqrt{2}\,m+1$이라는 수를 생각하면, 이들 수는 $\sqrt{2}\,m$을 1만큼 오른쪽으로 옮겨 놓은 수로 나타납니다. 이와 같이 $\sqrt{2}\,m+2$라는 수는, $\sqrt{2}\,m$을 2만큼 오른쪽으로 옮겨 놓은 수, 또 $\sqrt{2}\,m-1$이라는 수는, $\sqrt{2}\,m$을 1만큼 왼쪽으로 옮겨 놓은 수로 나타납니다.

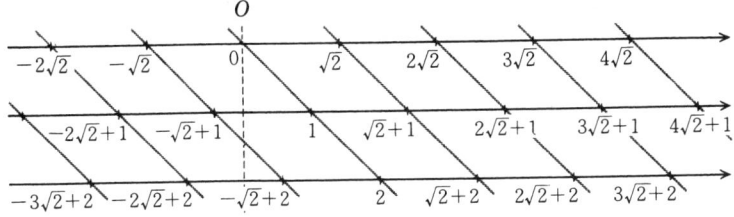

지금, 이들 수를 전부 수직선 위에 그었다면 어떻게 될까요? 즉 m, n이 정수로서 $\sqrt{2}\,m+n$의 형태로 나타나는 수 전체를 수직선 위에 긋는 것입니다. 내가 여기에서 주장하고 싶은 것은 그렇게 하면, 이들 수는 수직선 위에 조밀하게 분포한다는 것입니다. 나는 전에, "유리수는 수직선 위에 조밀하게 분포해 있다."고 말했습니다. 여기에서 $\sqrt{2}\,m+n$이 조밀하게 분포해 있다고 하는 것은, 그것과 같은 의미입니다. 즉, 수직선 위에 아무리 짧은 선분을 생각해도, 그 위에 반드시 $\sqrt{2}\,m+n$인 꼴의 수가 존재하는 것입니다. 아래에서 우리가 목표로 하는 것은 이 사실의 증명입니다.

표현을 분명히 하기 위해서, 지금 고찰 대상인 수 전체의 집합을

$$A = \{\sqrt{2}m + n \mid m, n \text{은 정수}\}$$

라고 해 둡시다. 물론 A는 0을 포함하지만, $m \neq 0$인 한, A의 요소 $\sqrt{2}m + n$은 무리수입니다. (왜 그럴까요?)

나는 우선, 다음의 명제를 증명하려고 합니다.

N을 임의로 주어진 하나의 자연수라 한다.

이 때, 절대값이 $\dfrac{1}{N}$보다 작고, 0이 아닌

A의 원소가 반드시 존재한다. 즉

$$|\sqrt{2}m + n| < \frac{1}{N}$$

이 되는 0이 아닌 정수 m, n이 존재한다.

증명　위에서 말한 것과 같이, 우리는 실수 x의 정수부분을 $[x]$, 소수부분을 (x)로 나타냅니다. 그리고, 정수 k에 대해서 $\sqrt{2}k$의 소수부분 $(\sqrt{2}k)$를 a_n이라 쓰기로 합니다. 예를 들면

$\sqrt{2} = 1.4142\cdots$이므로　　$a_1 = (\sqrt{2}) = 0.4142\cdots$

$2\sqrt{2} = 2.8284\cdots$이므로　　$a_2 = (2\sqrt{2}) = 0.8284\cdots$

$3\sqrt{2} = 4.2426\cdots$이므로　　$a_3 = (3\sqrt{2}) = 0.2426\cdots$

$4\sqrt{2} = 5.6568\cdots$이므로　　$a_4 = (4\sqrt{2}) = 0.6568\cdots$

등이 됩니다. 지금, 왼쪽 끝을 포함하고, 오른쪽 끝을 포함하지 않는 0에서 1까지의 선분, 즉 $0 \leq x < 1$을 만족하는 실수 x 전체를 I라 하고, 이 선분 I를 N개로 등분히여, 등분된 길이 $\dfrac{1}{N}$의 작은 선분 역시 왼쪽 끝점을 포함하고 오른쪽 끝점을 포함하지 않는 것을 왼쪽부터 순서대로 $I_1, I_2, I_3, \cdots, I_N$으로 합니다. 아래 그림은 $N = 8$인 경우를 나타내고 있습니다.

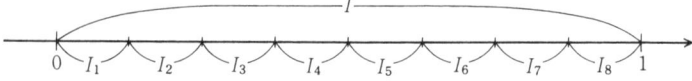

그래서 $a_0, a_1, a_2, \cdots, a_N$인 $N+1$개의 수를 생각합니다. $0 \leq a_k < 1$이므로, 이들은 어느 것이나 위에 있는 선

분 I에 속해 있습니다. 따라서 N개의 작은 선분 I_1, I_2, I_3, $\cdots$, I_N의 어느 것엔가 속해 있습니다. 그런데 $N+1$개의 수가 N개의 작은 선분에 나뉘어 속해 있으므로, 이 $N+1$개의 수 a_0, a_1, a_2, $\cdots$, a_N중 적어도 두 개는 똑같은 작은 선분에 속하지 않으면 안됩니다! 즉, $0 \le i \le N$, $0 \le j \le N$을 만족하고, 더구나 $i \ne j$인, a_i와 a_j가 같은 작은 선분에 속해 있는 정수 i와 j가 존재하는 것입니다. 이것이 논의의 요점입니다!

그런데 a_i, a_j는 길이가 $\frac{1}{N}$인 동일한 작은 선분에 속해 있으므로, 이 두 점 사이의 거리는 $\frac{1}{N}$보다 작아집니다. 즉

$$|a_i - a_j| < \frac{1}{N} \qquad \text{①}$$

입니다. 그런데 a_k라는 것은 $\sqrt{2}k$의 소수부분 $(\sqrt{2}k)$였습니다. 즉 $a_k = (\sqrt{2}k) = \sqrt{2}k - [\sqrt{2}k]$

였습니다. 그러므로, 위 ①의 좌변의 절대값의 속은

$$a_i - a_j = (\sqrt{2}i - [\sqrt{2}i]) - (\sqrt{2}j - [\sqrt{2}j])$$
$$= \sqrt{2}(i-j) + ([\sqrt{2}j] - [\sqrt{2}i])$$

가 됩니다. i, j는 다른 정수이므로, $i - j = m$이라 하면, m은 0이 아닌 정수입니다. 또, 가우스 기호의 의미에서 $[\sqrt{2}i]$, $[\sqrt{2}j]$는 정수 이므로, $[\sqrt{2}j] - [\sqrt{2}i] = n$이라 하면, n도 정수이므로, $a_i - a_j$는

$$a_i - a_j = \sqrt{2}m + n$$

으로 표시됩니다. 이것을 ①의 우변에 대입하면

$$|\sqrt{2}m + n| < \frac{1}{N} \qquad \text{②}$$

이것으로 확실히 우리의 주장이 증명되었습니다!

사실상 이것으로 증명은 끝났지만, 만일을 위해 확인해 두고 싶은 것이 있습니다. 그것은 위의 ②를 만족하는 A의 원소 $\sqrt{2}m + n$을 s라 하면, 즉

$$s = \sqrt{2}m + n$$

라 하면, s가 0이 아니다라는 것입니다. (만일 $s = 0$이라면 부등식 ②는 전혀 쓸모 없게 되겠지요.) 실제, s는 0이

아닙니다. 왜냐하면, m이 0이 아닌 정수이기 때문입니다. 여러분은 여기에서 17페이지의 예제를 생각해 보십시오. 그 예제에 따르면, A의 요소 $\sqrt{2}m+n$이 0이 되는 것은,

$$m = n = 0$$

일 때에 한합니다. 그리고, 그 증명의 근거가 되는 것은

$$\underline{\sqrt{2}\text{는 무리수이다}}$$

라는 사실이었습니다.

지금의 경우, m은 0이 아닌 정수입니다. 따라서 s는 확실히 0이 아닙니다.

또 추가로 생각해 주었으면 하는데, 나는 이 명제를 말하기 조금 전에, A의 요소 $\sqrt{2}m+n$은 $m \neq 0$인 한(0이 아닐 뿐만 아니라) 무리수임을 말하고, 그 이유를 여러분에게 물었습니다. 여러분은 여기서 다시 그 이유를 생각해 주십시오.

하나 더 첨가하면, 부등식 ②를 만족하는 $s = \sqrt{2}m+n$에서, n도 0은 아닙니다. 왜냐하면 만일 $n = 0$이라고 하면, ②의 좌변은 $|\sqrt{2}m|$이 되어, m이 0이 아닌 정수이므로, 이 값은 $\sqrt{2}$ 이상이 됩니다. 한편, ②의 우변의 $\frac{1}{N}$은 1 이하입니다. 이것은 모순입니다. 따라서 n도 0이 아닙니다.

그런데 다시 한 번 위의 증명을 살펴봅시다. 그 증명의 가장 중요한 것은, $N+1$개의 수가 N개의 선분에 나뉘어 속해 있다면, 어느 것인가 적어도 두 개의 수는 같은 선분에 속해야 된다라는 것이 있었습니다. 이것을 좀 더 일상적인, 알기 쉬운 예로 이야기해 봅시다.

"여기에 N개의 방을 가진 호텔이 있다. 그 호텔에 $N+1$명의 여행객이 숙박하려 한다. 그 때는 적어도, 어느 두 사람이 같은 방을 쓰지 않으면 안 된다."

실로 알기 쉬운 간단한 원리입니다! 더구나 이 간단한 원리가, 수학의 여러 곳에서, 종종 기본적인 역할을 합니

다. 우리는 보통 위에서 말한 원리를, 디리클레라는 수학
자의 이름을 따서

디리클레의 방 배당 논법

이라 부르고 있습니다.

그런데 이야기는 아직 끝나지 않았습니다. 우리의 최
종 목표는, 집합

$$A = \{\sqrt{2}m + n \,|\, m, n \text{은 정수}\}$$

에 속하는 원소가 수직선 위에 조밀하게 분포되어 있다
고 하는 것의 증명이었습니다. 그러면 이제 최종 목표의
증명을 시작합시다.

지금, PQ를 수직선에 임의로 주어진 선분이라 합니다.
$P = Q$일 때에는, 이것은 양 끝이 겹쳐진 한 점이 되어, 이
것도 선분이라고 부를 수도 있겠지만, 물론 우리는 여기
서는 그와 같은 경우는 생각하지 않겠습니다. 즉, 우리는
$P \neq Q$인 선분 PQ를 생각합니다. 그러므로 그것은 양수의
길이 l을 가지고 있습니다. 우리가 증명하고 싶은 것은,
이 선분 PQ 위에 (그것이 아무리 짧은 것일지라도) 반드
시 집합 A의 원소가 존재한다는 사실입니다. 그것을 나
타내기 위해, 우리는 다음과 같이 생각합니다.

$$0 < s < \frac{1}{N}, \quad \frac{1}{N} < l$$

자연수 N을 한없이 크게 하면, $\frac{1}{N}$은 한없이 작아집니
다. 따라서 주어진 선분 PQ의 길이 l이 어느 정도 작다
고 하더라도, N을 충분히 크게 하면

$$\frac{1}{N} < l$$

이 성립합니다. 지금, 이와 같이 자연수 N을 하나 고정합
시다. 그러면 위에서 증명된 명제에 의해,

$$|s| < \frac{1}{N}$$

이 되는 A의 원소 $s = \sqrt{2}m + n$이 존재합니다. 여기에서 s
는 양수라고 해도 상관없습니다. 왜냐하면, 일반적으로

A의 원소의 부호를 바꾼 수 역시 A에 속하기 때문입니다. 그래서 s의 모든 정수배 $0, s, -s, 2s, -2s, \cdots$을 수직선상에 긋습니다. 이들 s의 정수배는 또 모든 A의 요소라는 것에 주의해 주십시오. 실제, s는 어떤 정수 m, n에 의해 $s = \sqrt{2}m + n$으로 표시되므로, 임의의 정수 k에 대해서

$$ks = \sqrt{2}\,km + kn$$

이 되고, 따라서 ks도 A의 요소입니다.

그런데 s의 정수 배는 같은 간격 s로 좌우로 한없이 나열됩니다. 그리고

$$0 < s < \frac{1}{N}, \quad \frac{1}{N} < l$$

이었습니다. 따라서 선분 PQ는 s의 정수 배인 점을 적어도 하나는 가지고 있어야만 합니다. 이것으로 모든 증명이 완료되었습니다!

다시 한 번 우리의 최종 결론을 분명히 적어 둡시다.

m, n을 정수라 할 때, $\sqrt{2}m + n$ 꼴의
수는 수직선상에 조밀하게 분포하고 있다.

마지막으로 다시 한 가지 주의하겠는데, 위에 말한 것의 증명에서, 실은 $\sqrt{2}$에 대해서는, 그것이 "2인 양의 제곱근"이라는 성질은 한 번도 사용하지 않은 것입니다. 우리가 사용한 것은 "$\sqrt{2}$가 무리수이다"라는 성질에 지나지 않습니다. (여러분이 확인하고 싶으면 다시 한 번 증명을 되풀이해서 읽어 주세요.) 따라서, $\sqrt{2}$대신에 다른 임의의 무리수 a를 생각해도 우리는 같은 결과를 얻을 수 있습니다. 즉, 다음 결론을 얻을 수 있습니다.

a가 임의로 주어진 하나의 무리수라 할 때,
집합 $\{am + n \mid m, n$은 정수$\}$의 요소는
수직선상에 조밀하게 분포하고 있다.

식도 기호도 또 술어도 설명의 편의상 약속된 합성어에 지나지 않고, 원래 수학에 있어서 본질적인 것은, 수학적인 것의 견해, 사고 방식에 있다.

다카키 데이지

2 문자와 기호의 활약
—— 식의 계산

 ## 2.1 정 식

제1장에 의외로 많은 지면을 할애했는데, 이제부터 제2장으로 들어갑니다. 제1장이 길어진 것은, 보통 교과 과정에서는 취급하지 않는 몇 가지 이야기를 도입했기 때문입니다. 수에 대해서는 설명해야 할 것이 많습니다. 그것을 어느 정도까지 제1장에서 설명하는 것이 적당할까? 이것은 어려운 문제입니다. 나는 다소 지나쳤을지도 모릅니다. 특히 제1장의 마지막 부분은, 대부분 어렵게 느껴졌을 것입니다. 사실은 이런 내용은 훨씬 기초부터 다루는 것이 좋다는 견해에 나도 동감합니다. 그러나, 나는 가능하다면 여러분에게 얼마간의 자극을 주고 싶다고 생각했었고, 흔히 있는 재미없는 설명에만 그치는 것으로는 만족할 수 없었습니다. 이것이 제1장이 길어진 이유입

니다.

　제1장에 비하면 이 제2장은 훨씬 "평탄하게"진행될 것입니다. 여기서는 문자를 포함한 식과 그것의 계산 방법을 다룹니다. 그것은──인수분해가 어떤 사람들에게 자극을 주는 것을 제외하면──아마 평범하고 "지루"할 것입니다. 나는 이것을 최소한도의 필요한 설명만으로 끝맺으려고 합니다. 그렇다고해서, 여러분들이──경험이 없는 사람이라면 더욱더──이러한 기초 사항의 습득을 결코 소홀히 해서는 안됩니다. 예를 들면, 공을 받는 연습도 하지 않고, 갑자기 야구 시합을 할 수 없는 것과 같이, 여러 스포츠에서는 겸손하고 끈기 있는 기초 연습이 필요합니다. 식의 계산도 이와 마찬가지입니다. 이것은, 이제부터 수학을 해 나가기 위한, "기초 체력"을 쌓기 위한 것입니다.

◆　x의 정식

　식 중에서 가장 기본적인 것은 정식입니다. 그것은 수 중에서 가장 기본적인 것이 정수라는 것에 상응합니다. 나는 우선 한 문자에 대한 정식부터 시작하겠습니다.

　한 문자 x에 대해서

$$2x, \quad -x^2, \quad 5x^3$$

과 같은 식들을, 각각 x의(혹은 x에 대한) 1차, 2차, 3차의 **단항식**이라 하고, 2, −1, 5를 각각 이들 단항식의 **계수**라고 합니다. 단항식의 **차수**는 그것이 가지고 있는 문자의 거듭제곱의 지수입니다.

　5나 −8 등의 개개의 수도 단항식이라고 할 수 있습니다. 수를 단항식이라고 할 때에는, 계수는 그 수 자신이고, 차수는 0입니다. (다만 지금 얘기한 것에 대해서는 약간 미묘한 문제가 있지만, 그것에 대해서는 다음에 말하겠습니다)

　$3x^2+4x-6$이라는 식은, 3개의 단항식 $3x^2$, $4x$, −6의

합

$$3x^2 + 4x + (-6)$$

을 나타내고 있습니다. 이와 같이 x의 몇 개의 단항식의 합으로 나타내는 식을 x의(혹은 x에 대한) **다항식**이라 하고, 다항식을 구성하는 개개의 단항식을 그 다항식의 **항**이라고 합니다. 다항식 $3x^2 + 4x - 6$의 항은 $3x^2$, $4x$, -6이고, $3x^2$을 x^2의 항 또는 2차항, $4x$를 x의 항 또는 1차항이라 하고, -6을 **상수항**이라고 합니다. 즉 상수항이라는 것은, 문자 x를 가지지 않는 항입니다.

단항식과 다항식을 합해서 **정식**이라고 합니다.

하지만 다항식이라 해도, 반드시 두 개 이상의 항을 가져야만 한다는 것은 아닙니다. 단어에 제약되어 이런 규정을 만드는 것은 매우 어리석은 것입니다. 다항식 속에 단항식을 포함시켜도 조금도 불합리한 것은 아닙니다. 오히려 그 쪽이 합리적입니다. 이와 같이 다항식 속에 단항식을 포함시키면 다항식과 정식과는 완전히 같은 의미의 단어가 됩니다. 본 강의에서도 앞으로는 이 두 개의 단어를 구별하지 않고 사용하겠습니다.

x의 다항식에서, 그 항의 차수가 최고인 것을 그 다항식의 **차수**라고 합니다. 차수가 n인 다항식을 n**차식**이라고 합니다. (차수에 대해서는 보통 크다, 작다라고 하는 대신 **높다, 낮다**라는 말을 사용합니다.)

$3x^2 + 4x - 6$은 x의 2차식입니다.

다항식 사이에서 덧셈, 뺄셈, 곱셈 등의 연산을 하면 차수가 같은 항이 많이 나타납니다. 이 때 차수가 같은 항을 **동류항**이라고 합니다. 예를 들면, 어떤 다항식의 항 중에 $2x^2$, $-5x^2$, $-4x^2$과 같은 동류항이 있으면, 그것들을

$$2x^2 - 5x^2 - 4x^2 = (2 - 5 - 4)x^2 = -7x^2$$

과 같이, 하나의 항으로 정리할 수 있습니다. 이와 같이 동류항을 정리하는 것을, 다항식을 **정리한다**고 합니다. 다항식은 언제나 그것을 정리한 형태로 해 놓지 않으면 안됩니

다. 위에서 정의한 다항식의 차수라는 단어도, 물론 <u>정리</u>
<u>된</u> 다항식에 대해서 이용되는 것입니다. 예를 들면,

$$4x^2 - 2x + 5 - 4x^2 + 8x - 7$$

과 같은 다항식은, 정리하면 $6x - 2$가 되므로 (2차식이
아니고) 1차식입니다.

다항식은, 다만 동류항을 정리하는 것뿐만 아니라, 차
수가 큰 순서대로 차례로 쓰면 다루기에 편리합니다. 예
를 들면, $2x^3 - 7 - x + x^2$과 같이 쓰는 것이 좋지 않다는
것은, 누가 보아도 분명하겠지요. 이것은

$$2x^3 + x^2 - x - 7 \quad \text{또는} \quad -7 - x + x^2 + 2x^3$$

과 같이 써야 합니다. 이것은 수학에 있어서 규칙입니다!
위의 왼쪽 식과 같이 차수가 높은 항부터 차례로 나열하
는 것을 **내림차순으로 정리한다**고 하고, 오른쪽 식과 같
이 차수가 낮은 항부터 차례로 나열하는 것은 **오름차순
으로 정리한다**고 합니다.

$5x - 3, 2x + 4, -x + 9$와 같은 1차식은, 일반적으로는

$$ax + b$$

의 꼴을 하고 있습니다. 여기에서 a는 x의 계수, b는 상
수항을 나타내는 문자입니다. 이와 같이 문자를 사용하
면, 같은 방법으로 x의 2차식, 3차식은, 각각 일반적으로

$$ax^2 + bx + c,$$
$$ax^3 + bx^2 + cx + d$$

로 나타냅니다.

다만, 예를 들어 $ax^2 + bx + c$라는 식에서, 만일 $a = 0$
이면 이 차수는 2보다 작아지므로, 이것이 x의 2차식일
때에는 a는 0이 아닌 수이어야 합니다. 앞으로 우리
는 종종 'x의 2차식 $ax^2 + bx + c$'와 같은 표현을 하지만,
그 때는 언제나 $a \neq 0$이라고 생각하는 것입니다.

◆ 두 문자 이상에 대한 다항식

두 문자 x, y에 대해서, 예를 들면 $4x^2 y$라는 식을 <u>x, y에</u>

대한 3차 단항식이라 하고 4를 계수라고 합니다. 또, 문자 x에 주목할 때에는, 이 식을

$$x\text{에 대하여 2차, 계수는 } 4y$$

라고 하며, 문자 y에 주목할 때에는

$$y\text{에 대하여 1차, 계수는 } 4x^2$$

이라고 합니다. 즉, 두 문자 x, y를 포함하는 단항식에서는, 양쪽 문자에 주목하거나, 어떤 하나의 문자에만 주목하는가에 따라, 계수와 차수가 달라집니다. 그러나 x, y라는 두 문자를 포함하는 단항식을 생각할 때, 단서가 없다면, 우리는 양쪽의 문자에 주목하고 있습니다.

　단항식들의 합을 다항식이라 하고, 단항식과 다항식을 합해서 정식이라 하고, 다항식은 정식과 같은 의미로 사용되며, 한 개의 다항식 안에 $4x^2y$, $-2x^2y$, $3x^2y$와 같은 동류항이 있을 때에는, 그것을

$$4x^2y - 2x^2y + 3x^2y = (4 - 2 + 3)x^2y = 5x^2y$$

와 같이 정리하며, 정리한 다항식에서 각 항의 차수가 최고인 것을 그 다항식의 차수로 하는 것 등, 모두 문자가 하나인 경우와 같습니다.

$$5x + 3y\text{와 같은 식은 } \quad \textbf{1차 동차식}$$

$$2x^2 - 3xy - y^2\text{과 같은 식은 } \quad \textbf{2차 동차식}$$

이라고 합니다. 이들은 각각 1차항으로, 2차항으로만 되어 있습니다.

　계수에 문자를 사용하면, x, y의 1차 동차식, 2차 동차식은 각각 일반적으로

$$ax + by, \quad ax^2 + bxy + cy^2$$

과 같이 표현됩니다.

　두 문자 x, y에 대한 1차식은 $x - 3y + 4$와 같이, 일반적으로

$$x\text{의 항, } y\text{의 항, 상수항}$$

이라는 3개의 항을 갖고 있습니다. 또 x, y에 대한 2차식은 $2x^2 + xy - 3y^2 + 4x + y + 2$와 같이, 일반적으로 x^2의

항, xy의 항, y^2의 항, x항, y항, 상수항이라는 6개의 항을 갖고 있습니다. 즉, x, y에 대한 2차식이 가지는 최대의 항 수는 6개입니다.

계수에 문자를 사용하면, x, y에 대한 1차식은 일반적으로

$$ax + by + c$$

와 같이 쓸 수 있고, 2차식은 일반적으로

$$ax^2 + bxy + cy^2 + dx + ey + f$$

와 같이 쓸 수 있습니다. 여기에서 x, y 이외의 문자는 계수를 나타내는 문자로 쓰이고 있습니다.

즉, 예를 들면 $2x^2 + xy - 3y^2 + 4x + y + 2$와 같이 2차식——이것은 바로 위에 쓴 2차식입니다.——을 문자 x에 대해서 정리하면

$$2x^2 + (y+4)x - (3y^2 - y - 2)$$

와 같이 정리할 수 있습니다. 이 경우에는, xy와 $4x$는 동류항이 되어 $(y+4)x$로 정리되고, x^2의 계수는 2, x의 계수는 $y+4$가 되고, 또 $-(3y^2 - y - 2)$가 상수항이 됩니다. 경우에 따라서는, 이와 같이 하나의 문자에 대해서 정리하는 것이 문제 해결에 유효한 역할을 할 수가 있습니다.

세 문자 이상의 단항식, 다항식, 정식, 차수, 동차식 등의 개념에 대해서, 자세한 설명을 반복하는 것은, 더 이상 필요하지 않겠지요. 예를 들면

$$x^2 + y^2 + z^2 - xy - yz - zx$$

는, x, y, z에 대해서 2차식의 동차식입니다. 식을 쓰는 방법 등에 대한 일종의 규정같은 것은 앞으로의 실천을 통해서 자연히 습득하게 될 것으로 생각합니다.

━━━━

문제 1 (1) 계수에 문자를 사용하여, x, y에 대한 3차의 동차식의 일반적인 꼴을 쓰시오.

(2) x, y에 대한 3차식은 최대인 경우에 몇 개의 항을 가집니까?

문제 2 x, y, z에 대한 2차식은 최대인 경우에 몇 개의 항을 가집니까?

위에서는 x에 대한 다항식, x, y에 대한 다항식과 같이 다항식을 만드는 문자로서 알파벳의 끝부분의 문자를 이용하고, a, b, c와 같은 알파벳의 첫 부분의 문자는 일반적으로 계수를 나타내는데 사용했습니다. 이것은 실제 수학에서 보통 행해지는 문자 사용 방법입니다. 그러나 물론, 언제나 이런 의미로 문자가 사용된다고는 할 수 없습니다. a, b 등의 문자만으로 된 식에서는 그들 문자가 x, y 등과 같은 역할을 합니다. 예를 들면,

a^2+2a-3은 a의 2차식입니다.

$a+2b$는 a, b에 대한 1차 동차식입니다.

또, m^2-mn+n^2은 m, n에 대한 2차 동차식입니다.

◆ 다항식의 덧셈과 뺄셈

다항식의 덧셈이나 뺄셈은 극히 단순한 계산입니다. 사실상, 이 전의 계산은 이 책에서도 이미 지금까지 하고 있습니다.

예 $A=4x^3-2x^2+5$, $B=2x^3+6x^2-5x-8$에서

$$A+B = (4x^3-2x^2+5)+(2x^3+6x^2-5x-8)$$
$$= (4+2)x^3+(-2+6)x^2-5x+(5-8)$$
$$= 6x^3+4x^2-5x-3$$
$$A-B = (4x^3-2x^2+5)-(2x^3+6x^2-5x-8)$$
$$= (4-2)x^3+(-2-6)x^2+5x+(5+8)$$
$$= 2x^3-8x^2+5x+13$$

이러한 계산은, 위와 같이 길게 쓰기 보다는 동류항을 세로로 나열하여 쓴 것이 보통이고 또한 간단합니다.

조금 더 주의해 두겠는데 이러한 계산에서는, 두 개의 등식을——만일 최초에 주어진 형태가 그렇게 되어 있지 않다면——모두 내림차순 또는 오름차순으로 정리하는 것이 매우 중요합니다.

$$\begin{array}{r} 4x^3-2x^2+5 \\ +)\ 2x^3+6x^2-5x-8 \\ \hline 6x^3+4x^2-5x-3 \end{array}$$

$$\begin{array}{r} 4x^3-2x^2+5 \\ -)\ 2x^3+6x^2-5x-8 \\ \hline 2x^3-8x^2+5x+13 \end{array}$$

문제 3 다음의 다항식 A, B에 대해서, $A+B$, $A-B$를 구하시오.

(1) $A = x^3 - 2x^2 - 7$, $B = 1 - 5x - x^2 + 8x^3$

(2) $A = 6y + 5 - 2y^3 - 5y^2$, $B = 4y^2 + 9y - 6y^3 - 7$

◆　다항식의 곱셈

다항식의 곱셈도 원리적으로는 간단합니다. 여기에서는 지수 법칙 $x^m x^n = x^{m+n}$과 분배법칙

$$A(B+C) = AB + AC, \quad (A+B)C = AC + BC$$

가 중요한 역할을 합니다.

예 $(x^3 - 6x + 2)(2x - 5)$를 계산해 봅시다.

$$(x^3 - 6x + 2)(2x - 5)$$
$$= (x^3 - 6x + 2)(2x) + (x^3 - 6x + 2)(-5)$$
$$= 2x^4 - 12x^2 + 4x - 5x^3 + 30x - 10$$
$$= 2x^4 - 5x^3 - 12x^2 + 34x - 10$$

이 계산도 보통 아래와 같은 형식으로 합니다. (물론 실제의 계산에서는 오른쪽의 네모 부분은 쓸 필요가 없습니다.)

$$
\begin{array}{r}
x^3 \qquad -6x \quad +2 \\
\times)\, 2x \;-5 \qquad\qquad\quad \\
\hline
2x^4 \qquad -12x^2 + 4x \\
-5x^3 \qquad\;\; +30x - 10 \\
\hline
2x^4 - 5x^3 - 12x^2 + 34x - 10
\end{array}
$$

$\cdots (x^3 - 6x + 2)(2x)$
$\cdots (x^3 - 6x + 2)(-5)$

이 계산에서도 양 쪽의 식을 모두 내림차순으로 정리해 두는 것이 중요합니다. 또, 이 예에서는 $x^3 - 6x + 2$는 x^2의 항이 빠져 있는데, 위의 계산에서는 그 빠진 항의 부분을 일부러 공백으로 두었습니다. 그렇게 하는 편이 동류항(차수가 같은 항)이 세로로 잘 정리되어 계산하기 쉽기 때문입니다.

문제 4 다음 곱을 계산하시오.

(1) $(2x^2 - 5x + 1)(x - 4)$　　(2) $(x^2 - 3x + 5)(x^2 + 4x - 3)$

(3) $(3a + 4)(2a^2 - a^3 - 1)$　　(4) $(x^3 - 3 - 2x^2)(4x + x^2 - 6)$

위의 예와 문제에서 알 수 있듯이, 일반적으로

$$m\text{차식과 } n\text{차식의 곱은 } (m+n)\text{차식}$$

이 됩니다.

◆ **곱셈 공식**

다항식의 곱의 꼴의 식을 단항식의 합의 꼴로 나타내는 것을 **전개한다**고 합니다. 예를 들어, $(a+b)^2$을 전개하면

$$\begin{aligned}
(a+b)^2 &= (a+b)(a+b) \\
&= (a+b)a + (a+b)b \\
&= a^2 + ab + ab + b^2 = a^2 + 2ab + b^2
\end{aligned}$$

이 됩니다. 이 전개식은 매우 중요합니다. 이것은 수학의 모든 곳에서 자주 나타나기 때문입니다. 따라서, 이러한 전개식은 공식으로서 확실히 기억할 필요가 있습니다. 이와 같이, 기억해야 할 전개식, 그것이 **곱셈 공식**입니다.

위에 쓴 합의 제곱 공식

$$(a+b)^2 = a^2 + 2ab + b^2$$

은, 이미 앞 장에서도 사용했습니다. 사실상, 나는 여러분이 이 공식을 잘 알고 있을 뿐만 아니라, 상당히 사용한 경험이 있다고 생각하는데, 만일 그다지 익숙하지 않은 사람이 있다면, 나는 그런 사람에게 이 공식을

"a 더하기 b의 제곱은

a 제곱 더하기 $2ab$ 더하기 b제곱"

이라고 소리를 내서 읽고, 그것을 적어도 10회 반복하기를 요구합니다.

다음으로 기본적인 전개 공식을 열거하겠습니다. 이 중 여러분이 즉시 검증할 수 있다고 생각되는 것에 대해서는 나는 따로 증명을 하지 않겠습니다. 다만, 간단한 예와 문제만을 제공하겠습니다.

$$
\begin{array}{lll}
[1] & (a+b)^2 = a^2+2ab+b^2 & \boxed{\text{합의 제곱}} \\
[2] & (a-b)^2 = a^2-2ab+b^2 & \boxed{\text{차의 제곱}} \\
[3] & (a+b)(a-b) = a^2-b^2 & \boxed{\text{합과 차의 곱}} \\
[4] & (x+p)(x+q) = x^2+(p+q)x+pq & \\
[5] & (ax+b)(cx+d) = acx^2+(ad+bc)x+bd &
\end{array}
$$

⑩ (1) $(2a+5)^2 = (2a)^2+2\cdot(2a)\cdot5+5^2 = 4a^2+20a+25$

   (2) $(p-3q)^2 = p^2-2p(3q)+(3q)^2 = p^2-6pq+9q^2$

   (3) $(x+2y)(x-2y) = x^2-(2y)^2 = x^2-4y^2$

⑩ (1) $(x-4)(x+6) = x^2+(-4+6)x+(-4)\cdot6$
$$= x^2+2x-24$$

   (2) $(7x+2)(3x-4)$
$$= 7\cdot3x^2+\{7\cdot(-4)+2\cdot3\}x+2\cdot(-4)$$
$$= 21x^2-22x-8$$

$\boxed{\text{문제 5}}$ 공식을 사용하여 다음 식을 전개하시오.

(1) $(3x+5y)^2$ (2) $(4a-7b)^2$

(3) $\left(x+\dfrac{y}{2}\right)\left(x-\dfrac{y}{2}\right)$ (4) $(x+7)(x-4)$

(5) $(6x-5)(3x+2)$ (6) $(2a-3b)(5a-b)$

예제 연속하는 두 개의 정수 중 하나는 짝수입니다. 이 사실과 합의 제곱 공식을 사용하여, 홀수의 제곱을 8로 나누면 나머지가 1임을 증명하시오.

$\boxed{\text{증명}}$ n을 홀수라 하면, n은 어떤 정수 k를 사용하여
$$n = 2k+1$$
로 표현됩니다.

따라서
$$n^2 = (2k+1)^2 = (2k)^2+2\cdot2k\cdot1+1^2$$
$$= 4k^2+4k+1$$
$$= 4k(k+1)+1$$

이 됩니다. k, $k+1$ 중 하나는 짝수이므로, $k(k+1)$은

2의 배수, 따라서 $4k(k+1)$은 $4\cdot2=8$의 배수입니다. 그러므로 n^2을 8로 나누면 1만 남습니다.

문제 6 n을 3의 배수가 아닌 정수라 할 때, n의 제곱 n^2을 3으로 나누면 나머지가 1임을 증명하시오 [힌트 : n은 3의 배수가 아니므로, 3으로 나누면 1이 남든지 또는 2가 남습니다. 따라서, n은 어떤 정수 k를 사용하여 $n=3k+1$ 또는 $n=3k+2$로 표현됩니다]

예제 $(a+b+c)^2$을 전개하시오.

풀이
$$
\begin{aligned}
(a+b+c)^2 &= \{(a+b)+c\}^2 \\
&= (a+b)^2+2(a+b)c+c^2 \\
&= a^2+2ab+b^2+2ac+2bc+c^2 \\
&= a^2+b^2+c^2+2ab+2bc+ca
\end{aligned}
$$

이 예제의 결과에 따르면

$$(a+b+c)^2 = a^2+b^2+c^2+2ab+2bc+2ca$$

입니다. 가능하다면 여러분은 이것도 공식으로 기억해 두면 좋겠습니다.

문제 7 다음 식을 전개하시오.

(1) $(a-2b+c)^2$　　　(2) $(x+2y-3)^2$

(전개식의 항은 보기 쉽게 순서대로 써 주세요.)

---

[6] $(a+b)^3 = a^3+3a^2b+3ab^2+b^3$　(합의 세제곱)

[7] $(a-b)^3 = a^3-3a^2b+3ab^2-b^3$　(차의 세제곱)

[8] $(a+b)(a^2-ab+b^2) = a^3+b^3$

[9] $(a-b)(a^2+ab+b^2) = a^3-b^3$

예제 공식 [6]을 확인하시오

풀이
$$
\begin{aligned}
(a+b)^3 &= (a+b)^2(a+b) \\
&= (a^2+2ab+b^2)(a+b)
\end{aligned}
$$

$$= a^3 + 3a^2b + 3ab^2 + b^3$$

$$\begin{array}{r} a^2 + 2ab + b^2 \\ \times)\ \ a\ +\ b \\ \hline a^3 + 2a^2b + ab^2 \\ a^2b + 2ab^2 + b^3 \\ \hline a^3 + 3a^2b + 3ab^2 + b^3 \end{array}$$

공식 **[7]**도 꼭 같은 방법으로 확인할 수 있습니다. (실제로 해 보기를 바랍니다.) 이 공식 **[6]**, **[7]**은 매우 유명한 곱셈 공식 **[1]**, **[2]**의 연장선상에 있는 것입니다.

이것은 또 $(a+b)^4$, $(a+b)^5$, $\cdots$, $(a+b)^n$, $\cdots$

의 전개식으로서 나중에 완전하게 일반화됩니다.

$$\begin{array}{r} a^2 - ab + b^2 \\ \times)\ \ a\ +\ b \\ \hline a^3 - a^2b + ab^2 \\ a^2b - ab^2 + b^3 \\ \hline a^3 \qquad\quad + b^3 \end{array}$$

[8], **[9]**는 과연 이것을 곱셈 공식이라고 불러도 좋은가, 나는 약간 의문이 생깁니다. 실제로 이들 식이 "전개"의 목적으로 사용되는 일은 별로 없기 때문입니다. 이들 식은 실제로 다음 절에서 볼 수 있듯이 우변과 좌변을 바꾸어 놓은 인수분해의 공식으로 이용된다고 해야 겠지요. 확실히 하기 위해 **[8]**을 확인하는 계산을 써 놓았습니다.

문제 8 공식 **[6]**, **[7]**을 사용하여 다음 식을 전개하시오.
　(1) $(x+2)^3$ 　　　(2) $(2a-3b)^3$

위의 모든 곱셈 공식 중, **[1]**과 **[2]**, **[6]**과 **[7]**, **[8]**과 **[9]**는 각각 쌍을 이루고 있습니다. 이 **[1]**과 **[2]**, **[8]**과 **[9]**를 각각 하나로 정리하여 다음과 같이 쓸 수 있습니다.

$$(a \pm b)^2 = a^2 \pm 2ab + b^2$$
$$(a \pm b)(a^2 \mp ab + b^2)$$
$$= a^3 \pm b^3$$

기호 $\pm$와 $\mp$를 **복부호**라고 합니다. 이들 등식은, 그 중 복부호의 위쪽의 부호를 동시에 가졌을 때, 또 아래쪽의 부호를 동시에 가졌을 때, 각각 바른 등식이 된다는 것을 의미합니다. 이것을 분명히 나타내기 위해 등식 다음에 복부호동순이라는 단서를 붙이기도 합니다.

$\mathrm{2._2}$ 인수분해

앞에서 본 것처럼, 다항식의 합, 차, 곱은 역시 다항식입니다. 즉, 다항식 사이에서는 덧셈, 뺄셈, 곱셈이 자유로이 행해집니다. 그러나 나눗셈은 자유롭게 할 수 없습니다. 즉, A, B를 두 개의 다항식이라 할 때

$$A = BQ$$

가 되는 다항식 Q가 꼭 존재한다고는 할 수 없습니다. 그것은 다항식 사이에서 나눗셈이 자유롭게 되지 않는 것과 같습니다.

다항식 A, B에 대해서 $A = BQ$가 되는 다항식 Q가 존재할 때 B를 A의 **약수** 또는 **인수**, A를 B의 **배수**라고 합니다. ("식"이므로 사실은 "약식", "배식"이라고 해야 할지도 모르지만, 관습적으로 역시 약수, 배수라는 단어가 사용되고 있습니다.)

주어진 다항식을, 몇 개의 인수의 곱의 꼴로 나타내는 것을 그 다항식의 **인수분해**라고 합니다. 즉, 인수분해는 전개의 역입니다. 따라서 앞 절에서 나온 곱셈 공식 **[1]** ~**[9]**는, 그 우변과 좌변을 바꿔 놓으면, 모두 인수분해 공식이 됩니다.

◆ 공통인수로 묶어내는 일

예 (1)　$ab - ac + ad = a(b - c + d)$

    (2)　$x(3y - 5) - 2(5 - 3y) = x(3y - 5) + 2(3y - 5)$
$$= (x + 2)(3y - 5)$$

문제 9 다음 식을 인수분해하시오.

(1)　$2a^2b - 3ab^2$ (2)　$2x(x - 4) + 3(4 - x)$

(3)　$ab - 4a + 3b - 12$ (4)　$x^2 - ax - bx + ab$

◆ 공식 [1], [2], [3]의 응용

$$[1] \quad a^2 + 2ab + b^2 = (a+b)^2$$

$$[2] \quad a^2 - 2ab + b^2 = (a-b)^2$$

$$[3] \quad a^2 - b^2 = (a+b)(a-b)$$

예 (1) $x^2 + 10x + 25 = x^2 + 2 \cdot 5 \cdot x + 5^2 = (x+5)^2$

(2) $16a^2 - 24ab + 9b^2 = (4a)^2 - 2 \cdot 4a \cdot 3b + (3b)^2$
$$= (4a - 3b)^2$$

(3) $a^2 b^2 - \dfrac{1}{9} = (ab)^2 - \left(\dfrac{1}{3}\right)^2 = \left(ab + \dfrac{1}{3}\right)\left(ab - \dfrac{1}{3}\right)$

(4) $2(ad + bc) + a^2 - b^2 - c^2 + d^2$
$$= (a^2 + 2ad + d^2) - (b^2 - 2bc + c^2)$$
$$= (a+d)^2 - (b-c)^2$$
$$= \{(a+d) + (b-c)\}\{(a+d) - (b-c)\}$$
$$= (a+b-c+d)(a-b+c+d)$$

문제 10 다음 식을 인수분해하시오.

(1) $25x^2 - 20x + 4$ (2) $4a^2 + 12a + 9$

(3) $36 - 9a^2$ (4) $x^2 y^2 - x^2 - y^2 + 1$

(5) $a^4 - b^4$ (6) $(a^2 + b^2 - c^2)^2 - 4a^2 b^2$

◆ **공식 [4], [5]의 응용**

$$[4] \quad x^2 + (p+q)x + pq = (x+p)(x+q)$$

$$[5] \quad acx^2 + (ad + bc)x + bd = (ax+b)(cx+d)$$

예 (1) $x^2 - 9x + 20 = x^2 - (4+5)x + 4 \cdot 5$
$$= (x-4)(x-5)$$

(2) $3x^2 - 13x - 10$의 인수분해

공식 [**5**]를 이용하기 위해

$$ac = 3, \quad bd = -10$$

을 만족하는 a, b, c, d 중

$$ad + bc = -13$$

이 되는 것을 구합니다.

왼쪽 도식에 의해

$$a = 1, \quad b = -5$$

$$c = 3, \quad d = 2$$

는 조건을 충족시킵니다. 따라서

$$3x^2 - 13x - 10 = (x - 5)(3x + 2)$$

(앞과 같은 도식을 ×**로 교차한 도식**이라고 합니다.)

(3) $48x^2 + 22xy - 15y^2$의 인수분해

x에 대한 2차식이라 생각하고 (2)와 같이

$$ac = 48, \quad bd = -15y^2$$

을 만족하는 a, b, c, d 중

$$ad + bc = 22y$$

가 되는 것을 찾아냅니다.

그러면 오른편의 도식에서

$$48x^2 + 22xy - 15y^2 = (6x + 5y)(8x - 3y)$$

가 됩니다.

$$
\begin{array}{cc}
6 & 5y \longrightarrow \quad 40y \\
8 & -3y \longrightarrow -18y \\
\hline
& \qquad\quad 22y
\end{array}
$$

문제 **11** 다음 식을 인수분해하시오.

(1) $x^2 + 9x + 14$ (2) $x^2 + 3x - 28$

(3) $2x^2 - 13x + 6$ (4) $12x^2 + 25x + 12$

(5) $3a^2 - 7ab - 10b^2$ (6) $16x^2 + 22xy - 45y^2$

◆ 공식 [8], [9]의 응용

[8] $a^3 + b^3 = (a + b)(a^2 - ab + b^2)$

[9] $a^3 - b^3 = (a - b)(a^2 + ab + b^2)$

예 (1) $x^3 + 8 = x^3 + 2^3 = (x + 2)(x^2 - 2x + 4)$

(2) $27a^3 - 8b^3 = (3a)^3 - (2b)^3$

$\qquad\qquad = (3a - 2b)\{(3a)^2 + (3a)(2b) + (2b)^2\}$

$\qquad\qquad = (3a - 2b)(9a^2 + 6ab + 4b^2)$

문제 **12** 다음 식을 인수분해하시오.

(1) $27x^3 - 1$ (2) $64x^3 + 125$ (3) $8a^3 - 125b^3$

◆ **기타의 인수분해**

여기서는 약간의 연구가 필요한 몇 개의 인수분해를
다루겠습니다.

㉠ x^4-13x^2+36의 인수분해

$x^2=X$라 하면

$$
\begin{aligned}
x^4-13x^2+36 &= X^2-13X+36 \\
&= (X-4)(X-9) \\
&= (x^2-4)(x^2-9) \\
&= (x+2)(x-2)(x+3)(x-3)
\end{aligned}
$$

㉠ $(x^2+2x+6)(x^2+2x+12)-280$의 인수분해

$x^2+2x=X$라 하면

$$
\begin{aligned}
(x^2+2x+6)&(x^2+2x+12)-280 \\
&= (X+6)(X+12)-280 \\
&= X^2+18X-208 \\
&= (X-8)(X+26) \\
&= (x^2+2x-8)(x^2+2x+26) \\
&= (x-2)(x+4)(x^2+2x+26)
\end{aligned}
$$

㉠ $2x^2+xy-3y^2+4x+y+2$의 인수분해

이 식을 x에 대한 2차식으로 보고 내림차순으로 정
리하면

$$2x^2+(y+4)x-(3y^2-y-2)$$

로 되어, 정수항에 해당하는 $-(3y^2-y-2)$의 부분은

$$-(3y^2-y-2) = -(y-1)(3y+2)$$

로 인수분해 됩니다. 즉, 주어진 식은

$$2x^2+(y+4)x-(y-1)(3y+2)$$

가 됩니다. 그리하여 왼편 도식과 같이 생각하여 공식
[5]를 사용하면 다음 결과를 얻습니다.

$$
\begin{array}{ll}
1 \diagdown -(y-1) \longrightarrow -2y+2 \\
2 \diagup 3y+2 \longrightarrow \underline{\ 3y+2\ } \\
\qquad\qquad\qquad\qquad y+4
\end{array}
$$

$$
\begin{aligned}
2x^2&+(y+4)x-(y-1)(3y+2) \\
&= \{x-(y-1)\}\{2x+(3y+2)\} \\
&= (x-y+1)(2x+3y+2)
\end{aligned}
$$

㉠ $a^2(b-c)+b^2(c-a)+c^2(a-b)$의 인수분해

a에 대해서 내림차순으로 정리하면

$$a^2(b-c)+b^2(c-a)+c^2(a-b)$$
$$= (b-c)\,a^2-(b^2-c^2)\,a+(b^2c-bc^2)$$
$$= (b-c)\,a^2-(b-c)(b+c)\,a+bc\,(b-c)$$
$$= (b-c)\{a^2-(b+c)\,a+bc\}$$
$$= (b-c)(a-b)(a-c)$$

위의 두 개의 예와 같이, 어느 한 개의 문자에 착안해서 정리하면, 인수분해를 쉽게 할 수 있습니다. 다음의 예는 더욱더 특수한 꼴입니다.

⟨예⟩ $a^4+a^2b^2+b^4$의 인수분해

　a^2b^2을 $2a^2b^2$과 $-a^2b^2$으로 나누면, 공식 [**1**]과 [**3**]을 이용할 수 있습니다.

$$a^4+a^2b^2+b^4 = (a^4+2a^2b^2+b^4)-a^2b^2$$
$$= (a^2+b^2)^2-(ab)^2$$
$$= (a^2+ab+b^2)(a^2-ab+b^2)$$

⟨예⟩ x^4+2x^2+9의 인수분해

　위의 예와 같이, $2x^2$을 $6x^2$과 $-4x^2$으로 나누면

$$x^4+2x^2+9 = (x^4+6x^2+9)-4x^2$$
$$= (x^2+3)^2-(2x)^2$$
$$= (x^2+2x+3)(x^2-2x+3)$$

⟨예⟩ $a^3+b^3+c^3-3abc$의 인수분해

　합의 세제곱 공식 [**6**]에 의해 $(a+b)^3=a^3+3a^2b+3ab^2+b^3$이므로

$$a^3+b^3 = (a+b)^3-3a^2b-3ab^2$$

따라서

$$a^3+b^3+c^3-3abc=\underline{(a+b)^3+c^3}-3a^2b-3ab^2-3abc$$

가 됩니다. 그리하여 우변의 밑줄 친 부분에 인수분해의 공식 [**8**]을 사용하면

$$a^3+b^3+c^3-3abc$$
$$= \{(a+b)+c\}\{(a+b)^2-(a+b)\,c+c^2\}$$
$$\quad-3ab(a+b+c)$$
$$= (a+b+c)(a^2+2ab+b^2-ac-bc+c^2-3ab)$$

$$= (a+b+c)(a^2+b^2+c^2-bc-ca-ab)$$

아마도 이 마지막 예는 중등 수학에 있어서 인수분해의 절정일 것입니다. 기념하기 위해 그것을 굵은 글자로 써 놓겠습니다.

$$a^3+b^3+c^3-3abc$$
$$= (a+b+c)(a^2+b^2+c^2-bc-ca-ab)$$

문제 13 다음 식을 인수분해하시오.

(1) x^2-x-y^2-y (2) $a^2-c^2+ab-bc$

(3) $(x-y)(x-y+5)+6$ (4) x^3-x^2y-x+y

(5) x^4-2x^2+1 (6) $x^4-26x^2y^2+25y^4$

(7) a^4+a^2-20 (8) a^4-16b^4

(9) $16x^4-81y^4$ (10) $x^4+x^2y^2-2y^4$

(11) $(x^2+4x)^2-8(x^2+4x)-48$

(12) $2x^2+3xy-2y^2-4x+7y-6$

(13) $x^2-xy-6y^2-x+23y-20$

(14) $2x^2+xy-x-2y-6$

(15) $a^2+(2b-3)a-(3b^2+b-2)$

(16) a^4+4 (17) x^4+x^2+1

(18) $(a+b+c+1)(a+1)+bc$

(19) $x^3+y^3+1-3xy$

(20) $(a-b)^3+(b-c)^3+(c-a)^3$

◆ 기약식과 가약식

우리는 이제까지, 다항식의 "유리수 범위"에서의 인수분해를 생각했습니다. 이것은 지금까지 특별히 명시하지는 않았지만, 아마 여러분은 자연스럽게 인수분해를 그러한 것으로 이해하고 있었으리라 생각합니다. 다만, "유리수 범위에서의 인수분해"란 무엇인가? 그 의미를 명확하게 해 둘 필요가 있겠지요.

그것은 정확하게 말하면 "유리수를 계수로 하는 다항식의 범위내에서 생각하는 인수분해"라는 것을 의미합니다. 일반적으로, 우리는 다항식의 인수분해라고 하면, 이와 같은 "유리수 범위에서의 인수분해"를 생각합니다. 이제부터 우리는 일단 인수분해를 이와 같은 의미로 이해하기로 합시다.

그런데, 다항식의 인수분해를 생각할 때, 이것도 우리는 자연스러운 마음의 움직임에 따라, 인수가 어느 것이나 1차 이상인 것, 즉 문자를 실제로 포함하고 있는 것을 요구하고 있습니다. 따라서 당연히

$$2x-4, \quad 3x+1, \quad a+5b$$

와 같은 1차식은 인수분해할 수 없습니다. (예를 들면 $2x-4$는 $2x-4=2(x-2)$로 "분해"할 수 있지만, 이와 같은 것은 보통 "인수분해"라고 하지 않습니다. 즉, "수인수를 묶어낸다"라는 것만으로, 우리는 인수분해라고는 보지 않습니다.) 2차식에서도 예를 들면,

$$x^2+1, \quad x^2-2, \quad a^2-ab+b^2$$

과 같은 것은, 어느 것도 인수분해할 수 없습니다.

일반적으로, 1차 이상의 다항식으로서 인수분해할 수 없는 것은 **기약**이라 하고, 인수분해 할 수 있는 것은 **가약**이라고 합니다. 기약식, 가약식의 개념은 정수에서의 "소수", "합성수"의 개념에 각각 상응합니다. 둘 이상의 임의의 자연수가 소수의 곱으로 표현되듯이, 1차 이상의 임의의 다항식, 즉 상수가 아닌 임의의 다항식은, 기약인 다항식의 곱으로 표현할 수 있습니다. 보통 "다항식을 인수분해하라"하는 문제에서는, 이와 같이 각 인수가 기약이 될 때까지 분해하는 것을 요구하는 것입니다. 그러나, 임의의 다항식이 기약식의 곱으로 표현된다고 하는 사실 자체는 그리 어려움 없이 증명할 수 있지만——하지만 이 책에서는 그 증명은 하지 않습니다——, 실제로 주어진 하나의 다항식을 인수분해한다고 하는 구체적인 문제는, 대단히 어렵습니다. 우리가 전에 예로 든 몇 개의 공식을 이용해서, 문제를 잘 해결할 수 있는 것은, 엄밀하게 말하면 극히 한정되어 있다고 해도 좋겠지요.

조금 더 구체적으로 말하면, 예를 들어, 단 하나의 문자 x만을 포함하는 다항식의 경우에 있어서 조차, 어느 정도 차수가 커지면 그것이 기약인가 아닌가, 인수분해 할 수 있다고 하면 어떻게 인수분해 할 수 있는가라는 문제는 간단하게 해결할 수 없습니다. 다만, 2차식에 대해서는 그것이 기약인가 가약인가의 판정은 간단합니다. 즉, a, b, c가 정수일 때, 2차식 ax^2+bx+c는

b^2-4ac가 제곱수가 아니면 기약

b^2-4ac가 제곱수이면 가약

입니다. 다만, 제곱수라는 것은 어느 정수의 제곱인 정수입니다. 여러분은 다음 장에서 이 결론의 정당성을 볼 수 있습니다. 더욱이 또 여러분은 다음 장에서 3차 이상의 다항식에 대해서는, 그것을 인수분해하기 위한 한 가지 훌륭한 방법을 찾을 수 있을 것입니다.

마지막으로 다시 한 번 주의를 환기시킨다면, 위에서 다항식이 "기약"이라든가 "가약"이라든가 한 것은 항상 "유리수의 범위"였습니다. 그러나, 예를 들어 x^2-2는 유리수의 범위에서는 기약이지만, 만일 계수에 무리수가 들어 있는 것을 허락하여 "실수의 범위"로 생각하면

$$x^2-2=x^2-(\sqrt{2})^2=(x+\sqrt{2})(x-\sqrt{2})$$

로 인수분해 할 수 있으므로 가약이 됩니다. 즉,

정식이 기약이든 가약이든 어느 수의

범위에서 생각하는 가에 의존하는

것입니다. 여러분은 이것을 꼭 명심해 주십시오.

2.3 다항식의 나눗셈과 분수식

◆ 다항식의 나눗셈

이미 진술한 바와 같이 다항식 사이에서 나눗셈은 자유롭게 되지 않습니다. 그러나, 하나의 문자 x에 대한 다

항식으로 한정하면 더 넓은 의미의 나눗셈, 즉 "몫과 나머지를 구하는 연산"으로서의 나눗셈이라면 할 수 있습니다. 그것은 마치 정수 사이에 그와 같은 연산이 가능했던 것과 같습니다. 그리고 또 그 연산을 하는 방법도 우리가 잘 알고 있는 정수의 나눗셈인 경우와 같습니다.

한 예로서, 다항식 $A = 2x^3 - 10x + 9$를 다항식 $B = x^2 + 2x - 3$으로 나누는 나눗셈을 해 봅시다.

이 계산은 다음과 같습니다.

$$
\begin{array}{r}
2x\quad -4 \\
B \cdots x^2 + 2x - 3 \overline{)\, 2x^3 -10x + 9} \quad \cdots A \\
\underline{2x^3 + 4x^2 - 6x} \qquad \cdots\cdots\cdots B \times 2x \\
-4x^2 - 4x \quad \cdots A - B \times 2x \\
\underline{-4x^2 - 8x + 12} \quad \cdots\cdots\cdots\cdots\cdots B \times (-4) \\
4x - 3 \quad \cdots A - B \times 2x - B \times (-4)
\end{array}
$$

여기에서 $4x - 3$은 B보다 차수가 낮으므로 이 이상 계산을 계속할 수는 없습니다.

위의 계산에서 알 수 있듯이

$$A - B \times 2x - B \times (-4) = A - B \times (2x - 4) = 4x - 3,$$

즉

$$A = B \times (2x - 4) + (4x - 3)$$

이 성립합니다.

이 $Q = 2x - 4$와 $R = 4x - 3$이 각각 A를 B로 나누었을 때의 **몫**과 **나머지**입니다. 나머지를 **잉여**라고도 하는 것은 전에도 말했습니다.

일반적으로, x에 대한 다항식 A, B에 대해서, A를 B로 나누었을 때의 몫을 Q, 나머지를 R이라고 하면 다음이 성립합니다.

$$\boxed{A = BQ + R, \quad R의\ 차수 < B의\ 차수}$$

특히 $R = 0$이 될 때, A는 B로 **나누어떨어진다**고 합니다. 그것은 A가 B의 배수, B가 A의 약수인 것과 같습니다.

문제 14 다음 나눗셈을 하여 몫과 나머지를 구하시오.

(1) $(3x^2 + 2x + 1) \div (3x - 4)$

(2) $(x^3 - x + 6) \div (x + 2)$

(3) $(6x^3 - 11x^2 + 10x - 5) \div (x^2 - x + 2)$

(4) $(x^4 - 10x^2 + 5) \div (x^2 + 3x + 1)$

(5) $(4a^5 - 9a^3 - 2a - 8) \div (2a^2 - a - 4)$

문제 15 두 종류 이상의 문자를 가진 다항식에 대해서도 그중 하나의 문자에 착안하면, 위와 같은 계산을 할 수 있습니다. 다음의 각 다항식을 a에 대한 다항식이라 생각하고 나눗셈을 하여 어느 것이나 나누어떨어진다는 것을 확인하시오.

(1) $(a^3 - b^3) \div (a^2 + ab + b^2)$

(2) $(a^4 - b^4) \div (a - b)$

(3) $(a^3 + b^3 + c^3 - 3abc) \div (a + b + c)$

만일을 위해, 여기서 한 마디 주의를 해 두겠습니다. 이것은 극히 사소한 것으로, 내가 여기서 언급하지 않으면 여러분은 주의조차 하지 않을 것으로 생각합니다.(실제로 주의할 필요도 없는 것이지만, 정확하게 기술하기 위해 일단 쓰는 것입니다.) 전에 나는 숫자를 x의 다항식으로 생각할 때에는, 그 차수는 0이라고 했습니다. 지금, 나눗셈의 정리로 다항식 B를 숫자 1이라고 하면, 물론 다항식 A는 $B = 1$로 나누어떨어지고 나머지 R은 0이 됩니다. 그러나 위의 약속에서는 1도 0도 차수는 0이 되므로

"R의 차수 $<$ B의 차수"

가 되어

"$0 < 0$"

이 됩니다. 이것은 모양이 좋지 않다! 실제로, 상수——말하자면 수를 다항식으로 생각할 때, 우리는 그것을 **상수**라고 부릅니다——중에서도 0만은 특별하여, 그 차수를 0이라고 생각하면 모양이 좋지 않습니다.

상수 0의 차수를 0이라고 하는 것이 불합리한 이유를 한 가지 더 말하겠습니다. 정의에 따라, 예를 들면

$$ax^3+bx^2+cx+d \text{는} \quad a \neq 0 \text{일 때} \quad 3\text{차식}$$

$$ax^2+bx+c \text{는} \quad a \neq 0 \text{일 때} \quad 2\text{차식}$$

$$ax+b \text{는} \quad a \neq 0 \text{일 때} \quad 1\text{차식}$$

이었습니다. 이런 방향으로 계속해 나가면 **상수** a는 "$a \neq 0$일 때 0차식"이라고 생각하는 것이 자연스럽다는 것입니다. 즉, 0차식이라는 것은 0 이외의 정수라고 해야 합니다. 정수 0만은 0차식의 무리에서 제외해야 합니다.

그러면, 수 0의 차수는 무엇이라고 정의하면 좋은가? 이것은 좀 까다로운 문제입니다. 물론 수학자들은 적당한 방법에 의해 기교적으로 처리하고 있습니다. 당분간 나는 상수 0의 차수는 정하지 않겠습니다. 그리고 (특별히 정하지 않았음에도 불구하고) 상수 0의 차수는 다른 어떤 다항식의 차수(즉 0, 1, 2, 3, …)보다도 작다고 합시다. 그렇게 하면 나눗셈의 정리에서 "R의 차수$<B$의 차수"라는 부등식은, 언제나 성립한다고 할 수 있습니다. 또 예를 들면, "2차 이하의 임의의 다항식 A에 대해서라는 표현에서는, 그 A 속에 상수 0도 포함하여 생각할 수 있습니다.

◆ 다항식의 최대공약수와 최소공배수

정수에서와 같이 몇 개의 다항식에 공통된 약수를 그 다항식의 **공약수**라 합니다. 그리고 공약수 중 차수가 가장 높은 것을 **최대공약수**라고 합니다. 또, 몇 개의 다항식에 공통된 배수를 **공배수**라고 하고, 공배수 중 차수가 가장 낮은 것을 **최소공배수**라고 합니다.

(예) (1) 세 개의 단항식 $2a^5, 4a^4b^2, 8a^2b^3$의
최대공약수는 a^2, 최소공배수는 a^5b^3

(2) 두 다항식 $x^2(x+1)$과 $x(x+1)(x-2)$의
최대공약수는 $x(x+1)$,

$$최소공배수는 x^2(x+1)(x-2)$$

위의 예 (1)과 같은 경우, 수 인수까지 고려하면

$$최대공약수는 2a^2, \quad 최소공배수는 8a^5b^3$$

이라고 답할 수도 있습니다. 그러나, 다항식의 최대공약수, 최소공배수에 대해서는 보통 수 인수는 그다지 문제삼지 않습니다. 따라서, 특별한 사정이 있는 경우를 제외하고는, 수 인수를 무시하고 위와 같이 답해도 상관 없습니다.

두 다항식이 1차 이상인 공약수를 갖지 않을 때, 즉 양자의 최대공약수가 1일 때, 이들은 **서로 소**라고 합니다.

일반적으로 두 다항식 A, B의 최대공약수를 G, 최소공배수를 L로 하고

$$A = GA', \quad B = GB'$$

라 하면, A'와 B'는 **서로 소**이므로

$$L = GA'B' \qquad AB = GL$$

이 성립합니다. 이들은 모두 정수인 경우와 같습니다. 다만, 위에서 말했듯이 다항식의 경우는 최대공약수, 최소공배수에 대해서 수 인수는 무시되고 있으므로, 위 등식 $L = GA'B'$, $AB = GL$도 (정확하게 말하면) 수 인수를 무시하고 성립하는 것입니다.

몇 개의 다항식의 최대공약수와 최소공배수는, 그들의 다항식을 기약인 인수로 분해하는 것에 의해서 구할 수 있습니다. 이것도 정수의 경우와 같습니다.

예 (1) $a^3 - b^3$, $a^2 - b^2$, $a^2b - ab^2$의 최대공약수와 최소공배수

$$a^3 - b^3 = (a-b)(a^2 + ab + b^2)$$
$$a^2 - b^2 = (a-b)(a+b)$$
$$a^2b - ab^2 = ab(a-b)$$

따라서 최대공약수는 $a - b$

$$최소공배수는 ab(a-b)(a+b)(a^2 + ab + b^2)$$

(2) $x^3 + x^2 - 2x$, $x^4 - x^2$의 최대공약수와 최소공배수

$$x^3 + x^2 - 2x = x(x-1)(x+2)$$

$$x^4 - x^2 = x^2(x-1)(x+1)$$

따라서 최대공약수는 $x(x-1)$

최소공배수는 $x^2(x-1)(x+1)(x+2)$

문제 16 다음 각 조의 다항식의 최대공약수와 최소공배수를 구하시오.

(1) xy^2z^3, x^3y^2z (2) a^2b^3, a^3bc^2, a^2b^2c

(3) x^2-9, x^2-2x-3, x^2-4x+3

(4) $a^2+2ab+b^2$, a^2-b^2, a^3+b^3

(5) $(x+y)^2-z^2$, $(y+z)^2-x^2$, $(z+x)^2-y^2$

예제 최대공약수가 $x-1$, 최소공배수가 $x(x^2-1)$ 인 두 개의 2차식을 구하시오.

풀이 구하려는 두 개의 2차식을 A, B, 최대공약수를 G, 최소공배수를 L이라 하고, 또 $A=GA'$, $B=GB'$라 합니다. A, B는 2차식이고, G는 1차식이므로, A', B'는 1차식이고, 또한 서로 소입니다. 그리고 $L=GA'B'$ 이므로

$$A'B' = L \div G = x(x^2-1) \div (x-1) = x(x+1)$$

이 됩니다. 그러므로, 우리는 $A'=x$, $B'=x+1$이라고 할 수 있습니다.

따라서 구하려는 두 개의 2차식은

$$A = (x-1)x = x^2-x,$$
$$B = (x-1)(x+1) = x^2-1$$

이 됩니다.

문제 17 최대공약수가 $x-2$, 최소공배수가 $(x-2)^2(x+4)$ 인 차수가 같은 두 개의 다항식을 구하시오. "차수가 같다"는 제한을 하지 않는 경우의 답은 어떻게 됩니까?

또, 이것도 정수에서 언급한 적이 있습니다만, 두 개의 정수의 최대공약수를 구할 때, 그들 정수의 소인수분해

가 간단하지 않을 경우, 유클리드의 호제법이라고 부르는 방법이 있었습니다. 이 방법은 보편적으로 응용할 수 있었고, 실제적으로도 상당히 유효한 것이었습니다. 이미 정수일 때에 설명한 것과 꼭 같은 원리로 <u>한 개의 문자 x에 대한 두 개의 다항식</u>에 대해서는, 그것들의 최대공약수를 유클리드의 호제법으로 구할 수 있습니다.

한 예로서, x^4+2x^3+5x+2와 $x^4+x^3-3x^2+4x+2$의 최대공약수를, 유클리드의 호제법으로 구해 봅시다. 그러면 다음과 같이 됩니다.

$(x^4+2x^3+5x+2) \div (x^4+x^3-3x^2+4x+2)$를 계산하면

$$몫 1, \quad 나머지 \ x^3+3x^2+x$$

$(x^4+x^3-3x^2+4x+2) \div (x^3+x^2+x)$를 계산하면

$$몫 \ x-2$$

$$나머지 \ 2x^2+6x+2=2(x^2+3x+1)$$

$(x^3+3x^2+x) \div (x^2+3x+1)$은 몫 x로 나누어떨어진다! 그러므로 이 두 다항식의 최대공약수는 x^2+3x+1입니다.

위에서 나는 계산의 결과만을 썼습니다. 실제로 이 계산이 옳다는 것은 여러분이 스스로 종이에 써서 확인해 주었으면 합니다.

(또, 다항식의 최대공약수에서는 수 인수는 무시하므로 호제법의 계산에서 나머지로 나온 식——다음의 나눗셈에서 "나누는 식"이 되는 식——은 적당한 수 인수가 묶어질 때에는 그것을 묶어서, 될 수 있는 대로 간단한 형태로 해 두는 것이 현명합니다. 또, 경우에 따라서는, "나누는 식"을 간단하게 하는 대신에 "나누어지는 식"에 적당한 수 인수를 곱해 준다는 것도 생각할 수 있겠지요. ——그러나, 그와 같은 노력을 해도 실제로는 종종 계산 도중에서 복잡한 분수가 나오기도 하여 우리를 당황하게 합니다. 여러분도 아마 다음 문제 18의 (3)에서 그런 상황을 경험하게 될 것입니다. 다항식인 경우,

유클리드의 호제법은 정수의 경우만큼 간단한 방법은 아
닙니다!)

문제 18 유클리드의 호제법으로 다음 각 조의 두 다항식의
최대공약수를 구하시오.
(1) $x^3 - 5x^2 - 8x - 42,\ x^3 - 4x^2 - 16x - 35$
(2) $x^4 + 4x^3 + 3x^2 + 4x + 4,\ x^3 + 3x^2 + 6x + 4$
(3) $x^5 - 5x^4 + 7x^3 + x^2 - 8x - 2,\ x^4 - 2x^2 - 12x - 8$

◆ **분수식**

A를 임의의 다항식, B를 0이 아닌 다항식이라 할 때, $\dfrac{A}{B}$
꼴의 식을 **분수식** 또는 **유리식**이라 하고, A를 분자, B를
분모라고 합니다.

분수와 마찬가지로 두 개의 분수식 $\dfrac{A}{B}, \dfrac{A'}{B'}$ 가 같은 것
은, $AB' = A'B$가 성립할 때입니다. 즉

$$\frac{A}{B} = \frac{A'}{B'} \quad \text{와} \quad AB' = A'B$$

는 같습니다.

분수식 $\dfrac{A}{1}$는 다항식 A와 같습니다. 다항식 A가 다항식
B의 배수로 $A = BQ$라면, $\dfrac{A}{B}$는 다항식 Q를 나타냅니다.

분수식의 "상등(서로 같다)"의 정의에 의해서, 분수식
은 분자와 분모에 0이 아닌 같은 다항식을 곱해도 변하지
않습니다. 또, 분자와 분모를 그 공약수로 나누어도 변하
지 않습니다. 분수식의 분자와 분모를 1차 이상의 공약수
로 나누는 것을 분수식을 **약분한다**고 합니다. 약분할 수
없는 분수식, 즉 분자와 분모가 서로 소인 분수식을 **기약
분수식**이라고 합니다. 분수식을 분자와 분모의 최대공약
수로 약분하면, 기약분수식이 됩니다.

주어진 분수식을 약분해서 기약분수식으로 고치는 예
를 몇 개 들어 보겠습니다.

예 (1) $\dfrac{2x^3 z}{6x^2 y z^2} = \dfrac{x}{3yz}$

$$(2) \quad \frac{x^2-4x+3}{x^2-x-6} = \frac{(x-3)(x-1)}{(x-3)(x+2)} = \frac{x-1}{x+2}$$

$$(3) \quad \frac{a^2-b^2}{a^3+b^3} = \frac{(a+b)(a-b)}{(a+b)(a^2-ab+b^2)} = \frac{a-b}{a^2-ab+b^2}$$

$$(4) \quad \frac{x^3-4x}{x^3-x^2-2x} = \frac{x(x+2)(x-2)}{x(x+1)(x-2)} = \frac{x+2}{x+1}$$

또, 몇 개의 다항식의 분모가 다를 때는, 적당한 다항식을 그들 다항식의 분자와 분모에 곱해서, 분모가 같은 분수식으로 고칠 수 있습니다. 이것을 분수식을 **통분한다**고 합니다.

통분하는 데 가장 간단한 방법은, 주어진 분수식의 모든 분모의 곱을 공통 분모로 하는 것인데, 보다 현명한 방법은 분모의 최소공배수를 공통 분모로 하는 것입니다.

예 (1) $\dfrac{2x}{x^2-1}$ 와 $\dfrac{x+1}{(x-1)^2}$ 을 통분하면

$$\frac{2x}{x^2-1} = \frac{2x}{(x-1)(x+1)} = \frac{2x(x-1)}{(x-1)^2(x+1)}$$

$$\frac{x+1}{(x-1)^2} = \frac{(x+1)^2}{(x-1)^2(x+1)}$$

(2) $\dfrac{x^2+x+1}{x+1}$ 과 $\dfrac{x^2-x+1}{x-1}$ 을 통분하면

$$\frac{x^2+x+1}{x+1} = \frac{(x-1)(x^2+x+1)}{(x-1)(x+1)} = \frac{x^3-1}{(x-1)(x+1)}$$

$$\frac{x^2-x+1}{x-1} = \frac{(x+1)(x^2-x+1)}{(x-1)(x+1)} = \frac{x^3+1}{(x-1)(x+1)}$$

(3) $\dfrac{z}{xy}$, $\dfrac{x}{yz}$, $\dfrac{y}{zx}$ 를 통분하면

$$\frac{z}{xy} = \frac{z^2}{xyz}, \qquad \frac{x}{yz} = \frac{x^2}{xyz}, \qquad \frac{y}{zx} = \frac{y^2}{xyz}$$

◆ 분수식의 연산

분수식(유리식)에서는 유리수의 경우와 똑같이, 덧셈, 뺄셈, 곱셈, 나눗셈의 사칙연산이 자유로이 행하여집니다.

분모가 같은 분수식의 덧셈, 뺄셈은

$$\frac{A}{C}+\frac{B}{C}=\frac{A+B}{C}, \quad \frac{A}{C}-\frac{B}{C}=\frac{A-B}{C}$$

로 됩니다. 분모가 다를 때에는 통분한 후 위와 같이 합니다.

또, 곱셈, 나눗셈은 각각

$$\frac{A}{B}\times\frac{C}{D}=\frac{AC}{BD}, \quad \frac{A}{B}\div\frac{C}{D}=\frac{A}{B}\times\frac{D}{C}=\frac{AD}{BC}$$

로 합니다.

분수식에서 이런 사칙연산을 한 결과는 기약분수식으로 고쳐 주십시오.

예 (1) $\dfrac{x+8}{x^2+x-2}-\dfrac{x+4}{x^2+3x+2}$

$$=\frac{x+8}{(x+2)(x-1)}-\frac{x+4}{(x+2)(x+1)}$$

$$=\frac{(x+8)(x+1)}{(x+2)(x-1)(x+1)}-\frac{(x+4)(x-1)}{(x+2)(x-1)(x+1)}$$

$$=\frac{(x^2+9x+8)-(x^2+3x-4)}{(x+2)(x-1)(x+1)}$$

$$=\frac{6x+12}{(x+2)(x-1)(x+1)}$$

$$=\frac{6}{(x-1)(x+1)}$$

(2) $\dfrac{1}{1-a}+\dfrac{1}{1+a}+\dfrac{2}{1+a^2}+\dfrac{4}{1+a^4}$

$$=\frac{(1+a)+(1-a)}{(1-a)(1+a)}+\frac{2}{1+a^2}+\frac{4}{1+a^4}$$

$$=\frac{2}{1-a^2}+\frac{2}{1+a^2}+\frac{4}{1+a^4}$$

$$=\frac{2(1+a^2)+2(1-a^2)}{(1-a^2)(1+a^2)}+\frac{4}{1+a^4}$$

$$=\frac{4}{1-a^4}+\frac{4}{1+a^4}=\frac{4(1+a^4)+4(1-a^4)}{(1-a^4)(1+a^4)}$$

$$=\frac{8}{1-a^8}$$

위의 예(2)에서는 한 번에 통분하면 번거로우므로, 처음부터 순서대로 두 개씩 통분해서 계산했습니다. 물론, 이와 같은 교묘한 계산을 하려면, 어떤 "재치"가 필요합니다. 이 재치는 (많은 사람에게 있어서) 하루 아침에 얻어지는 것은 아닙니다. 그렇게 하려면 역시 경험이 필요합니다.

예 $\dfrac{x^2-7x+6}{x^2+6x} \div \dfrac{x^2-14x+48}{x^2+10x+24} \times \dfrac{x^3-8x^2}{x^2+3x-4}$

$= \dfrac{(x-1)(x-6)}{x(x+6)} \div \dfrac{(x-6)(x-8)}{(x+4)(x+6)} \times \dfrac{x^2(x-8)}{(x-1)(x+4)}$

$= \dfrac{(x-1)(x-6)}{x(x+6)} \times \dfrac{(x+4)(x+6)}{(x-6)(x-8)} \times \dfrac{x^2(x-8)}{(x-1)(x+4)}$

$= x$

위의 예에서 볼 수 있듯이 곱셈과 나눗셈에서는 "통분"을 할 필요가 없습니다. 분수식의 사칙연산에서는 (이것도 분수의 경우와 같습니다만) 덧셈, **뺄**셈보다도 곱셈, 나눗셈이 간단합니다.

다음에 나는, 분수식의 사칙연산에 대해서 몇 개의 연습 문제를 여러분에게 제공하겠습니다. 이것은 양이 상당히 많습니다. 그러나, 이것들은 "지루한" 연습 문제는 아닙니다. 여러분이 분수식의 계산에 익숙해지려면, 이 정도의 양은 필요할 것입니다. 이것은 또 여러분에게 인수분해의 능력을 연마할 기회를 줍니다. 여러분은 이 연습 문제를 소홀히 하지 말고, 하나하나에 정성을 다해 주십시오. 그리하면 여러분은 자연스럽게 식의 계산에 대해 거의 만족할 만한 능력을 획득할 수 있고, 나는 앞으로, 여러분이 이러한 능력을 전제로 하여 설명해도 괜찮겠지요.

나는 여러분의 착실히 이 연습 문제를 풀어 보기를 바랍니다. 나는 특별히 여러분이 너무 세세한 것에 신경 쓰지 말고 "마음 편히 읽어 나가기를 바란다"고 말하기도 하고, "착실히 계산 연습을 하기 바란다"고 말하기도 했습니다. 나는 나의 기분 혹은 상황에 따라 그렇게 쓰고 있는데, 그것은 그렇게 모순된 것은 아닙니다.

$\boxed{\text{문제 19}}$ 다음 계산을 하시오.

(1) $\dfrac{a-b}{ab}+\dfrac{b-c}{bc}+\dfrac{c-a}{ca}$ 　　(2) $\dfrac{x}{x^2-1}-\dfrac{1}{x^2-1}$

(3) $\dfrac{x+2}{x-2}+\dfrac{4}{2-x}$ 　　　　　(4) $\dfrac{1}{x+1}-\dfrac{2x}{x^2-1}$

(5) $x+2-\dfrac{2x}{x+1}-\dfrac{3x^2+4}{x(x+1)}$

(6) $\dfrac{x-2}{x^2-x+1}-\dfrac{1}{x+1}+\dfrac{x^2+x+3}{x^3+1}$

(7) $\dfrac{1}{x^2-3x+2}+\dfrac{2}{2x^2-x-1}-\dfrac{3}{2x^2-3x-2}$

(8) $\dfrac{1}{x}-\dfrac{1}{x+1}-\dfrac{1}{x+2}+\dfrac{1}{x+3}$

(9) $\dfrac{1}{a-1}+\dfrac{1}{a+1}+\dfrac{2a}{a^2+1}+\dfrac{4a^3}{a^4+1}$

(10) $\dfrac{1}{x(x+1)}+\dfrac{1}{(x+1)(x+2)}+\dfrac{1}{(x+2)(x+3)}$

(11) $\dfrac{a}{(a-b)(a-c)}+\dfrac{b}{(b-c)(b-a)}+\dfrac{c}{(c-a)(c-b)}$

(12) $\dfrac{1}{(a-b)(a-c)(a+1)}+\dfrac{1}{(b-c)(b-a)(b+1)}$
　　　　$+\dfrac{1}{(c-a)(c-b)(c+1)}$

$\boxed{\text{문제 20}}$ 다음 계산을 하시오.

(1) $\dfrac{x^2-49}{x^2+2x}\times\dfrac{x+2}{x-7}$ 　　(2) $\dfrac{x^2-y^2}{x^2-2xy+y^2}\times\dfrac{x-y}{x^2+xy}$

(3) $\dfrac{x^2+3x+2}{x^2-5x+6}\div\dfrac{x^2+4x+3}{x^2+x-12}$

(4) $\dfrac{5x-5}{x^2-4x-12}\div\dfrac{4x^2-4}{x^3+8}$

(5) $\dfrac{a^2-5a+6}{3a^2-a-2}\times\dfrac{6a^2+10a+4}{a^2-a-6}$

(6) $\dfrac{1-a^2}{1+b}\times\dfrac{1-b^2}{a+a^2}\times\dfrac{1}{1-a}$

(7) $\dfrac{6x^2-7x-20}{x^2-4}\times\dfrac{x^2-x-2}{6x^2-15x}\div\dfrac{3x^2+7x+4}{x^2+2x}$

(8) $\left(1-\dfrac{4}{x-1}+\dfrac{12}{x-3}\right)\left(1+\dfrac{4}{x+1}-\dfrac{12}{x+3}\right)$

예제 다음 식을 간단히 하시오.

(1) $\dfrac{\dfrac{x+a}{x-a}-\dfrac{x-a}{x+a}}{\dfrac{x+a}{x-a}+\dfrac{x-a}{x+a}}$　　(2) $\dfrac{1}{a-\dfrac{1}{a+\dfrac{1}{a}}}$

풀이 주어진 식을 P라 합니다.

(1) $P=\dfrac{\left(\dfrac{x+a}{x-a}-\dfrac{x-a}{x+a}\right)\times(x-a)(x+a)}{\left(\dfrac{x+a}{x-a}+\dfrac{x-a}{x+a}\right)\times(x-a)(x+a)}$

　　　$=\dfrac{(x+a)^2-(x-a)^2}{(x+a)^2+(x-a)^2}=\dfrac{2ax}{x^2+a^2}$

(2) $P=\dfrac{1}{a-\dfrac{1\times a}{\left(a+\dfrac{1}{a}\right)\times a}}=\dfrac{1}{a-\dfrac{a}{a^2+1}}$

　　　$=\dfrac{1\times(a^2+1)}{\left(a-\dfrac{a}{a^2+1}\right)\times(a^2+1)}$

　　　$=\dfrac{a^2+1}{a(a^2+1)-a}=\dfrac{a^2+1}{a^3}$

위의 예제와 같이 주어진 식을 **번분수식**이라고 합니다.

문제 21 다음 식을 간단히 하시오.

(1) $\dfrac{x+1+\dfrac{1}{x-1}}{x-1-\dfrac{1}{x-1}}$　　(2) $1-\dfrac{1}{1-\dfrac{1}{1-\dfrac{1}{1-\dfrac{1}{x}}}}$

(3) $\dfrac{1}{a-\dfrac{1}{a+\dfrac{1}{a}}}+\dfrac{1}{a+\dfrac{1}{a-\dfrac{1}{a}}}$

이상으로, 나는 이 장을 끝내려고 합니다. 이 장에서 나는 다항식의 이야기부터 시작하여, 다항식에 대한 명칭과 관련되는 여러 단어를 설명하고, 계속해서 다항식의 계산과 인수분해와 또 분수식과 그 계산을 다루었습니다. 이 장은 어떻게 써도 평범할 수 밖에 없습니다. 만약 특이함을 자랑하여 평범을 피하려고 했다면 다항식이라는 개념의 "엄밀한 정의"로 파고 들게 되어, 매우 추상적이면서 전문적인 것이 되었을 것입니다. 이 단계에서 그런 것에 머리를 피곤하게 하는 것은 그다지 좋은 방법이 아니고 오히려 비난 받을 만한 일이라고 생각합니다. 그래서 나는 보통 행하고 있는 것을 통상대로 취급했습니다. 이 장의 목적은, 여러분에게 식에 관한 기본적인 몇 개의 개념과 용어를, 자연스럽게 이해시키고 인수분해와 분수식의 계산에 충분히 익숙해지도록 하는 것입니다.

마지막으로 한 마디 덧붙이겠습니다. 이 장에서 때때로 접했듯이, 다항식과 정수, 분수식(유리식)과 분수(유리수) 사이의 많은 유사점을 다음 장으로 넘어가기 전에 여러분 스스로가 정리해서 말해 보기 바랍니다.

3 수학의 위력을 발휘하다
—— 방정식

3.1 방정식과 그 해법

여러분 가운데 일차방정식을 풀어 본 경험이 없는 사람은 아마 없겠지요. 일차방정식이라고 하는 것은, 예를 들면

$$2x + 25 = -3x + 10$$

과 같은 등식으로, 이 등식 속의 x라는 문자는 우리가 처음에는 그 값을 모르는 수, 즉 **미지수**를 나타내고 있고, 우리는 이 미지수 x의 값이 무엇인가를 알고자 합니다. ——그러한 때, 이 등식을 x에 대한 **방정식**이라 하고, 이 방정식을 성립시키는 미지수 x의 값을 방정식의 **해**라고 합니다.

방정식의 해를 구하는 일을, 그 **방정식을 푼다**고 합니다. 방정식을 풀 때 기본이 되는 것은, 등식에 관한 다음

과 같은 성질입니다.

> 어떤 등식이 옳다고 하면,
> 양변에 같은 수를 더한 등식도 옳다.
> 양변에 같은 수를 뺀 등식도 옳다.
> 양변에 0이 아닌 같은 수를 곱한 등식도 옳다.
> 양변을 0이 아닌 같은 수로 나눈 등식도 옳다.

특히, 위에서 말한 덧셈, 뺄셈에 관한 등식의 성질로부터, 예를 들면

$$A - B + C = D - E \qquad ①$$

라는 등식이 성립할 때

①의 양변에 $-C$를 더하면, $A - B = -C + D - E$

①의 양변에 B를 더하면, $A + C = B + D - E$

①의 양변에 E를 더하면, $A - B + C + E = D$

등등의 등식은 어느 것이나 역시 성립함을 알 수 있습니다. 즉, 등식 속의 어떤 항을 부호를 바꾸어 다른 변으로 옮길 수 있습니다. 이것을 우리는 **이항법칙**이라고 합니다.

◆ 일차방정식의 해법

앞에 예로 든 일차방정식

$$2x + 25 = -3x + 10$$

을 위에서 말한 기본 성질과 이항법칙을 사용하여 풀어 봅시다.

우선 $-3x$를 좌변에, 25를 우변에 이항하면

$$2x + 3x = -25 + 10$$

즉

$$5x = -15$$

따라서, 이 양변을 5로 나누면

$$x = -3$$

그러므로, 이 일차방정식의 해는 $x = -3$이 됩니다.

일반적으로, x에 대한 (또는 x의) **일차방정식**이라는

것은, 모든 항을 좌변으로 이항했을 때

$$(x의 \ 일차식)=0$$

으로 나타내는 방정식입니다.

　더 구체적이고, 또한 일반적으로 말하면

$$ax+b=0$$

의 꼴로 쓰여지는 방정식입니다. 여기에서 a, b는 각각 어떤 "정해진 수"를 나타내고 있습니다. 즉, 이것들은 **상수**입니다. 그리고, 좌변은 x의 "일차식"이므로, 상수 a는 0이 아닙니다.

　(설명하는 김에 조금 덧붙여 말하면, 나는 앞의 86페이지에서 개개의 수를 그 자신 x의 다항식으로 간주할 때, 그것을 상수라고 한다고 말했습니다. 여러분이 기억력이 좋다면──그렇다고 해도, 그렇게 오래 전의 일은 아니지만──그것을 기억하고 계시겠지요. 거기에서 사용한 상수와, 여기에서 사용한 상수는 단어의 의미가 약간 다릅니다. 그러나, 둘 다 어떤 "정해진 수"를 나타내고 있다는 점에서는 같습니다. "상수"라는 단어는 여러 곳에서 조금씩 다른 의미로 사용되므로, 통일적으로 그 정의를 하는 것은, 실은 곤란합니다. 또 그럴 필요도 없다고 생각합니다. "상수"에 한정되지 않고, 우리는 수학을 배워 감에 따라 여러 단어의 사용법을 자연스럽게 익히는 경우가 많습니다. "남에게 배우기 보다 스스로 이해라." 라는 격언은 수학에도 통용됩니다. 그렇다고는 해도 "상수"라는 것은──사용되는 장소에 따라 다소 다른 해석이 된다고 해도──어떤 "정해진 수"를 나타내고 있는 문자인 것입니다.)

　이야기가 약간 중단되었습니다만, 다시 이야기로 되돌아가서, 일반적인 일차방정식

$$ax+b=0$$

을 생각합니다. 이것의 풀이는 지극히 간단합니다. 즉, b 를 우변으로 이항하면

$$ax = -b$$

가 되고, 다음에 이 양변을 a로 나누면

$$x = -\frac{b}{a}$$

가 됩니다. 이것이 일차방정식 $ax + b = 0$의 해입니다.

문제 1 다음 일차방정식을 푸시오.

(1) $8 - x = 15$　　(2) $-25x = 10$

(3) $2x + 12 = 5x$　　(4) $3(2x - 1) = 11(2 + x)$

예제 7시와 8시 사이에서, 시계의 두 바늘이 일직선이 되는 시각을 구하시오.

풀이 구하는 시각을 7시 x분으로 하면, 7시부터 7시 x분까지의 사이에 긴 바늘은 12시의 위치에서 x분 움직이고, 짧은 바늘은 7시의 위치에서 $\dfrac{x}{12}$분 나아갑니다. 따라서 짧은 바늘은 12시의 위치에서 보면 $35 + \dfrac{x}{12}$ 분만큼 나아간 위치에 있습니다. 그리고, 긴 바늘과 짧은 바늘이 일직선이 된다는 것은, 긴 바늘에서 30분 나아간 위치에 짧은 바늘이 있다는 것입니다. 그러므로 $x + 30$과 $35 + \dfrac{x}{12}$가 같아집니다. (왼쪽 그림을 참조해 주세요) 식으로 나타내면

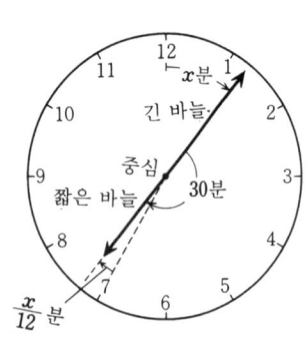

$$x + 30 = 35 + \frac{x}{12}$$

입니다. $\dfrac{x}{12}$를 좌변으로, 30을 우변으로 이항하면

$$x - \frac{x}{12} = 35 - 30, \quad \frac{11}{12}x = 5$$

그러므로 $x = 5 \times \dfrac{12}{11} = \dfrac{60}{11}$

즉, 구하는 시각은 7시 $5\dfrac{5}{11}$ 분입니다. (물론, 이 $5\dfrac{5}{11}$ 는 $\dfrac{60}{11}$ 을 "대분수"로 고친 것이므로 $5 \times \dfrac{5}{11}$ 의 의미는 아닙니다.)

문제 2 7시와 8시 사이에서, 시계의 두 바늘이 겹치는 시각 및 직각을 이루는 시각을 각각 구하시오.

위의 예제는 "응용 문제"로서, 거기에는 실제로 미지의 수 x가 있어, 그 값을 구하기 위해 우리는 x를 포함한 방정식을 만들어———이것은 지금은 그다지 사용하지 않는 용어가 되었지만, 이전에는 "x에 대한 방정식을 세운다"고 했습니다———, 그것을 풀어 x의 값을 구하는 것입니다. 이런 응용 문제야말로 방정식이 생겨난 밑바탕이며 "대수"라는 학문은 여기에서 출발했다고 해도 과언이 아닙니다. 나는 정확한 상황은 모르지만, 오늘날의 어린이들은 아마 초등학교의 고학년부터, 결과로서 일차방정식을 풀게 되는 여러 가지 응용 문제를 접하게 됩니다. 이들 중에는 상당히 어려운 것도 있는 것 같습니다. 그러나, 그 어려움은 "방정식을 세우기"까지의 사고 과정에 있으므로, 일단 방정식이 만들어지면, 그것을 푸는 데는 대부분 곤란하지 않습니다.

◆ 기호 $\Longrightarrow$ 및 $\Longleftrightarrow$

일차 방정식 다음에 이차방정식을 생각하게 되는 것은 지극히 자연스런 순서입니다.

x에 대한 **이차방정식**이란, 이항해서 정리한 결과가
$$(x의 \ 이차식) = 0$$
이 되는 방정식, 즉 일반적으로 a를 0이 아닌 정수라 하고, b, c를 정수로 하는
$$ax^2 + bx + c = 0$$
의 꼴로 나타내는 방정식입니다.

이차방정식의 해법을 생각하기 전에, 여기에서 두 개의 기호 $\Longrightarrow$, $\Longleftrightarrow$를 도입하기로 합시다.

일반적으로, p와 q가 수학적인 사항을 말한 문장과 식일 때, "p가 성립하면 반드시 q도 성립한다"고 하는 것을 우리는
$$p \Longrightarrow q$$
로 나타내기도 합니다. 또 "$p \Longrightarrow q$ 이며 $q \Longrightarrow p$"라는 것,

즉 "p가 성립하면 q도 성립하고, 역으로 q가 성립하면 p도 성립한다."는 것을

$$p \Longleftrightarrow q$$

로 나타냅니다. 우리는, $p \Longrightarrow q$를 **p이면 q**, $p \Longleftrightarrow q$를 **p와 q는 동치**라고 읽기로 합시다.

예를 들면, a, b가 수를 나타낼 때, $a=0$이라면, b가 무엇이든지 $ab=0$이 되므로

$$a=0 \Longrightarrow ab=0$$

은 옳습니다. 즉, $a=0$이면, $ab=0$입니다. 그러나 $ab=0$이더라도 $a=0$이라고 단정할 수는 없으므로

$$ab=0 \Longrightarrow a=0$$

은 옳지 않습니다.

한편 $ab=0$이면, a, b가 적어도 하나는 0이 아니면 안 되므로

$$ab=0 \Longleftrightarrow a=0 \text{ 또는 } b=0$$

이라는 것은 옳습니다. (두 개의 0이 아닌 수의 곱은 역시 0이 아니라는 것에 주의해 주세요.) 역으로, $a=0$ 또는 $b=0$이면, 당연히 $ab=0$이 되므로

$$a=0 \text{ 또는 } b=0 \Longrightarrow ab=0$$

은 옳고, 따라서

$$\boldsymbol{ab=0 \Longleftrightarrow a=0 \text{ 또는 } b=0}$$

이 됩니다. 즉, $ab=0$과 "$a=0$ 또는 $b=0$"은 동치입니다. 특히 $a=b$인 경우를 생각하면

$$\boldsymbol{a^2=0 \Longleftrightarrow a=0}$$

이 됩니다.

위에 설명한 것의 연장으로 다음 사실에도 주의합시다. 그것은, 두 개의 수 a, b에 대해서

$$\boldsymbol{a^2=b^2 \Longleftrightarrow a=\pm b}$$

가 성립한다는 것입니다. 다만, 오른쪽의 등식 $a=\pm b$는 "$a=b$ 또는 $a=-b$"를 의미합니다.

이것은 다음과 같이 하여

$$a^2 = b^2 \Longleftrightarrow a^2 - b^2 = 0$$
$$\Longleftrightarrow (a-b)(a+b) = 0$$
$$\Longleftrightarrow a-b = 0 \text{ 또는 } a+b = 0$$
$$\Longleftrightarrow a = b \text{ 또는 } a = -b$$
$$\Longleftrightarrow a = \pm b$$

이것으로 "$a^2 = b^2 \Longleftrightarrow a = \pm b$"가 증명되었습니다.

◆ 이차방정식의 해법

위에서 배운 것으로 이차방정식의 해법을 생각합니다.

이차방정식

$$ax^2 + bx + c = 0$$

은 그 좌변이 두 개의 일차식의 곱으로 인수분해 될 때에는 바로 해를 구할 수 있습니다. 다음 예를 생각해 봅시다.

예 이차방정식 $2x^2 - 5x - 3 = 0$을 푸시오.

풀이 좌변을 인수분해하면

$$(x-3)(2x+1) = 0$$

따라서

$$x - 3 = 0 \text{ 또는 } 2x + 1 = 0$$

그러므로 $x = 3$ 또는 $x = -\dfrac{1}{2}$

$$\langle \text{답} \rangle \quad x = 3, \ -\frac{1}{2}$$

문제 3 인수분해를 이용하여 다음의 이차방정식을 푸시오.

(1) $x^2 + 9x + 18 = 0$ (2) $16x^2 - 225 = 0$

(3) $x^2 = -4x$ (4) $4x^2 - 12x + 9 = 0$

(5) $14x^2 - 31x - 10 = 0$ (6) $(x+3)(x+4) = 5x(x+1)$

이차방정식

$$ax^2 + bx + c = 0 \qquad\qquad ①$$

의 좌변의 이차식을 언제나 쉽게 인수분해 할 수 있다고 단정할 수는 없습니다. 그것이 가능한 것은 오히려 일부의 경우에 지나지 않는다고 해도 되겠지요. 그래서 우리는 이런 의문이 생깁니다. 이차방정식을 더 일반적으로 푸는 방법은 없는가? 계수 a, b, c로 해를 나타내는 일반적인 공식은 구할 수 없는가? 이것은 극히 자연스러운 의문입니다. 그러나 실지로, 우리들은 다음과 같이해서 그 공식을 유도해 낼 수 있습니다.

우선, ①의 양변을 a로 나누어 상수항을 우변으로 이항하면

$$x^2 + \frac{b}{a}x + \frac{c}{a} = 0$$

$$x^2 + \frac{b}{a}x = -\frac{c}{a} \qquad ②$$

가 됩니다. 이 양변에 적당한 상수를 더해서, 좌변이 제곱식, 즉 $(x+p)^2$의 형태가 되도록 해봅시다. 그것은 $2p = \frac{b}{a}$, 즉 $p = \frac{b}{2a}$ 로서 ②의 양변에

$$\left(\frac{b}{2a}\right)^2 = \frac{b^2}{4a^2}$$

을 더하면 됩니다. 실지로 그렇게 하면

$$x^2 + \frac{b}{a}x + \frac{b^2}{4a^2} = -\frac{c}{a} + \frac{b^2}{4a^2}$$

$$\left(x + \frac{b}{2a}\right)^2 = \frac{b^2 - 4ac}{4a^2} \qquad ③$$

가 됩니다.

여기서, 만일 $b^2 - 4ac \geqq 0$이면, 실수의 범위에서 그 제곱근 $\sqrt{b^2 - 4ac}$를 구할 수 있고, ③은

$$\left(x + \frac{b}{2a}\right)^2 = \left(\frac{\sqrt{b^2 - 4ac}}{2a}\right)^2$$

으로 변형됩니다. "$A^2 = B^2 \Longleftrightarrow A = \pm B$"이므로, 여기에서

$$x + \frac{b}{2a} = \pm\frac{\sqrt{b^2 - 4ac}}{2a}$$

을 얻어, $\frac{b}{2a}$ 를 우변으로 이항하면

$$x = \frac{-b \pm \sqrt{b^2 - 4ac}}{2a} \qquad ④$$

가 됩니다. 이 ④가 이차방정식의 **근의 공식**입니다.

⟨예⟩ 근의 공식을 써서 다음 이차방정식을 풀어 보시오.

(1) $2x^2 - 5x - 3 = 0$ (2) $5x^2 + 6x - 3 = 0$

풀이 (1) $a = 2$, $b = -5$, $c = -3$ 이므로

$$x = \frac{-(-5) \pm \sqrt{(-5)^2 - 4 \times 2 \times (-3)}}{2 \times 2} = \frac{5 \pm \sqrt{49}}{4}$$

$$= \frac{5 \pm 7}{4}$$

따라서 $x = \frac{12}{4} = 3$ 또는 $x = \frac{-2}{4} = -\frac{1}{2}$

(2) $a = 5$, $b = 6$, $c = -3$ 이므로

$$x = \frac{-6 \pm \sqrt{6^2 - 4 \times 5 \times (-3)}}{2 \times 5} = \frac{-6 \pm \sqrt{96}}{10}$$

$$= \frac{-6 \pm 4\sqrt{6}}{10} = \frac{-3 \pm 2\sqrt{6}}{5}$$

문제 4 근의 공식을 써서 다음 이차방정식을 풀어 보시오.

(1) $4x^2 + 5x - 6 = 0$ (2) $x^2 - 2x - 4 = 0$

(3) $x^2 + 8x - 16 = 0$ (4) $x^2 - 11x + 19 = 0$

(5) $6x^2 + 17x + 12 = 0$ (6) $3x^2 - 4x - 2 = 0$

사학자의 말에 의하면 방정식의 해법의 역사는 상당히 오래된 것으로, 고대 그리스에서 기원전 4, 5세기경 논증적인 수학이 탄생되기 이전에, 바빌로니아에서는 수표를 사용하여 간단한 이차방정식이──미지수가 2개인 연립이차방정식과 3차방정식 조차도──풀어졌다고 합니다. 이차방정식의 근의 공식도, 양의 근을 가진 경우에는, 이미 문장의 형태로 옳게 언급되어 있었다고 합니다. 그런데, 위의 이차방정식의 근의 공식은 $b^2 - 4ac \geq 0$인 경우에 얻어진 것이었습니다. $b^2 - 4ac < 0$인 경우에는 106페이지 ③의 식, 즉

$$\left(x+\frac{b}{2a}\right)^2 = \frac{b^2-4ac}{4a^2}$$

의 우변이 음수가 되므로 이 등식을 성립시킬 실수 x는
존재하지 않습니다. 이미 알고 있듯이 어떤 실수의 제곱
도 음수는 되지 않기 때문입니다. 따라서 $b^2-4ac<0$인 경
우에는 이차방정식

$$ax^2+bx+c=0$$

은 근을 갖지 않습니다.

3.2 이차방정식과 복소수

앞절 마지막에서 $b^2-4ac<0$이 되는 경우, 이차방정식
$ax^2+bx+c=0$은 근을 갖지 않는다고 했습니다. 이것은
정확히 말해서 <u>실수의 범위에서는 근을 갖지 않는 것입</u>
<u>니다</u>. 우리는 이제까지 수라는 것은, 수직선 위에 대응하
는 수 즉, 실수뿐이라고 생각했습니다. 이와 같이 실수의
세계만을 생각하는 한, $b^2-4ac<0$이 되는 이차방정식은
확실히 근을 갖지 않습니다.

그러나, 만일 수의 세계를 실수에서 더 확장시켜 본다
면 그 확장된 수의 세계에서는 어떤 이차방정식도 반드
시 근을 갖게 되지 않을까? 이것은 호기심을 불러 일으키
는 문제입니다. 도대체 그와 같은 수의 세계는 구성될 수
있는 것일까? 답은 예(Yes)일까, 아니오(No)일까? 예
(Yes)입니다! 우리는 그와 같은 수의 세계를 구성할 수
있습니다. 그것이 "복소수"라 불리는 수의 세계입니다.

나는 앞으로 그 복소수를 설명하겠습니다. 다만, 현재
의 단계에서는 이 복소수에 대해 완전하게 합리적인 설
명을 하는 것은 약간 곤란합니다. 그런 설명을 하기 위해
서는 우리는 어떤 종류의 추상적인 논의를 하지 않으면
안되는데, 처음부터 그와 같은 추상적인 논의를 하는 것
은 적당하지 않기 때문입니다.

우선 여기서 내가 독자에게 바라는 것은 다음의 설명으로 "소박하게" 복소수의 개념을 이해하고, 복소수의 사칙연산들의 계산에 충분히 익숙해지는 것입니다.

◆ 복소수의 정의

서론은 이 정도로 하고 복소수의 설명으로 들어가겠습니다. 우선 2제곱하면 −1이 되는 하나의 "새로운" 수를 생각해서 그것을 i라는 문자로 나타냅니다 즉,

$$i^2 = -1$$

입니다. 우리는 이 새로운 수 i를 **허수단위**라고 합니다.

다음에, $2i, 5 - 4i, -1 + \sqrt{3}i$와 같이 a, b가 실수인

$$a + bi$$

의 꼴로 나타내는 수를 생각해 그것을 **복소수**라고 합니다.

나는 위에서 "$i^2 = -1$이 되는 하나의 새로운 수 i를 생각한다"라든가, "a, b를 실수로 하여 $a + bi$의 꼴로 나타내는 수를 생각한다"고 했습니다. 그러나 이와 같은 "수"를 멋대로 생각해도 되는가? 이와 같은 것을 "수"라고 해도 괜찮은가? 여러분 중에는 이런 의문을 가지는 사람도 있겠지요. 그것은 어떤 의미에서 당연한 의문입니다. 그렇지만, 나는 보증합니다. 그렇게 생각해도 좋습니다! 여기서 여러분은 그것을 믿으십시오.

그리고, 우리는 복소수에 대해서 다음과 같은 규약과 정의를 설정하겠습니다.

1 복소수 $a + bi$에서 $b = 0$일 때에는, 이것은 실수 a와 같습니다. 예를 들면 $3 + 0i$는 실수 3과 같습니다. 실수 전체의 집합을 R, 복소수 전체의 집합을 C로 나타내면 이런 의미에서 R은 C의 부분 집합이 됩니다. 즉 $R \subset C$입니다.

2 $b \neq 0$일 때에는 복소수 $a + bi$는 실수가 아닙니다. 실수가 아닌 복소수를 **허수**라고 합니다. 특히, $a = 0, b \neq$

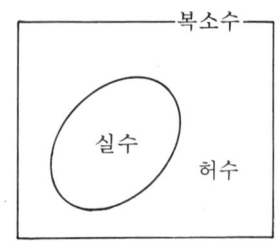

0일 때에는 $0+bi$를 간단히 bi라 쓰고, 이와 같은 허수를 **순허수**라고 합니다. 예를 들어 $5i$는 순허수입니다.

3 두 개의 복소수 $a+bi$와 $c+di$는, $a=c$이고 $b=d$일 때, 또 그 때에 한하여 같다고 정합니다. 즉

$$a+bi=c+di \Longleftrightarrow a=c, \ b=d$$

입니다. (물론, 여기서 $a, \ b, \ c, \ d$는 실수를 나타내고 있습니다.)

$$a+bi=0 \Longleftrightarrow a=b=0$$

입니다.

(예) 실수 a, b, x, y에 대해서

(1) $a-3i=2+bi$가 되는 것은, $a=2, b=-3$일 때입니다.

(2) $(x+1)+(y-5)i=0$이 되는 것은, $x+1=y-5=0$일 때, 즉 $x=-1, y=5$일 때입니다.

◆ 복소수의 연산

복소수 사이에서도 덧셈, 뺄셈, 곱셈, 나눗셈의 연산을 하는데

그 연산은 실수의 경우와 똑같은 법칙에 따라 하며

연산의 과정에

i^2이 나타났을 때는, 언제나 그것을 -1로 바꾸어 놓으면

됩니다.

예를 들면, 이 규칙에 따라 다음과 같이 연산을 합니다.

(예)
$$(2+3i)+(1-5i) = (2+1)+(3-5)i = 3-2i$$
$$(2+3i)-(1-5i) = (2-1)+(3+5)i = 1+8i$$
$$(-2i)^2 = 4i^2 = -4$$
$$(2+3i)(1-5i) = 2 \times 1 + 3i \times 1 - 2 \times 5i - 3i \times 5i$$
$$= 2+3i-10i-15i^2$$
$$= (2+15)+(3-10)i = 17-7i$$

$$\frac{1}{2i} = \frac{i}{2i^2} = -\frac{1}{2}i$$

$$\frac{2+3i}{1-5i} = \frac{(2+3i)(1+5i)}{(1-5i)(1+5i)} = \frac{2+3i+10i+15i^2}{1-25i^2}$$

$$= \frac{-13+13i}{26} = -\frac{1}{2}+\frac{1}{2}i$$

복소수 $a+bi$와 $a-bi$를 서로 **켤레복소수**라고 합니다. 예를 들면, $5,\ -3i,\ 2-i,\ 4+9i$의 켤레복소수는, 각각 5, $3i,\ 2+i,\ 4-9i$ 입니다.

(예) 켤레인 두 개의 복소수 $a+bi$, $a-bi$의 곱은 실수이고, 그리고 $a+bi \neq 0$인 한, 그 곱은 양의 실수임을 보이시오.

증명 복소수의 연산 법칙에 의해

$$(a+bi)(a-bi) = a^2 - b^2i^2 = a^2 + b^2$$

이 되고, 이것은 실수입니다.

다음으로, $a+bi \neq 0$이라면, 이 곱 a^2+b^2이 양의 실수임을 나타냅시다. $a+bi \neq 0$이라면, $a,\ b$ 중 적어도 하나는 0이 아닌 실수입니다. 따라서

$a \neq 0,\ b=0$이라면, $a^2 > 0,\ b^2 = 0$이므로

$$a^2 + b^2 = a^2 + 0 = a^2 > 0$$

$a=0,\ b \neq 0$이라면, $a^2 = 0,\ b^2 > 0$이므로

$$a^2 + b^2 = 0 + b^2 = b^2 > 0$$

$a \neq 0,\ b \neq 0$이라면, $a^2 > 0,\ b^2 > 0$이고 두 양수의 합은 양수이므로

$$a^2 + b^2 > 0$$

이 됩니다.

일반적으로, 복소수의 덧셈, 뺄셈, 곱셈, 나눗셈은 다음과 같이 계산합니다.

1   $(a+bi)+(c+di) = (a+c)+(b+d)i$

2   $(a+bi)-(c+di) = (a-c)+(b-d)i$

3   $(a+bi)(c+di) = (ac-bd)+(ad+bc)i$

4   $\dfrac{a+bi}{c+di} = \dfrac{ac+bd}{c^2+d^2} + \dfrac{bc-ad}{c^2+d^2}i$

다만, **4**에서는 $c+di \neq 0$이라고 합니다. 이 때, 이 몫은

분모의 켤레복소수 $c-di$를 분자와 분모에 곱해서 계산합니다. 그 때 분모는

$$(c+di)(c-di)=c^2+d^2$$

이 되어, 앞의 예에서 보인 것처럼, 이것은 양의 실수입니다.

여러분은 위의 **1, 2, 3, 4**의 식을 반드시 공식처럼 기억할 필요는 없습니다. 그것보다 중요한 것은, 처음에 언급한 복소수의 연산에 대한 규정——복소수의 연산은 실수의 경우와 똑같은 법칙에 따라 하며, i^2이 나타났을 때는 언제나 그것을 -1로 바꾸어 놓는 것——을 확실히 마음에 두는 것입니다. 그것과, 몫을 계산할 때에는, <u>분자와 분모에 켤레복소수를 곱한다</u>는 것만 외워 두면 되겠지요.

문제 5 다음 계산을 하시오.

(1) $(5-3i)-(5+3i)$ (2) $(4+5i)+(-2+3i)$

(3) $(6i)^2$ (4) $(5+3i)(2-7i)$

(5) i^3 (6) i^4 (7) i^5 (8) i^6

(9) $\dfrac{5}{3-4i}$ (10) $\dfrac{-3+2i}{2+3i}$ (11) $\dfrac{11-16i}{7+3i}$

(12) $\dfrac{1-i}{1+i}$ (13) $\dfrac{1}{i}$ (14) $(1-i)^4$

(15) $\dfrac{1+2i}{3-i}+\dfrac{1-2i}{3+i}$ (16) $\left(\dfrac{2+i}{2-i}\right)^2$

문제 6 $x=\dfrac{-1+\sqrt{3}i}{2}$ 라 할 때, x^2+x+1의 값 및 x^3의 값을 구하시오.

위에서 본 것 같이, 복소수의 연산은 실수의 경우와 똑같은 연산 법칙——즉, 덧셈, 곱셈에 대해서 교환법칙, 결합법칙, 분배법칙——에 따르고, 그리고 복소수의 범위에서도 덧셈, 뺄셈, 곱셈, 나눗셈의 연산이 자유롭게 행해집니다. 즉, 복소수 전체의 집합도, 유리수 전체의 집합과 실수 전체의 집합과 같이

사칙연산에 대해서 닫혀 있습니다.

이것은 하나의 중요한 결론입니다 ! (이 결론은 또, 이 복소수라는 "새로운 수"를 생각하는 것에 주저함과 불안을 안고 있던 여러분에게도, 아마 어떤 안도감을 주고, 이 "새로운 수"를 정말로 "새로운 수"로 인정하는 방향으로 크게 전진시키는 것도 되겠지요.)

앞의 사실에 이어서, 나는 다시 한번 복소수의 범위에서도, 두 수의 곱이 0이 되는 것은 적어도 하나의 수가 0인 경우이며, 또 그 경우에 한한다는 사실에 주의를 주겠습니다. 즉 복소수 α, β에 대해서도

$$\alpha\beta = 0 \iff \alpha = 0 \text{ 또는 } \beta = 0$$

이 성립합니다. 다음에 그 증명을 하겠습니다.

증명 $\alpha = 0$ 또는 $\beta = 0$일 때, $\alpha\beta = 0$인 것은 확실합니다. 따라서, 우리가 증명해야 할 것은,

(∗) $\alpha\beta = 0 \implies \alpha = 0 \text{ 또는 } \beta = 0$

이라는 것입니다. 그리고, (∗)를 나타내는 $\alpha\beta = 0$일 때, 만일 $\alpha \neq 0$ 이면, $\beta = 0$이다. 라는 것을 보이면 됩니다. 그래서 지금

$$\alpha\beta = 0 \text{ 이고 } \alpha \neq 0$$

이라고 가정합시다. 복소수는 나눗셈에 대해 닫혀 있으므로, 0이 아닌 복소수 α는 복소수의 범위에서 그 역수 $\frac{1}{\alpha}$을 가집니다. 이 $\frac{1}{\alpha}$을 $\alpha\beta = 0$의 양변에 곱하면 좌변은

$$\frac{1}{\alpha}(\alpha\beta) = (\frac{1}{\alpha}\alpha)\beta = 1 \times \beta = \beta$$

이 되고, 이 우변은 0과 같습니다. 그러므로
$$\beta = 0$$
이 되어, 우리의 주장이 증명되었습니다.

이 증명은 "무언가 잘 알 수 없다"고 생각하는 사람이

많을 것입니다. 그것도 무리는 아닙니다. 이 증명은 약간 추상적으로, 구체적인 계산 같은 것이 없기 때문에, 이것으로 증명되었다는 기분이 들지 않을 것입니다. (더 구체적인 계산을 하여 증명하는 방법도 있는데, 그것은 식의 변형이 다소 번거롭습니다.) 좀 지나치게 말하는 것 같은데, 이 증명이 "이해되지 않는다"고 하는 사람은 "이해하지 못해도" 상관없습니다. (언젠가 이해할 수 있는 날이 옵니다!) 다만 위에서 언급한 사실 "$\alpha\beta=0 \Longleftrightarrow \alpha=0$ 또는 $\beta=0$"을 인정하고 있으면 그것으로 괜찮습니다.

위의 사실에서 또 복소수 $\alpha\beta$에 대해

$$\alpha^2 = \beta^2 \Longleftrightarrow \alpha = \pm\beta$$

가 유도되는 것도 실수의 경우와 같습니다. 실제로 92페이지와 같이

$$\alpha^2 = \beta^2 \Longleftrightarrow \alpha^2 - \beta^2 = 0 \Longleftrightarrow (\alpha-\beta)(\alpha+\beta) = 0$$
$$\Longleftrightarrow \alpha-\beta=0 \text{ 또는 } \alpha+\beta=0 \Longleftrightarrow \alpha = \pm\beta$$

가 됩니다.

◆ 음수의 제곱근

수의 범위를 복소수까지 넓히면, 음수의 제곱근도 구할 수 있습니다. 예를 들면, -5의 제곱근은, 방정식

$$x^2 = -5$$

의 근이지만, $-5 = 5 \times (-1) = (\sqrt{5})^2 i^2 = (\sqrt{5}i)^2$이므로 위의 방정식은

$$x^2 = (\sqrt{5}i)^2$$

으로 고쳐집니다. 그러므로 위의 "$\alpha^2 = \beta^2 \Longleftrightarrow \alpha = \pm\beta$"에 의해, $x = \pm\sqrt{5}i$가 됩니다. 즉, -5의 제곱근은 $\sqrt{5}i$와 $-\sqrt{5}i$의 두 개입니다.

위와 똑같이 하여, 일반적으로 a가 양수일 때

음수 $-a$의 제곱근은 $\sqrt{a}i$와 $-\sqrt{a}i$의 두 개이다

라는 것을 알 수 있습니다.

이들 두 개의 제곱근 중 $\sqrt{a}i$를 $\sqrt{-a}$로 나타냅니다.

즉

$$a > 0 일 때 \quad \sqrt{-a} = \sqrt{a}i$$

라는 뜻입니다. 이것은 편의상의 규칙으로, $\sqrt{a}i$를 $\sqrt{-a}$로 써도 별로 지장은 없지만, 보통 위와 같이 정합니다. 어쨌든 이와 같이 기호의 의미를 정하면, 음의 수 $-a$에 대해서도, 그 두 개의 제곱근이 $\pm\sqrt{-a}$로 나타나게 됩니다.

a가 양수인 경우에는 $\sqrt{a}$의 의미는 이미 알고 있으므로, a의 두 개의 제곱근은 $\pm\sqrt{a}$로 나타납니다. 이것으로 결국, $\sqrt{a}$라는 기호는 임의의 실수 a에 대해서 사용되어, a가 양수이든 음수이든 a의 두 개의 제곱근은 $\pm\sqrt{a}$로 나타나는 것을 알 수 있습니다.

a가 음수인 경우에는, 우리의 기호의 약속에 따라, 예를 들면 $\sqrt{-5} = \sqrt{5}i$, $\sqrt{-1} = \sqrt{1}i = i$, $\sqrt{-49} = \sqrt{49}i = 7i$ 등이 됩니다. 특히

$$\sqrt{-1} = i$$

인 것은, 확실히 기억해 두어야 하겠지요.(원래 우리는 -1의 제곱근의 하나로서 i라는 수를 도입했던 것입니다!) 설명하는 김에 덧붙이면, 왜 $\sqrt{-1}$을 i라는 문자로 나타내는가? 그것은, 실수가 아닌 복소수, 즉 허수를 영어로 imaginary number라고 하기 때문입니다. i는 그 머리글자입니다. 하나 더 첨가하면 실수 및 복소수는 영어로 각각, real number, complex number라고 합니다. 실수 전체의 집합, 복소수 전체의 집합을 각각 R, C라는 문자로 나타내는 일이 많은 것은 그 때문입니다.

◆ 이차방정식의 근의 공식

다시 한 번 우리가 복소수라는 수를 생각함에 있어서 최초의 시점으로 돌아가, 일반적인 이차방정식

$$ax^2 + bx + c = 0$$

을 생각하겠습니다. 다만 지금까지처럼 계수 a, b, c는 실수라고 하지만, 근은 일반적으로 복소수의 범위에서 생각하기로 합니다.

앞의 106~107페이지에서 우리는 이차방정식의 근의 공식을 유도하였습니다. 그 때에는 실수의 근만을 생각했기 때문에 계수에 대해 $b^2-4ac \geqq 0$이라는 조건을 붙일 필요가 있었는데, 복소수의 범위에서 생각하면 $b^2-4ac<0$의 경우에도 그 제곱근 $\pm\sqrt{b^2-4ac}$가 존재해서,

$$b^2-4ac=(\sqrt{b^2-4ac})^2,$$

$$\frac{b^2-4ac}{4a^2}=\left(\frac{\sqrt{b^2-4ac}}{2a}\right)^2$$

이 됩니다. 그리고 복소수의 범위에 있어서도, 역시

$$\alpha^2=\beta^2 \Longleftrightarrow \alpha=\pm\beta$$

가 성립하므로 결국, 앞에서 근의 공식을 유도하기 위한 식의 변형 $b^2-4ac<0$인 경우에도 그대로 통용됩니다. (여러분은 앞 페이지로 돌아가 그것을 확인해 주세요.) 따라서 결론을 말하면, 107페이지에서 얻은 근의 공식 ④는, b^2-4ac의 부호에 상관없이, 그것이 양수이든 음수이든 또는 0이든, 항상 성립됩니다!

이것을 다시 한 번 다음에 적어 보겠습니다.

이차방정식의 근의 공식

이차방정식 $ax^2+bx+c=0$의 근은
$$x=\frac{-b\pm\sqrt{b^2-4ac}}{2a}$$
로 주어진다.

위의 근의 공식에서 x의 계수 b를 $b=2b'$로 두면

$$x=\frac{-2b'\pm\sqrt{4b'^2-4ac}}{2a}$$

$$=\frac{-2b'\pm2\sqrt{b'^2-ac}}{2a}$$

$$= \frac{-b' \pm \sqrt{b'^2 - ac}}{a}$$

이 됩니다. 즉 이차방정식

$$ax^2 + 2b'x + c = 0 \text{의 근은 } \quad x = \frac{-b' \pm \sqrt{b'^2 - ac}}{a}$$

입니다. 가능하면 이것도 공식으로 기억해 두면 좋습니다. 실용적으로는, 예를 들어 정수를 계수로 하는 이차방정식에서 x의 계수 b가 짝수인 경우에는 이 공식을 사용하는 쪽이 계산이 훨씬 간단합니다.

(예) 근의 공식을 사용하여 다음의 이차방정식을 풀어보시오.

　　(1) $4x^2 + 3x + 2 = 0$　　　(2) $5x^2 - 6x + 9 = 0$

[풀이] (1) $a = 4, b = 3, c = 2$ 이므로

$$x = \frac{-3 \pm \sqrt{3^2 - 4 \times 4 \times 2}}{2 \times 4} = \frac{-3 \pm \sqrt{-23}}{8} = \frac{-3 \pm \sqrt{23}i}{8}$$

　　(2) $a = 5, b' = -3, c = 9$ 이므로

$$x = \frac{-(-3) \pm \sqrt{(-3)^2 - 5 \times 9}}{5} = \frac{3 \pm \sqrt{-36}}{5} = \frac{3 \pm 6i}{5}$$

[문제 7] 다음 이차방정식을 풀어 보시오.

　(1) $x^2 = -8$　　　　　(2) $25x^2 + 16 = 0$

　(3) $x^2 + x + 1 = 0$　　(4) $2x^2 - 5x + 7 = 0$

　(5) $x^2 - 2x + 5 = 0$　　(6) $9x^2 + 12x + 7 = 0$

◆ **이차방정식의 근의 종류와 판별식**

이차방정식 $ax^2 + bx + c = 0$의 근은

$$x = \frac{-b \pm \sqrt{b^2 - 4ac}}{2a}$$

이므로 이 근호 안의 식을

$$D = b^2 - 4ac$$

로 두면, 이 방정식의 근의 종류를 다음과 같이 경우에 따라 나누어 말할 수 있습니다.

1 $D > 0$이면 방정식은 서로 다른 두 개의 실근

$$\frac{-b + \sqrt{D}}{2a}, \quad \frac{-b - \sqrt{D}}{2a}$$

를 가집니다.

2. $D=0$이면 방정식은 단 한 개의 실근 $-\dfrac{b}{2a}$ 를 가집니다.

3. $D<0$이면 방정식은 서로 다른 두 개의 허근

$$\frac{-b+\sqrt{-D}\,i}{2a}, \quad \frac{-b-\sqrt{-D}\,i}{2a}$$

를 가집니다.

위의 **2**의 경우에는 "두 개의 근이 중복됐다"고 해서 이 것을 **중근**이라고 합니다. 중근을 두 개의 근으로 생각하면, 복소수의 범위에서는 이차방정식은 항상 두 개의 근을 가지게 됩니다.

$D=b^2-4ac$ 를 이차방정식 $ax^2+bx+c=0$ 의 **판별식** 이라고 합니다. 위에서 말한 것처럼 이 식의 부호에 의해 이차방정식의 근의 종류를 "판별"할 수 있기 때문입니다. 판별식을 보통 D라는 문자로 표시하는 것은, 판별식을 영어로 discriminant라고 하기 때문입니다.

위에서 말한 것을, 다시 한 번 반복해서 정리해 둡시다.

실수를 계수로 하는 이차방정식 $ax^2+bx+c=0$ 의 판별식을 D라고 하면, 이 이차방정식은

1 $D>0$이면, **다른 두 개의 실근을 갖는다.**

2 $D=0$이면, **중근을 갖는다.**

3 $D<0$이면, **다른 두 개의 허근을 갖는다.**

실수근, 허수근을 간단히 실근, 허근이라고도 합니다. 또 중복된 근을 중근이라고 합니다.(이전에는 실근, 허근, 중근이라는 말이 자주 사용되었지만, 세월이 흘러 요즈음에는 그다지 사용되지 않습니다.)

2의 중근의 경우, 그 근은 실근입니다. 따라서, **1, 2**를 합하면 이차방정식 $ax^2+bx+c=0$은

$D\geqq0$이면 **실근을 갖는다**

고 하게 됩니다.

또, **3**의 허근인 경우에는, 그 두 개의 근은 서로 켤레인 복소수로 되어 있습니다.

역시 $ax^2 + 2b'x + c = 0$의 꼴의 이차방정식에서는

$$D = 4b'^2 - 4ac = 4(b'^2 - ac)$$

이므로, 근을 판별하는데, D 대신에

$$\frac{D}{4} = b'^2 - ac$$

를 사용할 수 있습니다.

(예) 다음 이차방정식의 근을 판별하시오.

(1) $9x^2 - 23x + 16 = 0$ (2) $9x^2 - 24x + 16 = 0$

(3) $9x^2 - 25x + 16 = 0$

풀이 (1) $D = 23^2 - 4 \cdot 9 \cdot 16 = -47 < 0$

따라서, 다른 두 개의 허근을 갖습니다.

(2) $\dfrac{D}{4} = 12^2 - 9 \cdot 16 = 0$

따라서 중근을 갖습니다.

(3) $D = 25^2 - 4 \cdot 9 \cdot 16 = 49 > 0$

따라서 다른 두 개의 실근을 갖습니다.

(예) 이차방정식 $x^2 - ax + (a+3) = 0$이 중근을 갖도록 상수 a의 값을 정하시오. 또 그 때의 중근을 구하시오.

풀이 판별식을 D라고 하면

$$D = a^2 - 4(a+3)$$
$$= a^2 - 4a - 12 = (a-6)(a+2)$$

가 됩니다. 중근을 갖는 것은 $D = 0$, 즉

$$(a-6)(a+2) = 0$$

이 될 때입니다. 이 a에 대한 이차방정식을 풀면

$$a = 6, \ -2$$

이것으로, 상수 a의 값이 정해졌습니다.

그리고 주어진 이차방정식의 중근은, 근의 공식에 따라

$$a = 6일 \ 때, \quad x = \frac{-(-6)}{2 \cdot 1} = 3$$
$$a = -2일 \ 때, \quad x = \frac{-2}{2 \cdot 1} = -1$$

이 됩니다.

문제 8 이차방정식 $x^2+(a+4)x+(a^2+5)=0$이 중근을 갖도록, 상수 a의 값을 정하시오. 또, 그 때의 중근을 구하시오.

◆ **근과 계수와의 관계**

이차방정식 $ax^2+bx+c=0$의 두 개의 근을 α, β라 하면, 근의 공식에 의해서

$$\alpha=\frac{-b+\sqrt{D}}{2a}, \quad \beta=\frac{-b-\sqrt{D}}{2a}$$

가 됩니다. 다만, $D=b^2-4ac$는 판별식입니다. 이제, 이들의 합과 곱을 계산해 보면,

$$\alpha+\beta=\frac{-b+\sqrt{D}}{2a}+\frac{-b-\sqrt{D}}{2a}=\frac{-2b}{2a}=-\frac{b}{a}$$

$$\alpha\beta=\frac{-b+\sqrt{D}}{2a}\cdot\frac{-b-\sqrt{D}}{2a}=\frac{(-b)^2-(\sqrt{D})^2}{4a^2}$$

$$=\frac{b^2-D}{4a^2}=\frac{b^2-(b^2-4ac)}{4a^2}=\frac{4ac}{4a^2}=\frac{c}{a}$$

이 됩니다.

이것으로, 이차방정식의 근과 계수와의 사이에는 다음과 같은 관계가 있다는 것을 알 수 있습니다.

이차방정식의 근과 계수와의 관계

이차방정식 $ax^2+bx+c=0$의 두 근을 α, β라고 하면

$$\boldsymbol{\alpha+\beta=-\frac{b}{a}, \quad \alpha\beta=\frac{c}{a}}$$

예 이차방정식 $2x^2+3x-4=0$의 두 근을 α, β라고 하면
$$\alpha+\beta=-\frac{3}{2}, \quad \alpha\beta=\frac{-4}{2}=-2$$
입니다. 또, 이것을 사용하여 예를 들면
$$\alpha^2+\beta^2, \quad \frac{\alpha^2}{\beta}+\frac{\beta^2}{\alpha}$$

등의 식의 값을 구할 수 있습니다. 즉

$$\alpha^2 + \beta^2 = (\alpha + \beta)^2 - 2\alpha\beta = \left(-\frac{3}{2}\right)^2 - 2 \cdot (-2) = \frac{25}{4}$$

$$\frac{\alpha^2}{\beta} + \frac{\beta^2}{\alpha} = \frac{\alpha^3 + \beta^3}{\alpha\beta} = \frac{(\alpha + \beta)^3 - 3\alpha\beta(\alpha + \beta)}{\alpha\beta}$$

$$= \frac{\left(-\frac{3}{2}\right)^3 - 3 \cdot (-2) \cdot \left(-\frac{3}{2}\right)}{-2} = \frac{99}{16}$$

위 예의 $\alpha^2 + \beta^2$, $\dfrac{\alpha^2}{\beta} + \dfrac{\beta^2}{\alpha}$ 등의 식은, α, β를 바꾸어 넣어도 변하지 않습니다. 이와 같이 α, β에 대한 정식 혹은 분수식에서, α, β를 바꾸어 넣어도 변하지 않는 식을, α, β에 대한 **대칭식**이라고 합니다. 일반적으로, α, β에 대한 대칭식은 적당히 노력하면 $\alpha + \beta$와 $\alpha\beta$를 사용하여 나타낼 수 있습니다. 따라서 α, β가 어떤 이차방정식의 두 근이면 α, β에 대한 대칭식은, 그 이차방정식의 계수를 사용하여 계산할 수 있습니다.

[문제 9] 이차방정식 $2x^2 - 4x + 5 = 0$의 두 근을 α, β라고 할 때, 다음 값을 구하시오.

(1) $(\alpha - \beta)^2$　　　(2) $\alpha^3 + \beta^3$

(3) $\dfrac{1}{\alpha} + \dfrac{1}{\beta}$　　　(4) $\alpha^4 - \alpha^2\beta^2 + \beta^4$

[문제 10] 실수를 계수로 하는 이차방정식 $x^2 + bx + 2c = 0$의 한 근이 $2 + 2i$일 때, 다음 문제에 답하시오.

(1) 다른 한 근은 무엇입니까?

(2) b, c의 값은 무엇입니까?

(3) 방정식 $x^2 + bx + c = 0$의 근은 무엇입니까?

◆ 이차식의 인수분해

인수분해로 이차방정식을 푸는 방법은 이미 알고 있는데, 역으로 이차방정식의 근을 구하는 것으로 이차식을 인수분해할 수가 있습니다. 즉, 다음 식이 성립합니다.

이차방정식 $ax^2+bx+c=0$ 의 두 근을 α, β라고 하면 이차식 ax^2+bx+c 는

$$ax^2+bx+c=a(x-\alpha)(x-\beta)$$

로 인수분해된다.

증명 근과 계수와의 관계에 의해 $\alpha+\beta=-\dfrac{b}{a}$, $\alpha\beta=\dfrac{c}{a}$ 이므로

$$
\begin{aligned}
ax^2+bx+c &= a\left(x^2+\frac{b}{a}x+\frac{c}{a}\right) \\
&= a\{x^2-(\alpha+\beta)x+\alpha\beta\} \\
&= a(x-\alpha)(x-\beta)
\end{aligned}
$$

예 이차방정식을 푸는 방법에 따라, 다음 이차식 을 인수분해하시오.

(1) $66x^2-25x-25$ (2) x^2+6x+3

(3) $2x^2-8x+9$

풀이 (1) $66x^2-25x-25=0$ 을 풀면

$$x=\frac{25\pm\sqrt{25^2+4\cdot66\cdot25}}{132}=\frac{25\pm\sqrt{25\cdot289}}{132}=\frac{25\pm85}{132}$$

그러므로　　　$x=\dfrac{5}{6},\ -\dfrac{5}{11}$

따라서

$$
\begin{aligned}
66x^2-25x-25 &= 66\left(x-\frac{5}{6}\right)\left(x+\frac{5}{11}\right) \\
&= (6x-5)(11x+5)
\end{aligned}
$$

(2) $x^2+6x+3=0$ 을 풀면

$$x=-3\pm\sqrt{3^2-3}=-3\pm\sqrt{6}$$

따라서

$$
\begin{aligned}
x^2+6x+3 &= \{x-(-3+\sqrt{6})\}\{x-(-3-\sqrt{6})\} \\
&= (x+3-\sqrt{6})(x+3+\sqrt{6})
\end{aligned}
$$

(3) $2x^2-8x+9=0$ 을 풀면

$$x=\frac{4\pm\sqrt{4^2-2\cdot9}}{2}=\frac{4\pm\sqrt{2}\,i}{2}$$

따라서

$$2x^2 - 8x + 9 = 2\left(x - \frac{4 + \sqrt{2}\,i}{2}\right)\left(x - \frac{4 - \sqrt{2}\,i}{2}\right)$$

위의 인수분해에 대해서 좀더 적어 두겠습니다. 앞의 82~84 페이지에서도 다루었지만, 우리가 제2장에서 생각했던 인수분해는 "유리수의 범위에서의 인수분해"였습니다. 위의 예 세 개의 이차식은 어느 것이나 유리수를 계수로 하는 이차식이지만, 이 중 유리수의 범위에서 인수분해할 수 있는 것은 (1)뿐입니다. (2)와 (3)은 유리수의 범위에서는 인수분해할 수 없습니다. 그러나 (2)의 이차식은 "실수의 범위"에서는 인수분해할수 있습니다. 더 정확하게 말하면, "실수를 계수로 하는 정식의 범위"에서 생각하면 인수분해할 수 있습니다. (3)의 이차식은 실수의 범위에서도 역시 인수분해 할 수 없습니다. 그러나, 이 이차식도 "복소수의 범위"로 생각하면, 위와 같이 인수분해할 수 있습니다.

제2장에서 소개한 기약, 가약으로 말해 보면, (2)와 (3)의 이차식은 유리수의 범위에서는 기약이지만, (2)의 이차식은 실수의 범위에서는 가약입니다. (3)의 이차식은 실수의 범위에 있어서도 역시 기약이지만, 복소수의 범위에서는 가약이 됩니다.

우리는 이미, 실수를 계수로 하는 어떤 이차방정식도, 복소수의 범위에서는 항상 근을 갖는다는 것을 알고 있습니다. 따라서, 116페이지의 결과에 따르면, x에 대한 어떤 이차식도

<u>복소수의 범위에서는</u>

<u>반드시 두 개의 일차식의 곱으로 인수분해 할 수 있다.</u>
라는 것이 됩니다. 즉, 어떤 이차식도 복소수의 범위에서는 반드시 <u>가약이 된다</u>는 것입니다.

또, 반복하는 것 같은데, 앞 페이지의 명제에 따르면,

유리수를 계수로 하는 이차식 ax^2+bx+c가 유리수의 범위에서 인수분해할 수 있는 것은, 이차방정식 $ax^2+bx+c=0$이 유리수인 근을 갖는 경우입니다.

유리수의 범위에서는 인수분해할 수 없지만, 실수의 범위에서는 인수분해할 수 있는 것은, 이 이차방정식이 유리수가 아닌 실근, 즉 무리수인 근을 갖는 경우입니다. 마지막으로, 유리수의 범위에서도 실수의 범위에서도 인수분해할 수 없지만 복소수의 범위에서는 인수분해할 수 있는 것은, 이 이차방정식이 허근을 갖는 경우입니다.

문제 11 다음 이차식을 복소수의 범위에서 인수분해하시오.

(1) $56x^2+89x+35$ (2) x^2-x-1

(3) $9x^2+25$ (4) $3x^2-4x+3$

(5) $2x^2+14\sqrt{2}\,x+13$

문제 12 이차방정식 $ax^2+bx+c=0$의 두 근을 α, β라 하면 x, y의 이차식 $ax^2+bxy+cy^2$은

$$ax^2+bxy+cy^2=a(x-\alpha y)(x-\beta y)$$

로 인수분해 됨을 증명하시오.

예제 x^4-x^2-6을 다음 각각의 범위에서 인수분해하시오.

(1) 유리수의 범위   (2) 실수의 범위

(3) 복소수의 범위

풀이 각각 다음과 같이 됩니다.

(1) $x^4-x^2-6 = (x^2-3)(x^2+2)$

(2) $x^4-x^2-6 = (x+\sqrt{3})(x-\sqrt{3})(x^2+2)$

(3) x^4-x^2-6
$$= (x+\sqrt{3})(x-\sqrt{3})(x+\sqrt{2}\,i)(x-\sqrt{2}\,i)$$

문제 13 정식 x^4+x^2+1을 실수의 범위에서 인수분해하시오. 또, 복소수의 범위에서 인수분해하시오.

약간 이야기가 기본적인 것으로 되돌아가 보충하는 이야기가 되겠지만, 여기에서, 유리수를 계수로 하는 이차식 ax^2+bx+c 가 유리수의 범위에서 인수분해할 수 있는 것은 어떤 경우인가의 결론을 말하겠습니다. 유리수를 계수로 하는 이차식은, 그 계수의 분모를 통분해서 공통 분모를 k로 하면, $\frac{1}{k}\times$(정수를 계수로 하는 이차식)으로 표시되므로, 처음부터 a, b, c는 정수라고 가정해도 문제의 본질은 변하지 않습니다. 따라서 앞으로 a, b, c는 정수라고 가정하겠습니다. 그 때, 이 이차식이 유리수의 범위에서 인수분해되는 것은, 이차방정식

$$ax^2+bx+c=0$$

이 유리수의 근을 갖는 경우이고, 그것은 근의 공식을 생각해 보면 곧 알 수 있듯이, $\sqrt{D}$ 가 유리수가 되는 경우입니다. 다만, $D=b^2-4ac$는 판별식이고, 이 경우 물론 그것은 정수입니다. 따라서 문제는, 일반적으로 정수 D에 대해서 $\sqrt{D}$가 유리수가 되는 것은 어느 때인가라는 것이 됩니다. 우선 $\sqrt{D}$가 허수인 경우는 배제해야 하므로, D는 양수 이어야만 합니다. 그래서 D는 양수로 합니다. 만일 D가 제곱 수, 즉, 양수의 제곱이 되는 수 1, 4, 9, 16, 25, …라면 물론 $\sqrt{D}$는 $\sqrt{1}=1$, $\sqrt{4}=2$, $\sqrt{9}=3$, $\sqrt{16}=4$, $\sqrt{25}=5$, …가 되어, 이것들은 유리수——실은 정수——입니다. 그리고 바로 뒤에 나타나듯이, $\sqrt{D}$가 유리수가 되는 것은 이들 경우에 한해서입니다. 따라서 우리의 결론은 다음과 같이 됩니다. 정수를 계수로 하는 이차식

$$ax^2+bx+c$$

가 유리수의 범위에서 인수분해 되는 것은, 판별식 $D=b^2-4ac$가 제곱수인 경우, 또 그 경우에 한정한다. 이것이 우리의 결론입니다.

◈ 정수 D가 제곱수가 아니면, $\sqrt{D}$는 무리수이다!

위에서 양수 D에 대해서 $\sqrt{D}$ 가 유리수가 되는 것은 D

가 제곱수인 경우에 한정한다고 했습니다. 이것은 바꾸어 말하면, 양수 D가 제곱수가 아닌 경우에는 $\sqrt{D}$는 무리수라는 것입니다. 따라서

$$\sqrt{2},\ \sqrt{3},\ \sqrt{5},\ \sqrt{6},\ \sqrt{7},\ \sqrt{8},\ \sqrt{10},\ \sqrt{11},$$
$$\sqrt{12},\ \sqrt{13},\ \sqrt{14},\ \sqrt{15},\ \sqrt{17},\ \sqrt{18},\ \sqrt{19},\ \sqrt{20}$$

등은 모두 무리수입니다. 이 사실은 벌써 몇 번이나 이 책에서도 언급했습니다. 그러나, $\sqrt{2}$의 경우를 제외하면, 나는 아직 이것을 증명하지는 않았습니다. 우리는 지금, 이차식의 인수분해라는 화제에서 이 문제로 들어왔는데, 이 당면한 화제에서 벗어나도, 이 사실은 훨씬 넓은 의미에서 흥미가 있는 것입니다. 더욱이 나는 언젠가 이것의 "일반적인 증명"을 하겠다고 여러분에게 약속했습니다. 지금 나는 여기에서 그 증명을 하려고 합니다.

D를 제곱수가 아닌 양수라 하면 $\sqrt{D}$는 무리수이다.

증명 귀류법으로 증명하겠습니다. 가령 $\sqrt{D}$가 유리수라하고, 이것을 기약분수의 형태로 쓰면

$$\sqrt{D}=\frac{m}{n} \qquad ①$$

입니다. m, n은 모두 양수로, 서로 소입니다. 여기에서 $n=1$이 아닙니다. 만일 $n=1$이라면 $\sqrt{D}=m$이 정수가 되어, $D=m^2$이고 D가 제곱수가 되기 때문입니다.

그런데 $\sqrt{D}$는 정수가 아닌 양의 유리수이므로

$$l<\sqrt{D}<l+1 \quad 즉 \quad l<\frac{m}{n}<l+1$$

을 만족하는 정수 l이 존재합니다. (이미 우리가 알고 있는 단어로 말하면, 이 l은 $\sqrt{D}$의 "정수 부분"입니다. 위 오른편 식의 각 변에 n을 곱하면

$$nl<m<nl+n$$

이 되고, 각 변에서 nl을 빼면

$$0<m-nl<n \qquad ②$$

이 됩니다. 그런데 ①의 분자와 분모에 $\sqrt{D}-l$을 곱하면

$$\sqrt{D} = \frac{m}{n} = \frac{m(\sqrt{D} - l)}{n(\sqrt{D} - l)} = \frac{m\sqrt{D} - ml}{n\sqrt{D} - nl}$$

이 되는데, $n\sqrt{D} = m$이므로, 위 식의 제일 오른편 식의 분자와 분모는 각각

$$m\sqrt{D} - ml = n\sqrt{D} \cdot \sqrt{D} - ml = nD - ml$$
$$n\sqrt{D} - nl = m - nl$$

이 됩니다. 이것으로

$$\sqrt{D} = \frac{nD - ml}{m - nl}$$

인 식이 얻어집니다. D는 정수이므로, 이 분자와 분모는 정수입니다. 그러므로, 이것은 $\sqrt{D}$의 새로운 "분수표시"로 됩니다. 더구나, 이 분수에서는 ②에 의해, 분모의 $m - nl$은 n보다 작은 양수입니다. 따라서 또, 당연히 분자는 m보다 작은 양수가 아니면 안됩니다. 이것으로 $\sqrt{D}$는 분자, 분모가 각각 m, n보다 작은 분수로 나타난다는 사실을 알 수 있습니다.

그러나 이것은 $\frac{m}{n}$이 기약분수라고 한 가정과는 분명히 양립하지 않는 결과입니다. 이것으로 모순이 나타났습니다. 그러므로 $\sqrt{D}$는 유리수가 아닙니다. 즉 무리수입니다.

이 증명은 매우 교묘합니다. 그리고 특별히 이해하기 곤란한 데도 없다고 생각합니다.(만일 여러분이 어렵다고 생각된다면 ―― 반복해서 말하지만 ―― 가볍게 읽어 나가세요.) 그러나, 이 증명은 교묘하고 조금도 특별한 지식을 필요로 하지 않지만, 그 대신 의외의 착상을 필요로 합니다. 실제로 $\sqrt{D}$의 "정수 부분" l을 생각한다거나, $\sqrt{D} = \frac{m}{n}$이라고 가정한 식의 분자와 분모에 $\sqrt{D} - l$을 곱하는 것은, 약간 착상하기 어려운 것입니다. 이 증명은 이상한 "착상"과 그것이 가져온 행운의 결과입니다! 그러면 여러분은 이렇게 자문하겠지요? 이런 "착상"을 필요로 하지 않고, 더 자연스럽게 되는 증명 방법은 없는

가? 그것에 대해서는, 나중에 설명하기로 하겠습니다.

◆ 두 수를 근으로 하는 방정식

이제 다시 제자리로 돌아와 이차방정식의 마지막 한 가지를 더 덧붙이고, 이 절을 끝내기로 하겠습니다.

지금까지는, 오로지 이차방정식의 근을 구하는 것만을 다루어 왔습니다. 역으로 두 수 α, β가 주어졌을 때, 그것을 근으로 갖는 이차방정식은 어떤 것인가? 이 답은 간단합니다. 즉, 그 이차방정식은

$$(x-\alpha)(x-\beta)=0$$

즉

$$x^2-(\alpha+\beta)x+\alpha\beta=0$$

입니다. $\alpha+\beta=p$, $\alpha\beta=q$라 하면, 이것은,

$$x^2-px+q=0$$

또는 그것에 0이 아닌 임의의 상수 a를 곱해서

$$a(x^2-px+q)=0$$

라고 쓸 수 있습니다.

이 이차방정식은 또, α, β 그 자신이 아니더라도, 그것들의 합 p와 곱 q가 주어졌을 때의 α, β를 근으로 하는 이차방정식도 생각할 수 있습니다.

㉎ $2+\sqrt{5}$, $2-\sqrt{5}$를 근으로 하는 이차방정식

$$(2+\sqrt{5})+(2-\sqrt{5})=4,$$
$$(2+\sqrt{5})(2-\sqrt{5})=-1$$

이므로 $x^2-4x-1=0$입니다.

㉎ 이차방정식 $ax^2+bx+c=0$의 두 근을 α, β라 하면, 근과 계수와의 관계에 따라

$$\alpha+\beta=-\frac{b}{a}, \quad \alpha\beta=\frac{c}{a}$$

따라서

$$(-\alpha)+(-\beta)=\frac{b}{a}, \quad (-\alpha)(-\beta)=\frac{c}{a}$$

그러므로 $-\alpha$, $-\beta$를 근으로 하는 이차방정식은

$$x^2-\frac{b}{a}x+\frac{c}{a}=0$$

즉, $ax^2 - bx + c = 0$ 입니다.

또 $c \neq 0$ 일 때

$$\frac{1}{\alpha} + \frac{1}{\beta} = \frac{\alpha + \beta}{\alpha\beta} = \left(-\frac{b}{a}\right) \div \frac{c}{a} = -\frac{b}{c}$$

$$\frac{1}{\alpha} \cdot \frac{1}{\beta} = \frac{1}{\alpha\beta} = \frac{a}{c}$$

그러므로 $\dfrac{1}{\alpha}, \dfrac{1}{\beta}$ 을 근으로 하는 이차방정식은

$$x^2 - \left(-\frac{b}{c}\right)x + \frac{a}{c} = 0$$

즉, $cx^2 + bx + a = 0$ 입니다.

문제 14   이차방정식 $2x^2 - 4x + 5 = 0$의 두 근을 α, β라 할 때, 두 수를 근으로 하는 이차방정식을 구하시오.

(1) $\alpha + 3,\ \beta + 3$ (2) $\alpha^2,\ \beta^2$ (3) $\dfrac{1}{2\alpha - 1},\ \dfrac{1}{2\beta - 1}$

ﾚ3.3 고차방정식

우리는 이미 일차방정식, 이차방정식에 대해서 배웠습니다. 거기에서 더 나아갈 곳은 고차의 방정식입니다.

일반적으로, n을 양수라 할 때

$$(x의\ n차식) = 0$$

의 꼴로 나타내는 방정식을 x에 대한 **n차 방정식**이라고 합니다. $n = 1, 2$일 때에는, 우리는 곧 방정식을 풀 수 있습니다. 이차방정식의 해법은 우리가 지금 막 배워 알고 있습니다. 그러나 $n \geqq 3$인 경우의 세계는 이것과는 다릅니다. 우리는 이제 "장미빛 세계"를 바랄 수는 없습니다. 3차 이상의 방정식을 푸는 일은 매우 곤란합니다. 이론적인 이야기는 별도로 하고 실제로 체험하는 입장에서 말할 때, 예외로 혜택을 받는 경우를 제외하면, 우리는 이러한 방정식을 풀 수 없습니다. 간단하게 근을 구할 수 있는 것은, 전체적으로 보면 약간의 예외적인 경우입니다. 그러나, 예외적이라고 해도, 그러한 경우는 역시 우

리에게 있어서 귀중한 것입니다. 그러면, 어떤 경우에 간단하게 근을 구할 수 있는가? 나는 우선, 근을 구하는 방법의 기초가 되는 하나의 원리부터 이야기를 시작하기로 하겠습니다.

◆ 나머지정리

앞으로 이 절에서, 우리는 x에 대한 다항식을 $P(x)$, $Q(x)$ 등의 문자로 나타내기로 하겠습니다. 또, 예를 들어 x에 3, -1을 대입했을 때의 $P(x)$의 값을 $P(3)$, $P(-1)$이라는 기호로 나타내겠습니다.

예를 들면,

$$P(x) = x^3 - 2x^2 + x + 4$$

라 할 때

$$P(3) = 3^3 - 2 \cdot 3^2 + 3 + 4 = 27 - 18 + 3 + 4 = 16,$$
$$P(-1) = (-1)^3 - 2 \cdot (-1)^2 + (-1) + 4$$
$$= -1 - 2 - 1 + 4 = 0$$

입니다.

이제 $P(x)$를 하나의 다항식이라 하고, α를 하나의 수라 하여, $P(x)$를 일차식 $x - \alpha$로 나누는 나눗셈을 생각하면, 나머지 차수는 1보다 작으므로, 그것은 상수가 됩니다. 그리고 그 나머지를 R이라 하고, 나눗셈의 몫을 $Q(x)$라 하면

$$P(x) = (x - \alpha)Q(x) + R$$

이라는 등식이 성립합니다. 이 양변은 "같다"는 다항식입니다. 따라서 양변의 x에 같은 수를 대입했을 때에는, 양변의 값은 당연히 같아집니다. 특히 양변의 x에 수 α를 대입하면

$$P(\alpha) = (\alpha - \alpha)Q(\alpha) + R$$

이 되고, $(\alpha - \alpha)Q(\alpha) = 0 \cdot Q(\alpha) = 0$이므로

$$P(\alpha) = R$$

이 됩니다. 즉, 나머지 R은 $P(x)$의 x에 α를 대입했을 때

의 값과 같다는 것입니다. 이 사실을 우리는 **나머지정리**
라고 합니다.

나머지 정리 다항식 $P(x)$를 일차식 $x-\alpha$로 나누
었을 때의 나머지를 R이라고 하면, $\boldsymbol{R=P(\alpha)}$이다.

㉠ $P(x)=x^3-2x^2+x+4$라 하면 위에서 계산한 것처
럼

$$P(3)=16$$

입니다. 그러므로 $P(x)$를 $x-3$으로 나누었을 때의 나
머지는 16이 됩니다.

설명하는 김에, $P(x)$를 실제로 $x-3$으로 나누어서,
이 결론을 확인해 봅시다.

$$
\begin{array}{r}
x^2+\ x\ +\ 4 \\
x-3\overline{)x^3-2x^2+\ x+\ 4} \\
\underline{x^3-3x^2} \\
x^2+\ x \\
\underline{x^2-3x} \\
4x+\ 4 \\
\underline{4x-12} \\
16\ \cdots\text{나머지}
\end{array}
$$

이 결과는 확실히 $P(3)$과 일치합니다.

문제를 푸는데 응용하기에는 나머지 정리를 좀더 일반
화한 꼴로 해놓은 것이 편리합니다. 즉, 다항식 $P(x)$를
일차식 $ax+b$로 나누었을 때의 몫을 $Q(x)$, 나머지를 R
이라 하면,

$$P(x)=(ax+b)Q(x)+R$$

이 등식의 양변 x에 $-\dfrac{b}{a}$를 대입하면

$$P\left(-\frac{b}{a}\right)=R$$

따라서

**다항식 $P(x)$를 1차식 $ax+b$로 나누었을 때 나머지는
$P\left(-\dfrac{b}{a}\right)$가 됩니다.**

문제 15 다항식 $x^3+2x^2-3x-10$을 각각 x, $x-1$, $x+1$, $x-2$, $x+2$, $x-3$, $x+3$으로 나누었을 때의 나머지를 각각 구하시오.

문제 16 다항식 $4x^3-2x^2-9$를 $2x-1$, $2x+1$, $2x-3$, $2x+3$으로 나누었을 때의 나머지를 각각 구하시오.

예제   다항식 $P(x)$를 $x-2$로 나누면 3이 남고, $x+5$로 나누면 -11이 남습니다.

이 다항식 $P(x)$를 $(x-2)(x+5)$로 나누었을 때의 나머지는 무엇이 됩니까?

풀이 $(x-2)(x+5)$는 이차식이므로 이것으로 $P(x)$를 나누었을 때의 나머지는 1차 이하의 다항식입니다. 그러므로 그 나머지는 $ax+b$의 꼴로 쓸 수 있습니다. 따라서 몫을 $Q(x)$라 하면

$$P(x)=(x-2)(x+5)Q(x)+ax+b$$

라는 등식이 성립합니다. 이 등식의 양변 x에 2, -5를 각각 대입하면

$$P(2)=2a+b$$
$$P(-5)=-5a+b$$

가 되는데, 가정에 의해 $P(2)=3$, $P(-5)=-11$

그러므로
$$2a+b=3$$
$$-5a+b=-11$$

이라는 두 개의 등식이 얻어집니다. 이들 두 등식은 a, b에 대해 연립방정식이 되어, 이것을 풀면 $a=2$, $b=-1$이 됩니다. 따라서, 구하는 나머지는 $2x-1$입니다.

문제 17 다항식 $P(x)$를 $x+1$로 나누면 6이 남고, $2x-1$로 나누면 3이 남습니다. $P(x)$를 $2x^2+x-1$로 나누었을 때의 나머지를 구하시오.

◆ 인수정리

나머지정리에 의해 다항식 $P(x)$를 $x-\alpha$로 나누었을 때의 나머지 R은 $R=P(\alpha)$입니다. 다항식 $P(x)$가 $x-\alpha$로 나누어떨어지는 것은 이 나머지 R이 0이 되는 경우밖에 없으므로, 다음의 정리를 얻을 수 있습니다. 이것을 **인수정리**라고 합니다.

> **인수정리**
>
> 다항식 $P(x)$가 $x-\alpha$로 나누어떨어진다
> $\Longleftrightarrow P(\alpha)=0$

즉, 다항식 $P(x)$가 나누어떨어진다——다른 표현을 하면 $x-\alpha$가 $P(x)$의 인수이다——는 것은, $P(\alpha)=0$이 될 때이고, 또 그 때에 한해서입니다.

더 일반적으로, 다항식 $P(x)$를 일차식 $ax+b$로 나누었을 때의 나머지는 $P\left(-\dfrac{b}{a}\right)$였으므로, 다음 사실이 성립합니다.

다항식 $P(x)$가 $ax+b$로 나누어떨어진다
$$\Longleftrightarrow P\left(-\frac{b}{a}\right)=0$$

물론, 이것도 인수정리라고 해도 지장은 없습니다.

(예) $P(x)=3x^3-13x^2+8x+12$라 하면
$$P(3) = 3\cdot 3^3-13\cdot 3^2+8\cdot 3+12$$
$$= 81-117+24+12 = 0$$
$$P\left(-\frac{2}{3}\right) = 3\cdot\left(-\frac{2}{3}\right)^3-13\cdot\left(-\frac{2}{3}\right)^2+8\cdot\left(-\frac{2}{3}\right)+12$$
$$= -\frac{8}{9}-\frac{52}{9}-\frac{16}{3}+12 = 0$$

그러므로 $P(x)$는 $x-3$, $3x+2$로 나누어떨어집니다.
한편
$$P(-2) = 3\cdot(-2)^3-13\cdot(-2)^2+8\cdot(-2)+12$$
$$= -24-52-16+12 = -80$$

이므로, $x+2$는 $P(x)$의 인수는 아닙니다.

예 다항식 $P(x)=x^3-4x^2-10x+a$가 $x+2$로 나누어 떨어지는 것은 상수 a가 어떤 값을 가질 때입니까?

이 해답은 지극히 간단합니다. 즉 $P(-2)=0$이 될 때입니다.

$$P(-2)=(-2)^3-4\cdot(-2)^2-10\cdot(-2)+a$$
$$=-8-16+20+a=a-4$$

이므로, $a=4$라 하면 $P(x)$는 $x+2$로 나누어떨어집니다.

문제 18 세 개의 다항식 $P(x)=x^3-3x+2, Q(x)=x^3+x+10, R(x)=x^4+3x^2-4$가 있습니다. 이들 중, $x-1$을 인수로 갖는 것은 어느 것입니까? $x+1$을 인수로 갖는 것은 어느 것입니까? $x+2$를 인수로 갖는 것은 어느 것입니까?

문제 19 $P(x)=x^3-6x^2+kx+6k$가 $x-3$으로 나누어떨어지도록 상수 k의 값을 정하시오. 또, $x+2$로 나누어떨어지도록 상수 k의 값을 정하시오.

예제 a, b는 두 개의 서로 다른 상수로, 다항식 $P(x)$는 $x-a, x-b$를 각각 인수로 갖고 있습니다. 이때, $P(x)$는 $(x-a)(x-b)$로 나누어떨어지는 것을 증명하시오.

증명 $P(x)$는 $x-a$로 나누어떨어지므로

$$P(x)=(x-a)Q(x) \qquad ①$$

라고 쓸 수 있습니다. 여기에 $Q(x)$는 어떤 다항식입니다. 이 등식의 x에 b를 대입하면

$$P(b)=(b-a)Q(b)$$

가 되는데, $P(x)$은 $x-b$로도 나누어떨어지므로, 좌변의 $P(b)$는 0과 같다. 따라서 $(b-a)Q(b)=0$이 됩니다. 가정에 의해 $a\neq b$이므로 $b-a$는 0이 아닙니다. 따라서

$$Q(b)=0$$

이 되고 $Q(x)$는 $x-b$로 나누어떨어집니다. 그러므로, $Q(x)$는 어떤 다항식 $R(x)$에 의해

$$Q(x)=(x-b)R(x) \qquad ②$$

로 나타내고, ①과 ②에서

$$P(x) = (x-a)(x-b)R(x)$$

가 됩니다. 이것으로, $P(x)$는 $(x-a)(x-b)$로 나누어 떨어짐을 증명했습니다.

문제 20 다항식 $P(x) = x^3 + px^2 + qx + 6$이 $x^2 - 4$로 나누어 떨어지도록 상수 p, q의 값을 정하시오.

◆ 인수분해에서의 응용

인수정리의 직접적인 응용은, 인수분해에 나타납니다. 실제로, 다항식 $P(x)$의 x에 수 α를 대입하고, 값 $P(\alpha)$를 계산해서, 만일 그것이 0이 된다면, $P(x)$는 $x - \alpha$를 인수로 갖기 때문입니다.

그러나 어떤 성취할 가능성도 없이, 그저 되는 대로 $P(\alpha)$를 계산해 보는 것은 효과가 없습니다. 그래서, $P(\alpha) = 0$이 되는 수 α를 어떻게 찾을 수 있을까? 그것이 문제가 됩니다. 나는 실제로 우리가 가능할 것 같은 경우의 문제만으로 한정했습니다. 인수정리의 인수분해의 응용에서, 우리가 현실적으로 다루는 것은, 주로 <u>정수를 계수로 하는 다항식</u>입니다. $P(x)$가 그와 같은 다항식일 때, "유리수의 범위에서" 이 다항식의 1차인 인수를 찾고 싶다——이것이 현실적으로 생기는 요구입니다. 그것에는, $P(\alpha) = 0$이 되는 유리수 α를 찾으면 됩니다. 그러면, 어떤 유리수가 그와 같은 α가 될 수 있을까? 우리는 그 해답을 알고 싶습니다.

나는 다음에, 그 해답을 단적으로 그리고, 결론적으로 말하겠습니다. 즉, 그와 같은 유리수 α는——만일 찾았다고 하면——다음과 같은 수 중에서 찾을 수 있습니다. (나는 여기에서 결론만을 말하고, 그 결론의 근거까지 엄밀하게 논하지는 않겠습니다. 그것은 의외로 번거로운 점도 있기 때문입니다. 그러나 여러분은 아마, 아래의 설명을 극히 자연스럽게 직감적으로 이해할 것입니다.)

처음에, 다항식 $P(x)$의 최고차의 계수가 1이고 상수항이 q인 경우를 생각합니다. 이 때, 만일 $P(x)$가 유리수의 범위에서 일차인 인수 $x-\alpha$를 갖는다면, α는 정수이고 더구나 q의 약수가 아니면 안됩니다. 예를 들면, $P(x)$가

$$P(x) = x^4 + \square x^3 + \square x^2 + \square x + 6$$

이라는 다항식이었다고 합시다. (여기에서 $\square$부분의 계수는——어떤 것이라도 괜찮지만——어쨌든 정수입니다.) 이 때, 상수항 6의 약수는 ± 1, ± 2, ± 3, ± 6입니다. 이것들이 α가 될 수 있는 수들입니다. 따라서 $P(1)$, $P(-1)$, $P(2)$, $P(-2)$, $P(3)$, $P(-3)$, $P(6)$, $P(-6)$의 값을 계산해서, 만일 그들 중에 0이 되는 것이 있다면 $P(x)$는 유리수의 범위에서 일차인 인수를 갖습니다. 만일, 이중 어느 것도 0이 되지 않는다면, $P(x)$는 <u>유리수의 범위에서는 일차인 인수를 갖지 않습니다.</u> (실제로 이 경우에는 ——다른 좋은 방법이 없으면——우리는 인수분해를 포기하지 않을 수 없습니다.)

더욱 일반적으로, 다항식 $P(x)$의 계수가 정수이고, 최고차의 계수가 p, 상수항이 q였다고 합시다. 그 경우, $P(x)$가 유리수의 범위에서 일차인 인수를 갖는가 갖지 않는가는, a, b를 각각 p, q의 약수로, 더구나 서로 소인 정수로 해서 $ax+b$ 꼴의 인수가 있는가 없는가를 생각하면 됩니다. 즉 a, b가 그와 같은 정수로서 $P\left(-\dfrac{b}{a}\right)$ 가 0이 되는가 되지 않는가를 조사하면 됩니다. 예를 들면,

$$P(x) = 2x^3 + \square x^2 + \square x - 1$$

이라면 ($\square$ 속은 정수), 2의 약수는 ± 1, ± 2, 또 -1의 약수는 ± 1이므로, 이 경우 우리는 $P(1)$, $P(-1)$, $P\left(\dfrac{1}{2}\right)$, $P\left(-\dfrac{1}{2}\right)$ 의 네 개의 값을 계산해 보게 됩니다. 만일 이 중에 0이 되는 것이 있고, 예를 들면 $P\left(\dfrac{1}{2}\right)=0$이 되었다고 하면, $P(x)$는 일차인 인수 $2x-1$을 갖습니다. 만일, 위의 네 개의 값이 모두 0이 되지 않으면, 우리는 "안된다"고 투덜거리고 인수분해를 포기합니다. 그 때, $P(x)$

는 유리수의 범위에서는 일차인 인수를 갖지 않습니다.

㉠ 유리수의 범위에서 $P(x) = x^4 - 6x^2 + 7x - 6$을 인수분해 하시오.

풀이 $P(2)$를 계산하면

$$P(2) = 2^4 - 6 \cdot 2^2 + 7 \cdot 2 - 6 = 16 - 24 + 14 - 6 = 0$$

이 되므로, $P(x)$는 $x - 2$로 나누어떨어집니다. 실제로 나눗셈을 하면

$$P(x) = (x - 2)(x^3 + 2x^2 - 2x + 3)$$

이 됩니다. (아래에 쓴 계산을 보시오.) 그리고 다음으로 $Q(x) = x^3 + 2x^2 - 2x + 3$에 대해서 $Q(-3)$을 계산하면

$$Q(-3) = (-3)^3 + 2 \cdot (-3)^2 - 2 \cdot (-3) + 3$$
$$= -27 + 18 + 6 + 3 = 0$$

따라서 $Q(x)$는 $x + 3$으로 나누어떨어져서

$$Q(x) = (x + 3)(x^2 - x + 1)$$

이 됩니다. (이것도 아래 계산을 보아 주세요)

$$
\begin{array}{r}
x^3 + 2x^2 - 2x + 3 \\
\hline
x - 2 \overline{)\, x^4 \qquad\quad - 6x^2 + 7x - 6} \\
\underline{x^4 - 2x^3} \qquad\qquad\quad \\
2x^3 - 6x^2 \qquad\quad \\
\underline{2x^3 - 4x^2} \qquad\quad \\
-2x^2 + 7x \quad \\
\underline{-2x^2 + 4x} \quad \\
3x - 6 \\
\underline{3x - 6} \\
0
\end{array}
\qquad
\begin{array}{r}
x^2 - x + 1 \\
\hline
x + 3 \overline{)\, x^3 + 2x^2 - 2x + 3} \\
\underline{x^3 + 3x^2} \qquad\qquad \\
- x^2 - 2x \quad\quad \\
\underline{- x^2 - 3x} \quad\quad \\
x + 3 \\
\underline{x + 3} \\
0
\end{array}
$$

그러므로 $P(x) = (x - 2)(x + 3)(x^2 - x + 1)$

이것이 구하려는 인수분해입니다.

㉠ 유리수의 범위에서 $P(x) = 2x^3 + x^2 + x - 1$을 인수분해하시오.

풀이 $P\left(\dfrac{1}{2}\right)$을 계산하면

$$P\left(\frac{1}{2}\right) = 2 \cdot \left(\frac{1}{2}\right)^3 + \left(\frac{1}{2}\right)^2 + \frac{1}{2} - 1 = \frac{1}{4} + \frac{1}{4} + \frac{1}{2} - 1 = 0$$

이것은 행운입니다! 따라서 $P(x)$는 $2x - 1$로 나누어

$$\begin{array}{r} x^2+\ x\ +1 \\ 2x-1{\overline{\smash{\big)}\,2x^3+\ x^2+\ x-1}} \\ \underline{2x^3-\ x^2} \\ 2x^2+\ x \\ \underline{2x^2-\ x} \\ 2x-1 \\ \underline{2x-1} \\ 0 \end{array}$$

떨어집니다. 실제로 나눗셈을 하면

$$P(x) = 2x^3+x^2+x-1$$
$$= (2x-1)(x^2+x+1)$$

이 됩니다.

문제 21 다음 다항식을 (유리수의 범위에서) 인수분해하시오.

(1) x^3-7x-6 (2) x^3-6x^2-5x+2

(3) $2x^3+x^2-8x-4$ (4) $2x^3-x^2+x+1$

◆ **고차방정식의 해법**

이 절의 처음에서도 언급했듯이, 3차 이상의 방정식 $P(x)=0$의 해법은 일반적으로 매우 곤란합니다. 그러나, 만일 어떤 행운이 있어 $P(x)$를 1차식과 2차식의 곱으로 인수분해할 수 있다면, 근을 구하는 일은 간단합니다. 앞의 항에서 언급한 인수분해는, 이런 의미에서 고차방정식을 푸는 문제에 직결되어 있습니다.

아래에 고차방정식을 푸는 몇 개의 예를 제시하겠습니다. 처음 두 개는 특별히 인수정리가 필요하지 않습니다.

예 방정식 $x^3=1$을 푸시오.

풀이 1을 좌변으로 이항하면 $x^3-1=0$이 되고, 이 좌변을 인수분해 하면

$$(x-1)(x^2+x+1)=0$$

이 됩니다. 따라서

$$x-1=0 \quad 또는 \quad x^2+x+1=0$$

그러므로

$$x=1 \text{ 또는 } x=\frac{-1\pm\sqrt{3}i}{2}$$

〈답〉 $x=1, x=\dfrac{-1\pm\sqrt{3}i}{2}$

위의 방정식의 세 개의 근을, 1의 **3승근** 또는 **세제곱근**이라고 합니다. 그것은 세제곱하여 1이 되는 수라는 의미입니다. 1의 세제곱근 중 1만이 실수이고, 나머지 두 개

는 허수입니다.

문제 22   허수인 세제곱근의 하나를 ──── 어떤 것도 상관 없지만, 예를 들면 $\dfrac{-1+\sqrt{3}i}{2}$ 를 ──── ω (오메가)로 나타내기로 하면, 다른 허수인 세제곱근은 ω^2이 됨을 나타내시오.

문제 23   위 문제의 ω에 대해서 $\omega^2+\omega+1=0$이 됨을 확인하시오.

문제 24   다음 방정식을 푸시오.

(1) $x^3=8$ (2) $x^3=-1$ (3) $x^3=-8$

문제 25   일반적으로 a를 0이 아닌 실수라 할 때, 방정식 $x^3=a^3$의 근은 a, $a\omega$, $a\omega^2$임을 나타내시오.

예   다음 방정식을 푸시오.

(1) $x^4-x^2-12=0$ (2) $x^4+4=0$

풀이   (1) 좌변을 인수분해하면

$$(x^2-4)(x^2+3)=0$$

$$x^2-4=0 \quad \text{또는} \quad x^2+3=0$$

따라서

$$x=\pm 2 \quad \text{또는} \quad x=\pm\sqrt{3}i$$

$$\langle \text{답} \rangle \quad x=\pm 2,\,\pm\sqrt{3}i$$

(2) $x^4+4=(x^4+4x^2+4)-4x^2=(x^2+2)^2-(2x)^2$

이므로 좌변을 인수분해하면

$$(x^2-2x+2)(x^2+2x+2)=0$$

$$x^2-2x+2=0 \quad \text{또는} \quad x^2+2x+2=0$$

$$x^2-2x+2=0 \text{을 풀면} \quad x=1\pm i$$

$$x^2+2x+2=0 \text{을 풀면} \quad x=-1\pm i$$

$$\langle \text{답} \rangle \quad x=1\pm i,\,-1\pm i$$

문제 26   다음 방정식을 푸시오.

(1) $x^4=1$ (2) $x^4+2x^2-15=0$

다음 예는 인수정리의 응용입니다.

㉘ 다음 방정식을 푸시오.

　(1)　$x^3-8x-8=0$　　(2)　$x^3-x^2-8x+12=0$

풀이　(1)　$P(x)=x^3-8x-8$이라 하면

$$P(-2)=(-2)^3-8\cdot(-2)-8=0$$

그러므로 $P(x)$는 $x+2$로 나누어떨어져서

$$P(x)=(x+2)(x^2-2x-4)$$

따라서

$$(x+2)(x^2-2x-4)=0$$
$$x+2=0 \quad \text{또는} \quad x^2-2x-4=0$$
$$\langle답\rangle \quad x=-2,\, 1\pm\sqrt{5}$$

$$
\begin{array}{r}
x^2-2x\;-4 \\
x+2\,)\overline{x^3\qquad\;-8x-8} \\
\underline{x^3+2x^2\qquad\qquad} \\
-2x^2-8x \\
\underline{-2x^2-4x\qquad} \\
-4x-8 \\
\underline{-4x-8} \\
0
\end{array}
$$

　(2)　$P(x)=x^3-x^2-8x+12$라 하면

$$P(2)=2^3-2^2-8\cdot2+12=0$$

그러므로 $P(x)$는 $x-2$로 나누어떨어져서

$$
\begin{aligned}
P(x)&=(x-2)(x^2+x-6)\\
&=(x-2)(x-2)(x+3)\\
&=(x-2)^2(x+3)
\end{aligned}
$$

따라서

$$(x-2)^2(x+3)=0$$
$$(x-2)^2=0 \quad \text{또는} \quad x+3=0$$
$$\langle답\rangle \quad x=2,\, -3$$

$$
\begin{array}{r}
x^2+\;x\;-6 \\
x-2\,)\overline{x^3-\;x^2-8x+12} \\
\underline{x^3-2x^2\qquad\qquad} \\
x^2-8x \\
\underline{x^2-2x\qquad} \\
-6x+12 \\
\underline{-6x+12} \\
0
\end{array}
$$

위의 예(2)의 방정식은 좌변을 인수분해하면

$$(x-2)^2(x+3)=0$$

이 됩니다. 이와 같을 때, 이 방정식의 근 2를 **이중근**이라고 합니다. 이것을 확실히 하기 위해, <답>을 "$\underline{x=2}$ (이중근), -3" 또는 "$\underline{x=2,\,2,\,-3}$"과 같이 씁니다.

　이와 같이, 예를 들어 방정식 $(x+1)^3(x-4)=0$에서는, 근 -1은 **삼중근**입니다. 이중근, 삼중근, …은, 각각, 두 개의 근, 세 개의 근, …이라고 생각하기도 합니다.

㉘ 방정식 $x^4-5x^2-10x-6=0$을 푸시오.

풀이　$P(x)=x^4-5x^2-10x-6=0$이라 하면

$$P(-1) = (-1)^4 - 5 \cdot (-1)^2 - 10 \cdot (-1) - 6 = 0$$

따라서 $P(x)$는 $x+1$로 나누어떨어지고, 몫은 $Q(x)$라 하면

$$Q(x) = x^3 - x^2 - 4x - 6$$

또

$$Q(3) = 3^3 - 3^2 - 4 \cdot 3 - 6 = 0$$

그러므로 $Q(x)$는 $x-3$으로 나누어떨어져서 몫은 $x^2 + 2x + 2$

따라서

$$P(x) = (x+1)(x-3)(x^2+2x+2)$$

그러므로 $(x+1)(x-3)(x^2+2x+2) = 0$

$$x+1 = 0 \text{ 또는 } x-3 = 0 \text{ 또는 } x^2+2x+2 = 0$$

〈답〉 $x = -1, 3, -1 \pm i$

$$
\begin{array}{r}
x^3 - x^2 - 4x\ -6 \\
x+1\overline{)x^4\qquad -5x^2 - 10x - 6} \\
\underline{x^4 + x^3\qquad\qquad} \\
-x^3 - 5x^2 \\
\underline{-x^3 -\ x^2\qquad} \\
-4x^2 - 10x \\
\underline{-4x^2 -\ 4x\quad} \\
-\ 6x - 6 \\
\underline{-\ 6x - 6} \\
0
\end{array}
$$

$$
\begin{array}{r}
x^2 + 2x\ +2 \\
x-3\overline{)x^3 -\ x^2 - 4x - 6} \\
\underline{x^3 - 3x^2\qquad\qquad} \\
2x^2 - 4x \\
\underline{2x^2 - 6x\quad} \\
2x - 6 \\
\underline{2x - 6} \\
0
\end{array}
$$

문제 27 다음 방정식을 푸시오.

(1) $x^3 - 4x + 3 = 0$ (2) $x^3 - 4x^2 - 3x + 18 = 0$

(3) $2x^3 - 4x^2 - 3x + 6 = 0$ (4) $2x^3 - x^2 + x + 1 = 0$

(5) $x^4 + 2x^3 + 3x^2 - 2x - 4 = 0$

(6) $x^4 - 4x^2 + 16x + 32 = 0$

다음의 예는 유리수의 범위에서는 인수분해 할 수 없는데, 우리가 지금까지 얻은 지식으로 쉽게 풀 수 있는 방정식입니다.

예 방정식 $x^4 = -1$을 푸시오.

풀이 -1을 좌변으로 이항하면

$$x^4 + 1 = 0$$

좌변의 4차식 $x^4 + 1$은 유리수의 범위에서는 인수분해할 수 없지만, 실수의 범위에서는

$$x^4 + 1 = (x^2+1)^2 - (\sqrt{2}x)^2$$
$$= (x^2 - \sqrt{2}x + 1)(x^2 + \sqrt{2}x + 1)$$

로 인수분해 됩니다. 따라서, 주어진 방정식은

$$x^2 - \sqrt{2}x + 1 = 0 \text{ 또는 } x^2 + \sqrt{2}x + 1 = 0$$

이 되고, 근의 공식에 의해 $x^2 - \sqrt{2}x + 1 = 0$을 풀면

$$x = \frac{\sqrt{2} \pm \sqrt{(\sqrt{2})^2 - 4}}{2} = \frac{\sqrt{2} \pm \sqrt{2}i}{2}$$

이와 같이 $x^2 + \sqrt{2}x + 1 = 0$을 풀면 $x = \dfrac{-\sqrt{2} \pm \sqrt{2}i}{2}$

〈답〉　$x = \dfrac{\sqrt{2} \pm \sqrt{2}i}{2}, \quad \dfrac{-\sqrt{2} \pm \sqrt{2}i}{2}$

문제 28 방정식 $x^4 = -9$를 푸시오.

마지막으로 응용 문제의 예를 들어 보겠습니다.

　예제　크기가 다른 4개의 정육면체가 있는데, 두 번째, 세 번째, 네 번째의 정육면체의 한 변은 첫번째 것의 한 변보다 각각 1cm, 2cm, 3cm 길고, 그리고 첫번째, 두 번째, 세 번째의 정육면체의 부피의 합은 네 번째 것의 부피와 같습니다. 이 네 개의 정육면체의 한 변의 길이를 구하시오.

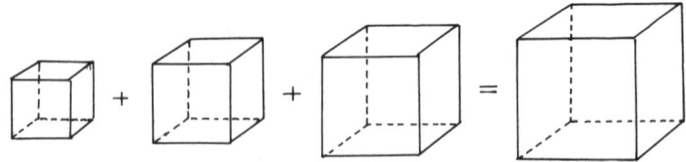

　풀이　첫번째 정육면체의 한 변의 길이를 x cm라 하면, 두 번째, 세 번째, 네 번째 것의 한 변의 길이는 각각 $x+1$, $x+2$, $x+3$ cm가 되므로,

$$x^3 + (x+1)^3 + (x+2)^3 = (x+3)^3$$

이라는 방정식이 얻어집니다. 따라서

$$x^3 + (x^3 + 3x^2 + 3x + 1) + (x^3 + 6x^2 + 12x + 8)$$
$$= x^3 + 9x^2 + 27x + 27$$

우변을 좌변으로 이항해서 정리하여 2로 나누면

$$x^3 - 6x - 9 = 0$$

이 됩니다. 좌변은 $x-3$으로 나누어떨어지므로

$$(x-3)(x^2 + 3x + 3) = 0$$

그러므로 $x = 3, \dfrac{-3 \pm \sqrt{3}i}{2}$

여기에서 허근은 물론 문제에 적당하지 않습니다. 따라서 $x=3$이고 네 개의 정육면체의 한 변의 길이는 3cm, 4cm, 5cm, 6cm가 됩니다.

즉, 위 예제의 결과에 따르면

$$3^3+4^3+5^3=6^3$$

입니다! 여러분은 실제로 양변을 계산해서 확실히 같다는 것을 확인해 주세요.) $3^2+4^2=5^2$이라는 등식은 유명하여, 대부분이 알고 있습니다. 위의 등식은, 그것 못지 않게 간단하고 흥미 있는 것인데, 많은 사람이 알고 있다고는 할 수 없습니다. 여러분은 이것을 기억해 두면 좋겠지요.

예제 세로가 12cm, 가로가 16cm인 직사각형의 판지의 네 귀퉁이에서, 오른쪽 위의 그림과 같이 한 변이 $x$cm인 정사각형을 잘라 내고, 점선을 따라 접어서 아래 그림과 같은 직육면체를 만들었더니, 부피가 180cm³가 되었습니다. x의 값은 얼마입니까?

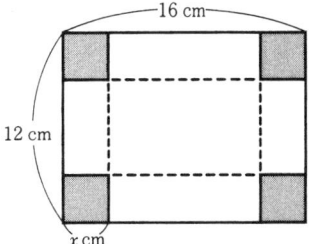

풀이 아래 그림의 직육면체의 밑면의 세로는 $(12-2x)$cm이고, 가로는 $(16-2x)$cm, 높이는 $x$cm이므로

$$x(12-2x)(16-2x)=180$$

이 됩니다 좌변을 전개해서 정리하면

$$x^3-14x^2+48x-45=0$$
$$(x-3)(x^2-11x+15)=0$$

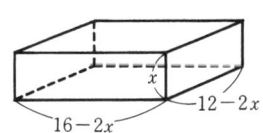

그러므로 $x=3$ 또는 $x=\dfrac{11\pm\sqrt{61}}{2}$

그런데, x는 물론 양수이고, 또 $12-2x>0$ 이어야만 하므로 x는 부등식

$$0<x<6$$

을 만족하지 않으면 안됩니다. 위에서 얻은 x의 3개의 값 중, 3과 $\dfrac{11-\sqrt{61}}{2}$ 은 이 부등식을 만족하지만, $\dfrac{11+\sqrt{61}}{2}$ 은 만족하지 않습니다.

그러므로 답은 다음과 같이 됩니다.

〈답〉 $x=3$, 또는 $\dfrac{11-\sqrt{61}}{2}$

문제 29　위의 예제에서 부피가 128cm³가 될 때의 x값을 구하시오.

◆　방정식의 근의 개수, 대수학의 기본 정리

지금까지 예, 예제, 문제 등에서 3차방정식 4차방정식을 풀어 보았는데 그 체험에서 알 수 있듯이, 3차방정식의 근은 3개 이하, 4차방정식의 근은 4개 이하입니다.

일반적으로

n차방정식의 근은 n개 이하

입니다. 이것을 정확하게 다시 정리해 놓기로 합시다. 다만, 방정식 $P(x)=0$에 있어서, $P(x)$는 지금까지 대로 실수 계수의 정식으로 하고, 근은 우선 "실근"을 생각하기로 합니다. 또, 근의 개수는 "서로 다른 근의 개수"의 의미로 해둡니다.

우선 $P(x)$가 일차식이면, 일차방정식 $P(x)=0$의 근은 물론 1개입니다. 또 $P(x)$가 이차식이면, 이차방정식 $P(x)=0$의 근은 2개 이하(중근인 경우는 1개, 허근인 경우는 0개)입니다. 3차방정식 $P(x)=0$은 반드시 적어도 1개의 실근을 갖는데——이것은 아마 이 강의의 훨씬 뒷부분에서 증명하게 될 것입니다——, 그 1개의 실근을 α라 하면, $P(x)$는 $P(x)=(x-\alpha)Q(x)$로 인수분해되고 방정식 $P(x)=0$의 근은 α와 $Q(x)=0$의 근입니다.

여기에서 $Q(x)$는 이차식이므로, 방정식 $Q(x)=0$의 근은 2개 이하이고, 따라서 방정식 $P(x)=0$의 근은 3개 이하가 됩니다. 4차방정식 $P(x)=0$은 실근을 전혀 갖지 않는 것, 즉 근(실근)이 0개일 수도 있습니다. 그러나, 만일 1개의 실근 α를 갖는다면, 위에서와 같이 $P(x)=(x-\alpha)Q(x)$로 인수분해 되고, 3차방정식 $Q(x)=0$의 근은 3개 이하이므로, 방정식 $P(x)=0$의 근은 4개 이하가 됩니다. 이하, 5차방정식, 6차방정식, …에 대해서도 이와 같은 의논을 계속하면, 일반적으로 "n차방정식의 근은

n개 이하"라는 것을 알 수 있습니다.

또 계속하여 말하자면, (실수 계수의) 홀수차의 방정식은 반드시 적어도 1개의 실근을 갖습니다. 그러나, 짝수차의 방정식은 실근을 갖는다고 단정할 수는 없습니다. 이 문제는 나중에 다시 한 번 되돌아보게 되겠지요.

위에서는 근의 범위를 실근 만으로 한정했는데, 수의 범위를 넓혀서, 복소수의 범위에서 근을 생각하기로 한다면 어떨까요? 이 때에도 "n차방정식의 근이 n개 이하"라는 것은 위와 같습니다. 그러나, 이번에는 역으로, 우리는 근의 존재에 대해 적극적인 주장을 할 수 있습니다. 우리는 이미, 어떤 이차방정식도, 복소수의 범위에서는 반드시 근을 갖는다는 것을 배웠습니다. 그리고, 어떤 이차식도 복소수의 범위에서는

$$ax^2 + bx + c = a(x-\alpha)(x-\beta)$$

로 인수분해 되고, 이 α, β가 이차방정식 $ax^2 + bx + c = 0$의 근이라는 것을 알고 있습니다. 3차방정식과 4차방정식에 대해서도, 우리는 적어도 지금까지 다뤄온 예와 문제 등에 있어서는, 그 근을 복소수의 범위에서는 구할 수 있었습니다. 실은 일반적으로, 몇차 방정식도, 복소수의 범위에서는 반드시 근을 갖는다는 것입니다! 좀더 자세히 말하면 다음의 사실이 성립합니다.

어떤 n차식 $P(x)$도, 복소수의 범위에서 생각하면

$$P(x) = a(x-\alpha_1)(x-\alpha_2)\cdots(x-\alpha_n)$$

으로 인수분해 됩니다. 그리고, $x = \alpha_1, \alpha_2, \cdots, \alpha_n$이

n차방정식 $P(x) = 0$의 근이 된다.

또 우리는, 여기서는 실수 계수인 n차식 $P(x)$를 생각하지만, 실은 복소수를 계수로 하는 n차식 $P(x)$에 대해서도, 이 정리는 성립하는 것입니다. 하나 더 부언하면, 위에서 $\alpha_1, \alpha_2, \cdots, \alpha_n$은 모두가 다르다고는 할 수 없습니다. 따라서, n차방정식의 서로 다른 근의 개수는(복소수의 범위에서 생각해도) n개 이하입니다. 그러나, 만일 이

중근을 2개의 근, 3중근을 3개의 근, …과 같이 생각하면, n차방정식은 복소수의 범위에서는 정확히 n개의 근을 갖게 됩니다.

이 정리를 **대수학의 기본 정리**라고 합니다. 이것은 수학의 여러 가지 정리 중에서 가장 중요한 것 중 하나입니다. 그러나 유감스럽게 이 책에서는(아마 나중에까지 가도) 그 증명까지 언급할 수가 없습니다. 이 정리의 증명은 어느 정도 고급 수학의 지식이 필요합니다. 보통은 수학과 대학생 2~3학년의 수준입니다. 이 사실은 장래에도 그다지 바뀌지 않겠지요. 그러므로 이 정리의 증명까지 알 필요는 없습니다. 다만 나는, 이 정리가 여러분의 머리에 오래 기억되기를 희망합니다.

이 대수학의 기본 정리의 완전한 증명은, 19세기 최대의 수학자 가우스(1777~1855)에 의해 1799년에 얻어졌습니다. 가우스——오늘날까지의 위대한 수학자 중에서도 특히 위대한 사람——의 이름은 앞으로도 종종 등장할 것입니다. 여기서 가우스의 명언 하나를 다음에 쓰겠습니다.

수학은 과학의 여왕이다

◆ 방정식의 일반적 해법

이야기가 약간 바뀝니다만, 이차방정식에는 근의 공식이라는 것이 있어서 어떤 이차방정식도 그 공식에 따라 풀 수 있었습니다. 3차방정식과 4차방정식은 인수정리 등을 이용하여 지금까지 그 방정식의 풀이를 해 왔는데, 그렇게 할 때에는 어떤 "재치"와 노력이 필요했습니다. 그렇다면 고차방정식에도 그 차수의 어떤 방정식에서도 통용되는 "근의 공식" 혹은 "일반적 해법"이 있지 않을까요? 만일 그와 같은 "일반적 해법"을 발견하면——만일 그것이 복잡하고 실용상 시간이 걸린다고 하더라도——, 그것은 수학의 하나의 승리이며, 크게 축복할 만한 일일 것입니다. 이것은 우리의 머리에 자연스럽게 떠오르는 생각이라고 하여도 괜찮겠지요.

이차방정식의 근의 공식에는, 제곱근을 나타내는 기호 $\sqrt{}$ 가 사용됩니다. $\sqrt{a}$를 제곱하면, a가 되는 수이므로, 2제곱근이라고 해도 좋습니다. 이와 같이, 세제곱근, 네제곱근, $\cdots$, 을 나타내는 $\sqrt[3]{}$, $\sqrt[4]{}$, $\cdots$ 을 사용하면, 임의의 3차방정식, 4차방정식, $\cdots$을 푸는 방법이 얻어지는 것이 아닐까? 이것은 실제로 근세 전기 무렵의 수학자에게 있어서 하나의 큰 자극적인 문제였습니다. 특히 이탈리아에서는, 15세기부터 16세기에 걸쳐서 야심적인 수학자들이 3차방정식과 4차방정식의 해법을 열심히——싸움까지 하면서——연구하여, 결국 그 "일반적 해법"을 발견했습니다! 이 해법의 발견자는, 카르다노(1501~1576)와 그의 제자인 페라리 (1522~1565)라는 사람이고, 오늘날에는 보통, 3차방정식의 해법은 **카르다노의 해법**, 4차방정식의 해법은 **페라리의 해법**이라고 부르고 있습니다. (지금은 설명하기에 적절한 때가 아니므로, 여기서는 기술하지 않겠지만, 나는 나중에 이들의 해법도 여러분에게 소개하고 싶습니다.

카르다노와 페라리의 성공에 자극을 받아, 더 계속해서 5승근, 6승근, $\cdots$을 나타내는 기호를 사용하여, 5차 이상의 방정식의 일반적 해법을 찾아낼 수는 없는가 라는 것이, 17세기, 18세기의 수학자들의 하나의 중대한 관심사가 되었습니다. 많은 수학자가 이 문제에 몰두하고, 그 해결에 도전하였으며, 그 시도는 19세기 초까지 계속되었으나 아무도 성공하지 못하고, 결국 미해결인 채로 끝났습니다. 그것은 미해결로 끝날 운명이었던 것입니다. 왜냐하면, 사실은, 5차 이상의 방정식에 대해서는, 그와 같은 "근의 공식" 혹은 "일반적 해법"이라는 것은 존재하지 않기 때문입니다. 좀더 정확히 말하면, 덧셈, 뺄셈, 곱셈, 나눗셈과 거듭제곱근이라는 대수적 연산에서는 5

차 이상의 방정식의 일반적 해법을 가질 수가 없다는 것입니다.

이 **5차 이상의 방정식을 대수적으로 푸는 것은 일반적으로는 불가능하다**라는 명제는, 아벨(1802~1829) 및 갈로아 (1811~1832)에 의해 증명되었습니다. (현대 대수학은 그들의 업적이 근원이 되어, 거기에서 발전되어 온 것입니다). 아벨과 갈로아, 이 두 사람은 모두 불후의 업적을 남기면서, 젊어서 세상을 떠난 천재 수학자로 그 드라마틱한 생애——아벨은 빈곤과 싸우면서 폐병으로 죽고, 갈로아는 정치 운동에 참가해서 투옥되어 가석방 중 결투로 쓰러졌습니다——는, 수학 사상에서도 어떤 특별한 광채를 발하고 있습니다.

⅄3.4 연립방정식

앞 절에서 생각한 것은, 한 개의 미지수 x에 대한 방정식이었습니다. 다음에는, 미지수 x, y, …을 갖는 방정식을 생각합시다.

일반적으로, 몇 개의 미지수에 대해 몇 개의 방정식이 주어졌을 때, 이들 방정식의 모임을 그들의 미지수에 대한 **연립방정식**이라 하고, 미지수의 개수가 2개, 3개, …인 것에 따라서, 연립이차방정식, 연립삼차방정식, …이라고 합니다. 연립방정식의 근은, 그것을 구성하는 모든 방정식을 만족하는 미지수의 값의 쌍이고, 그 값의 쌍을 구하는 것을 **연립방정식을 푼다**고 합니다. 또, 연립방정식의 **차수**라는 것은, 그것을 구성하는 각 방정식의 (모든 미지수에 주목했을 때의) 차수의 최대값입니다.

◈ 이원일차연립방정식

가장 간단한 연립방정식은, 두 개의 미지수 x, y에 대해서 두 개의 일차방정식이 있는 연립방정식, 즉 이원일차연립방정식입니다. 그 풀이 방법은, 사실상 여러분이 잘 알고 있으리라 생각하는데, 다짐하기 위해 한 가지 예를 들어 보겠습니다.

예 다음 연립일차방정식을 푸시오

$$\begin{cases} x-y=3 & \text{①} \\ 2x+3y=1 & \text{②} \end{cases}$$

풀이 1

$$\begin{array}{ll} ①\times3 & 3x-3y=\ 9 \\ ② & +)\,2x+3y=\ 1 \\ \hline ①\times3+② & 5x\qquad\ =10 \end{array}$$

그러므로 $x=2$

이 x의 값을 ①에 대입하면 $2-y=3$

그러므로 $y=-1$

〈답〉 $x=2,\ y=-1$

풀이 2 ①에서 y를 x로 나타내면

$$y=x-3 \qquad\qquad ③$$

③을 ②에 대입하면

$$2x+3(x-3)=1$$

정리하면 $5x=10$ 따라서 $x=2$

이것을 ③에 대입하여 $y=-1$

이 예의 풀이와 같이, 이원일차연립방정식을 푸는 데에는, 어느 하나의 미지수, 예를 들면 y를 포함하지 않는 x만에 대해서 방정식을 만들고, 그 방정식을 풀어 x값을 구하여, 그 값을 원래 연립방정식 중 어느 하나에 대입하여 y값을 구하는 것입니다. 어떤 미지수를 갖지 않는 방정식을 만드는 것을, 그 미지수를 **소거한다**라고 합니다. 위의 예의 풀이에서는 y를 소거해서 x만의 방정식을 만든 것입니다. 어떤 미지수를 소거하는 방법은 여러 가지가 있는데, 위의 풀이 **1**, 풀이 **2**에 쓴 방법이 대표적인 것이므로, 옛날 중등 교육에서는 각각 "가감법", "대입법"이라고 했습니다. (그렇다고는 하지만, 그런 명칭을 붙일 만큼 어마어마한 것은 아니고, 여러분은 쉽게 해법의 요

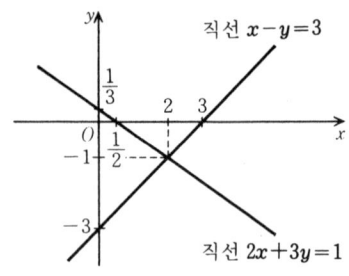

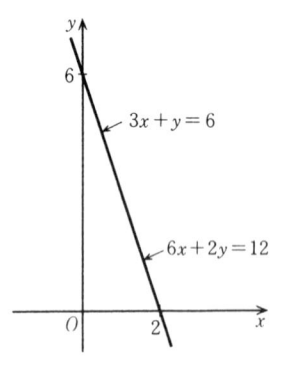

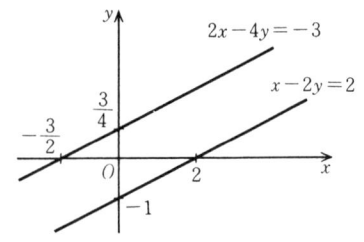

점을 이해해 주십시오.)

또, 도형적으로 해석하면——평면도형의 이야기는, 후에 자세히 하게 되겠지만——, 앞 예의 두 개의 방정식 ①, ②는 각각 평면상의 직선을 나타내고 있고, 위의 얻은 근 $x=2$, $y=-1$은, 이 두 직선의 교점인 x좌표와 y좌표를 나타내고 있습니다. 이원일차연립방정식을 기하적으로 풀 때에는 평면상의 두 직선의 교점의 좌표를 구하는 것입니다.

이원일차연립방정식 중에는, 무수히 많은 해를 갖는 것과, 해를 갖지 않는 것도 있습니다. 예를 들면, 다음과 같은 연립방정식을 생각해 봅시다.

$$(1)\quad \begin{aligned} 3x+y&=6 \quad\cdots① \\ 6x+2y&=12\cdots② \end{aligned} \qquad (2)\quad \begin{aligned} x-2y&=2 \quad\cdots① \\ 2x-4y&=-3\cdots② \end{aligned}$$

이 중, 연립방정식 (1)에서는, 제 ①식은 2배하면 제 ②식과 같아집니다. 따라서, 이 연립방정식은 무수히 많은 근을 갖습니다. 즉 제①식을 만족하는 x, y는 모두 이 연립방정식의 근이 됩니다. 한편, 연립방정식 (2)에서는, 제①식을 2배하면 $2x-4y=4$가 되어, 이 식과 제②식은 분명히 동시에 성립하지 않습니다. 따라서, 이 연립방정식은 근을 갖지 않습니다.

좌표평면상에서 생각하면, 연립방정식 (1)의 두 개의 방정식은, 왼쪽 가운데 그림과 같이 똑같은 직선을 나타내고 있습니다. 따라서, 이 직선상의 모든 점의 x좌표, y좌표가 이 연립방정식의 근이 됩니다. 또, 연립방정식 (2)의 두 개의 직선은 왼쪽 아래의 그림과 같이 평행하는 두 직선으로 나타납니다. 이 두 개의 평행선은 교점을 갖지 않습니다. 따라서, 이 두 개의 연립방정식을 동시에 만족하는 x, y는 존재하지 않습니다.

그러나, 위의 예와 같은 경우는 확실히 예외적인 것입니다. 따라서 일반적으로, 두 개의 미지수에 대해서 두 개의 일차방정식으로 된 연립일차방정식은——두 개의 일차방정식을 나타내는 두 직선의 교점의 좌표로서——
다만 한 쌍의 근을 갖습니다.

◆ 3원 이상의 연립일차방정식

3원 이상의 연립일차방정식에 있어서도, 미지수와 똑
같은 개수의 방정식이 주어진다면, 일반적으로 근은 단
한 쌍만 정해집니다.

특히 3원인 경우에 대해서는, 우리는 이것에 다음과 같
은 기하학적 해석을 부여할 수 있습니다. 즉, 공간(우리
가 살고 있는 보통의 3차원 공간) 내의 3개의 평면은 일
반적으로 단 한 점에서 만난다——이것이 3원일차연립
방정식의 근이 단 한 쌍으로 정해진다는 것에 대응합니
다. 이것은, 후에 공간 도형에 대해서 언급할 때에 다시
한 번 생각할 기회가 있겠지요

📗 다음 연립일차방정식을 푸시오.

$$\begin{cases} 3x + y + z = -5 & ① \\ 4x + 3y - 2z = -5 & ② \\ 5x + 4y + 2z = 9 & ③ \end{cases}$$

풀이 하나의 미지수 z를 소거해서, x, y에 대한 연립
일차방정식을 유도합니다.

①×2＋②를 하면 $10x + 5y = -15$

$$2x + y = -3 \qquad\qquad ④$$

②＋③을 하면 $9x + 7y = 4$ ⑤

다음에는 ④, ⑤에서 y를 소거합니다.

④×7－⑤에서 $5x = -25$

그러므로 $x = -5$

이것을 ④에 대입하면 $y = 7$

다음에 $x = -5$, $y = 7$을 ①에 대입하면 $z = 3$

〈답〉 $x = -5, y = 7, z = 3$

이 예의 풀이와 같이, 3원일차연립방정식을 풀려면, 세
개의 방정식은 두 개씩 알맞게 조를 짜서 하나의 미지수

를 소거하고 다른 두 개의 미지수에 대해서 두 개의 방정식으로 되는 연립일차방정식을 만들고, 그 연립방정식을 푸는 일에 문제를 귀착시킵니다. 이것은 미지수의 개수가 더 많아진 경우도 같습니다. 즉, 일반적으로 n원일차연립방정식을 푸는 데에는, 그 하나의 미지수를 소거하고, 문제를 $(n-1)$원일차연립방정식을 푸는 것에 귀착시키는 것입니다. 이와 같이 미지수를 "하나씩 줄여가는"것이, 연립일차방정식을 풀 때의 —— 이것은 실은 "1차"의 연립방정식의 경우에만 한정되는 것은 아니지만 —— 원칙적인 방법입니다. 그렇다고는 하지만, 특수한 모양을 한 연립방정식의 경우에는, 적당한 노력에 의해서 더 간단하게 답을 구할 수도 있습니다. 다음에 그 한 예를 들어 봅시다.

예 다음 연립일차방정식을 푸시오.

$$\begin{cases} y+z+u = 2 & ① \\ z+u+x = 10 & ② \\ u+x+y = 6 & ③ \\ x+y+z = 3 & ④ \end{cases}$$

풀이 주어진 네 방정식의 특수한 규칙성에 주목해서 다음과 같이 계산합니다.

①+②+③+④를 하면

$$3(x+y+z+u) = 21$$

따라서 $x+y+z+u = 7$ ⑤

⑤−①에서 $x=5$ ⑤−②에서 $y=-3$

⑤−③에서 $z=1$ ⑤−④에서 $u=4$

〈답〉 $x=5,\ y=-3,\ z=1,\ u=4$

문제 30 다음 연립일차방정식을 푸시오.

(1) $\begin{cases} x+2y = -1 \\ 3x-4y = 17 \end{cases}$ (2) $\begin{cases} 2x+y = 10 \\ x+6y = 27 \end{cases}$

(3) $\begin{cases} 2x-3y-4z = -4 \\ 3x+4y-2z = -11 \\ 4x-2y+3z = 17 \end{cases}$ (4) $\begin{cases} x-4y+2z = -25 \\ 2x+y-z = 0 \\ 3x+y+2z = -6 \end{cases}$

(5) $\dfrac{3x+2y}{4} = \dfrac{3y+z}{5} = \dfrac{5x+y-z}{6} = 2$

(6) $\begin{cases} y+z+u=9 \\ z+u+x=8 \\ u+x+y=7 \\ x+y+z=6 \end{cases}$

(7) $\begin{cases} x+y+z+3u=3 \\ x+y+3z+u=-8 \\ x+3y+z+u=0 \\ 3x+y+z+u=5 \end{cases}$

문제 31 세 자리의 정수가 있는데, 각 자리의 숫자의 합은 12이며, 가운데 숫자의 3배는 다른 숫자의 합과 같습니다. 또, 이 수의 숫자의 순서를 역으로 하여 얻어진 수는 원래의 수보다도 693 큽니다. 이 정수를 구하시오.

◆ 연립이차방정식

두 개의 미지수에 대해서, 1차와 2차, 또는 2차와 2차의 방정식을 연립시킨 연립방정식을 **이원이차연립방정식**이라고 합니다. 그 풀이 방법에 대해서 생각해 봅시다.

<u>1차와 2차의 경우</u>

주어진 방정식이 1차와 2차인 경우에는, 1차의 방정식에서 한 쪽의 미지수를 다른 쪽의 미지수로 나타내고, 그것을 2차의 방정식에 대입해서, 하나의 미지수에 대한 이차방정식을 만들면 됩니다. 즉, 한 쪽의 미지수를 <u>소거</u>해서 다른 미지수에 대한 이차방정식을 만드는 것입니다.

예 다음 연립방정식을 푸시오.

$$\begin{cases} 2x-y-5=0 & ① \\ x^2+y^2=50 & ② \end{cases}$$

풀이 ①에서 $y=2x-5$ ③

③을 ②에 대입해서

$$x^2+(2x-5)^2=50$$

정리하여 $5x^2-20x-25=0,\ x^2-4x-5=0$

$$(x-5)(x+1)=0$$

그러므로 $x=5$ 또는 $x=-1$

③에서, $x=5$일 때 $y=5$, $x=-1$일 때 $y=-7$

$$\langle 답 \rangle \begin{cases} x = 5 \\ y = 5 \end{cases} \begin{cases} x = -1 \\ y = -7 \end{cases}$$

또, 형식적인 것이지만, 답은 위와 같이 써도 좋고, 아래와 같이 써도 관계 없습니다.

$$x = 5,\ y = 5\ ;\ x = -1,\ y = -7$$

예 다음 연립방정식을 푸시오.

$$(1)\ \begin{cases} x + y = 4 \\ xy = -5 \end{cases} \qquad (2)\ \begin{cases} x + y = -2 \\ x^2 - xy + y^2 = -2 \end{cases}$$

풀이 앞에서의 예와 같이 풀 수 있지만, 다음과 같은 방법도 있습니다.

(1) 이차방정식의 근과 계수와의 관계에 의해서, 주어진 두 개의 식에서, $x,\ y$는 t에 대한 이차방정식

$$t^2 - 4t - 5 = 0$$

의 근이 두 개라는 것을 알 수 있습니다. 이것을 풀면

$$t = 5,\ -1$$

$$\langle 답 \rangle \begin{cases} x = 5 \\ y = -1 \end{cases} \begin{cases} x = -1 \\ y = 5 \end{cases}$$

(2) 제 ②식의 좌변을 변형하면 $(x + y)^2 - 3xy = -2$

이 $x + y$에 제 ①식을 대입하면 $4 - 3xy = -2$

따라서 $\qquad\qquad\qquad xy = 2$

제 ①식과 이 식에서 $x,\ y$는 t에 대한 이차방정식

$$t^2 + 2t + 2 = 0$$

의 두 개의 근입니다. 이것을 풀면 $t = -1 \pm i$

$$\langle 답 \rangle \quad \begin{cases} x = -1 + i \\ y = -1 - i \end{cases} \begin{cases} x = -1 - i \\ y = -1 + i \end{cases}$$

예제 어떤 직사각형의 둘레의 길이는 26cm인데 세로를 2cm, 가로를 3cm 길게 하면, 넓이가 두 배로 된다고 합니다. 이 직사각형의 세로와 가로의 길이를 구하시오.

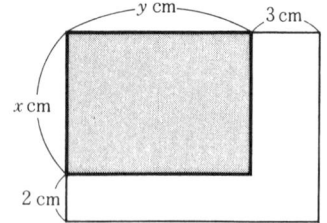

풀이 세로, 가로의 길이를 각각 $x$cm, $y$cm라 하면

$$x + y = 13 \qquad\qquad ①$$

$$\langle 답 \rangle \quad (x + 2)(y + 3) = 2xy \qquad ②$$

라는 두 개의 방정식이 성립합니다. ②를 정리하면

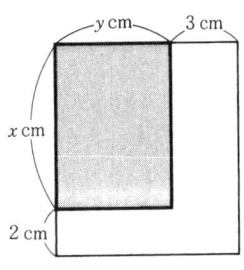

$$xy - 3x - 2y - 6 = 0 \qquad ③$$

①에서　　　　　　　　$y = 13 - x$ 　　　　④

이 ④를 ③에 대입하면

$$x(13-x) - 3x - 2(13-x) - 6 = 0$$
$$x^2 - 12x + 32 = 0$$

따라서 $x = 4$ 또는 $x = 8$

④에서 $x = 4$일 때 $y = 9$, $x = 8$일 때 $y = 5$

〈답〉　세로 4cm, 가로 9cm, 또는 세로 8cm, 가로 5cm

문제 32 다음 연립방정식을 푸시오.

(1) $\begin{cases} x - y = 1 \\ x^2 + y^2 = 25 \end{cases}$ 　　　　(2) $\begin{cases} y = \sqrt{3}\,x \\ x^2 + y^2 = 48 \end{cases}$

(3) $\begin{cases} y = 2x - 1 \\ y^2 - x^2 = 5 \end{cases}$ 　　　　(4) $\begin{cases} x + y = 4 \\ xy = 2 \end{cases}$

(5) $\begin{cases} x + y = 5 \\ x^2 + xy + y^2 = 21 \end{cases}$ 　　(6) $\begin{cases} 3x + 4y = 5 \\ 4x^2 + xy - 3y^2 = 0 \end{cases}$

문제 33 어떤 직사각형의 세로를 4cm 짧게 하고, 가로를 5cm 길게 하면 넓이는 변하지 않지만, 세로를 4cm 길게 하고, 가로를 5cm 짧게 하면, 넓이는 원래의 $\dfrac{2}{3}$ 가 됩니다. 원래의 직사각형의 세로와 가로의 길이를 구하시오.

문제 34 지름이 15cm인 원에 내접하고, 둘레의 길이가 42 cm인 직사각형이 있습니다. 이 직사각형의 두 변의 길이를 구하시오.

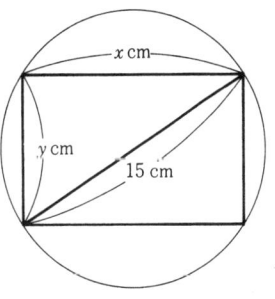

문제 35 길이 1m인 철사를 둘로 잘라서, 한 부분으로는 직사각형의 틀을 만들고, 다른 것으로는 두 변의 비가 1 : 2 인 직사각형의 틀을 만들었더니, 정사각형과 직사각형의 넓이의 합이 300cm² 가 되었습니다. 철사를 어떻게 잘랐을까요? 정사각형의 둘레의 길이와 직사각형의 둘레의 길이를 구하시오. [힌트 : 정사각형의 한 변의 길이를 $x$cm, 직사각형의 짧은 쪽의 한 변의 길이를 $y$cm로 하여 연립방정식을 세워 보시오.]

2차와 2차인 경우

주어진 두 개의 방정식이 모두 2차인 연립이차방정식을 푸는 일은, 일반적으로 곤란합니다. 그러나 어떤 경우에는, 다음과 같이 적당한 노력을 하여 풀 수 있습니다.

예 다음 연립방정식을 푸시오.

$$\begin{cases} 3x^2 - 5xy - 2y^2 = 0 & ① \\ x^2 + y^2 + 5x = 15 & ② \end{cases}$$

풀이 이 문제에는 ①식의 좌변이 두 개의 1차식의 곱으로 인수분해 되므로, 문제를 1차와 2차의 경우로 귀착시킬 수 있습니다. 그것이 가장 중요합니다. 즉, 해답은 다음과 같이 됩니다.

①의 좌변을 인수분해하면

$$(x - 2y)(3x + y) = 0$$

그러므로 $x - 2y = 0$ 또는 $3x + y = 0$

1 $\underline{x - 2y = 0}$일 때에는 $y = \dfrac{1}{2}x$ ③

③을 ②에 대입하면 $x^2 + \dfrac{1}{4}x^2 + 5x = 15$

간단하게 하면

$$x^2 + 4x - 12 = 0$$

$$(x - 2)(x + 6) = 0$$

따라서 $x = 2, -6$

이것을 ③에 대입하면 $y = 1, -3$

2 $\underline{3x + y = 0}$일 때에는 $y = -3x$ ④

④를 ②에 대입하면 $x^2 + 9x^2 + 5x = 15$

간단하게 하면

$$2x^2 + x - 3 = 0$$

$$(x - 1)(2x + 3) = 0$$

따라서 $x = 1, -\dfrac{3}{2}$

이것을 ④에 대입하면 $y = -3, \dfrac{9}{2}$

〈답〉 $\begin{cases} x = 2 \\ y = 1 \end{cases}$ $\begin{cases} x = -6 \\ y = -3 \end{cases}$ $\begin{cases} x = 1 \\ y = -3 \end{cases}$ $\begin{cases} x = -\dfrac{3}{2} \\ y = \dfrac{9}{2} \end{cases}$

㉥ 다음 연립방정식을 푸시오.

$$\begin{cases} x^2 - y^2 = 8 & \text{①} \\ xy = 3 & \text{②} \end{cases}$$

풀이 ①에서

$$x^2 + (-y^2) = 8 \qquad \text{③}$$

또, ②의 양변을 제곱하면 $x^2 y^2 = 9$

즉 $\qquad x^2(-y^2) = -9 \qquad \text{④}$

③, ④에 의해, $x^2,\ -y^2$은 t에 대한 이차방정식

$$t^2 - 8t - 9 = 0$$

의 두 근입니다. 이 이차방정식을 풀면

$$t = 9,\ -1$$

따라서 $x^2 = 9,\ -y^2 = -1$ 즉, $x^2 = 9,\ y^2 = 1$; 또는

$x^2 = -1,\ -y^2 = 9$ 즉, $x^2 = -1,\ y^2 = -9$

$x^2 = 9,\ y^2 = 1$ 일 때에는 $x = \pm 3,\ y = \pm 1$

그러나, ②에 의해서 $x = 3,\ y = -1$ 과 $x = -3,\ y = 1$

로는 쌍을 만들 수 없습니다.

또

$\quad x^2 = -1,\ y^2 = -9$일 때에는 $x = \pm i,\ y = \pm 3i$

그러나, ②에 의해 $x = i,\ y = 3i$와 $x = -i,\ y = -3i$로는

쌍을 만들 수 없습니다.

그러므로 구하려는 답은 다음과 같습니다.

⟨답⟩ $\begin{cases} x=3 \\ y=1 \end{cases}$ $\begin{cases} x=-3 \\ y=-1 \end{cases}$ $\begin{cases} x=i \\ y=-3i \end{cases}$ $\begin{cases} x=-i \\ y=3i \end{cases}$

풀이 ①×3－②×8을 만들고 "상수항을 소거"합니다.

즉

$$\begin{array}{r} 3x^2 - 3y^2 = 24 \\ -)\ \underline{\quad 8xy = 24} \\ 3x^2 - 8xy - 3y^2 = 0 \end{array}$$

이것을 인수분해하면 $(x - 3y)(3x + y) = 0$

그러므로

$$x - 3y = 0 \quad \text{또는} \quad 3x + y = 0$$

이후는, 앞의 예와 같이, <u>1차와 2차</u>의 방정식으로 된

두 개의 연립방정식

$$\begin{cases} x^2 - y^2 = 8 \\ x - 3y = 0 \end{cases} \qquad \begin{cases} x^2 - y^2 = 8 \\ 3x + y = 0 \end{cases}$$

을 푸는 일로 귀착됩니다. 이것을 풀면 각각

$x = \pm 3,\ y = \pm 1\ ;\ x = \pm i,\ y = \mp 3i$ (복호동순)

이라는 근이 얻어집니다.   (여기의 "복호동순"이라는
것은, 동시에 위의 부호, 또는 동시에 아래의 부호를
가졌을 때, 그것이 근이 된다는 뜻입니다.)

풀이 ②에서

$$y = \frac{3}{x} \qquad\qquad ⑤$$

⑤를 ①에 대입하면

$$x^2 - \frac{9}{x^2} = 8$$

양변에 x^2을 곱해서 정리하면

$$x^4 - 8x^2 - 9 = 0$$
$$(x^2 - 9)(x^2 + 1) = 0$$

그러므로 $x = \pm 3,\ \pm i$

이것을 ⑤에 대입하면,

$$x = \pm 3 \text{ 일 때 } y = \pm 1$$
$$x = \pm i \text{ 일 때 } y = \mp 3i$$

문제 36 다음 연립방정식을 푸시오.

(1) $\begin{cases} x^2 + xy + 2y^2 = 56 \\ x^2 - 5xy + 6y^2 = 0 \end{cases}$ (2) $\begin{cases} 5x^2 - 2y^2 = -3 \\ -4x^2 + xy + 2y^2 = 6 \end{cases}$

(3) $\begin{cases} x^2 + y^2 = 13 \\ xy = -6 \end{cases}$ (4) $\begin{cases} x^2 - y^2 = 16 \\ xy = -15 \end{cases}$

(5) $\begin{cases} xy + x + y = 11 \\ 2xy - x - y = 7 \end{cases}$ (6) $\begin{cases} 5xy + 4x - 3y - 2 = 0 \\ 12xy + 9x - 7y - 4 = 0 \end{cases}$

(7) $\begin{cases} x + y = 2 \\ x^3 + y^3 = -4 \end{cases}$ (8) $\begin{cases} x^2 - y^2 = 13 \\ x^4 - y^4 = -65 \end{cases}$

[힌트]: (1)제②식의 인수분해. (2)제 ①식×2＋(제②식)
의 인수분해. (3), (4) 바로 위의 예를 모방한다. (5) $x + y$

$=X$, $xy=Y$라 하고, X, Y를 구한다. (6) 두 개의 식에서 xy항을 소거하여 x, y에 대한 일차방정식을 유도한다. (7) 외관상 3차방정식이지만, 제②식을 인수분해해서 제①식을 사용하면, 1차와 2차의 연립이차방정식이 된다. (8) 제 식을 인수분해하여 제①식을 사용하면, 간단한 연립이차방 정식이 된다.]

문제 37 다음 등식이 성립하는 "복소수" z를 구하시오.

(1) $z^2=15-8i$ (2) $z^2=4i$

[힌트 : x, y를 실수로서 $z=x+yi$라 두고, z^2을 계산합니다. 다음에 복소수의 상등의 정의를 사용하여, x, y에 대한 2차 의 연립방정식을 유도하십시오.]

문제 38 (위의 문제의 일반화) 복소수의 범위에서는, 임의 의 실수――양수도 음수도 괜찮다――의 제곱근을 구할 수 있다는 것은 이미 배웠지만, 실수가 아닌 복소수―― 즉, 허수――α에 대해서도, 복소수의 범위에서는 그 제곱 근을 구할 수 있습니다. 즉, 복소수

$$\alpha=a+bi \ (a, b\text{는 실수로 } b\neq 0)$$

에 대해서, 등식

$$z^2=\alpha$$

을 만족하는 복소수 z가 존재하고, 더구나 정확히 두 개 존 재합니다. 이와 같은 z는

$$\pm\left(\sqrt{\frac{a+\sqrt{a^2+b^2}}{2}}\pm i\sqrt{\frac{-a+\sqrt{a^2+b^2}}{2}}\right)$$

으로 주어짐을 증명하시오. 단, 괄호 안의 복호는, $b>0$일 때에는 $+$, $b<0$일 때에는 $-$로 합니다. [이 문제는 일반적 인 결과를 구한다는 점에서 좀 어렵고, 또――극히 작은 것에 지나지 않지만――부등식에 대한 약간의 지식을 필 요로 합니다. 의욕이 있으신 분은 이 곳에서 이 문제에 도 전하십시오. 만일 여러분이 부등식에 그다지 익숙하지 않 다면, 다음 장의 부등식에 대해 읽고 난 후, 다시 되돌아와 서 생각해 보는 것이 좋겠지요.]

3원 이상의 연립이차방정식

연립이차방정식은 2원인 경우에 있어서조차, 이미 풀기가 일반적으로 곤란했던 것이므로, 3원인 경우는 두말할 필요도 없습니다. 여기서는 간단하고, 실제적으로도 ——예를 들면 기하학적인 요구 등에서—— 때때로 나타나는 연립방정식의 예를 드는 정도로 그치겠습니다.

예 다음 연립방정식을 푸시오.

$$y + 2z = 1 \qquad ①$$
$$x - 2y + z = 9 \qquad ②$$
$$x^2 + y^2 + z^2 = 14 \qquad ③$$

풀이 ①, ②에서, y, x를 z로 나타내고, 그 결과를 ③에 대입하여 z에 대한 이차방정식을 만듭니다.

즉, 우선 ①에서

$$y = 1 - 2z \qquad ④$$

④를 ②에 대입하면

$$x - 2(1 - 2z) + z = 9$$
$$x = -5z + 11 \qquad ⑤$$

④와 ⑤를 ③에 대입하면

$$(-5z + 11)^2 + (1 - 2z)^2 + z^2 = 14$$

정리하여 간단하게 하면

$$5z^2 - 19z + 18 = 0$$
$$(z - 2)(5z - 9) = 0$$

그러므로　　　$z = 2$ 또는 $z = \dfrac{9}{5}$

$z = 2$일 때, ④, ⑤에서 $y = -3$, $x = 1$

$z = \dfrac{9}{5}$일 때, ④, ⑤에서 $y = -\dfrac{13}{5}$, $x = 2$

〈답〉 $x = 1$, $y = -3$, $z = 2$; $x = 2$, $y = -\dfrac{13}{5}$, $z = \dfrac{9}{5}$

예제 둘레의 길이가 30cm, 넓이가 30cm²인 직각삼각형의 세 변의 길이를 구하시오.

풀이 빗변을 $z$cm, 다른 두 변을 $x$cm, $y$cm라 하면,

$$x + y + z = 30 \qquad ①$$

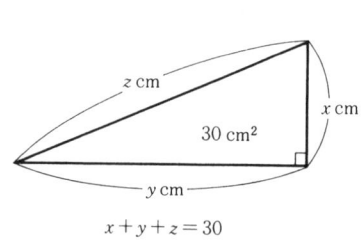

z cm　x cm　30 cm²　y cm

$$x + y + z = 30$$

$$\frac{1}{2}xy = 30 \quad \text{즉} \quad xy = 60 \qquad ②$$

이라는 두 개의 방정식을 얻을 수 있습니다. 물론, 피타고라스의 정리에 의해서

$$x^2 + y^2 = z^2 \qquad\qquad ③$$

이 됩니다. 이상의 연립방정식 ①, ②, ③에서 x, y, z를 구하면 됩니다.

우선 ①에서 $\qquad z = 30 - (x+y) \qquad\qquad ④$

이것을 ③의 우변에 대입하면

$$x^2 + y^2 = 900 - 60(x+y) + x^2 + 2xy + y^2$$

간단하게 하면

$$450 - 30(x+y) + xy = 0$$

이 xy에 대입하여, $x+y$를 구하면

$$x + y = 17 \qquad\qquad\qquad ⑤$$

①과 ⑤에서 $\qquad z = 13$

또, ②와 ⑤에 의해서, x, y는 t에 대한 이차방정식

$$t^2 - 17t + 60 = 0$$

의 두 개의 근입니다. 그러므로

$$x = 5,\ y = 12 \ \text{또는} \ x = 12,\ y = 5$$

따라서, 구하는 답은 다음과 같습니다.

〈답〉 빗변 13cm, 다른 두 변 5cm, 12cm

문제 39 다음 연립방정식을 푸시오.

(1) $\begin{cases} 2x + y = -1 \\ x - 2y + z = -4 \\ x^2 + y^2 + z^2 = 29 \end{cases}$
(2) $\begin{cases} x + y + z = 70 \\ xy = 420 \\ x^2 + y^2 = z^2 \end{cases}$

(3) $\begin{cases} x(x+y+z) = 6 \\ y(x+y+z) = -10 \\ z(x+y+z) = 20 \end{cases}$
(4) $\begin{cases} 2yz + zx = 0 \\ zx - 3xy = 0 \\ xy + 4yz = 10 \end{cases}$

[힌트 : (3)세 개의 식을 더하면 어떻게 됩니까? (4)처음에 $yz = X$, $zx = Y$, $xy = Z$라 놓고, X, Y, Z에 대한 연립일차방정식으로 푸시오.]

문제 40 겉넓이가 376cm^2인 직육면체가 있습니다. 이 직육면체의 가로와 높이는 그대로 하고, 세로를 1cm 길게 하면 겉넓이가 36cm^2 커지고, 세로와 높이는 그대로 하고, 가로를 1cm 길게 하면 겉넓이는 32cm^2 커집니다. 이 직육면체의 세로, 가로, 높이는 각각 몇 cm입니까? [이 문제는 특별한 힌트는 없습니다.]

﹂3.5 등식의 증명

이 장에서 이제까지 다루어 온 것은 방정식이었습니다. 방정식이라는 것은, 일반적으로 말하면, 미지수를 포함한 등식이고, 미지수의 몇 개의 특정값——복소수의 미지수를 갖는 연립방정식이라면 미지수의 몇 개의 특정값의 쌍——에 대해서만 성립하는 등식이었습니다. 그것에 대해서, "항상 성립하는 등식"이라는 것이 있는데, 그것을 "항등식"이라고 합니다. 그것은 어떤 의미에서 방정식과 정반대의 성격을 가지는 등식으로, 그것을 다루는 것은, 지금까지의 흐름을 조금 변하게 합니다만, ——이외에 적당한 곳도 없으므로——나는 여기서, 항등식에 대해 두 세 가지 기본적인 사항을 말하려고 합니다.

◆ 항등식

예를 들면

$$(a+b)(a-b) = a^2 - b^2$$

$$\frac{1}{x+1} + \frac{1}{x-1} = \frac{2x}{x^2-1}$$

와 같은 등식은, 식의 연산 법칙에 따라 좌변을 계산하면 우변을 얻을 수 있습니다. 따라서, 이들 등식은 문자에 어떤 수를 대입해도 항상 성립합니다. 이와 같이, 문자에 어떤 수를 대입해도 항상 성립하는 등식을 **항등식**이라 합니다. 다만, 분수식의 경우에는, 분모를 0으로 하는 값은 제외하고 생각합니다.

위의 두 개의 예와 같이, 다항식이나 분수식에 대한 등식에서, 한 쪽의 변을 연산 법칙에 따라 변형하면 다른 쪽 변이 되는 것은 물론 항등식입니다. 또, 등식의 양변을 역시 식의 연산 법칙에 따라 계산한 결과가 똑같은 식으로 되는 것도 항등식입니다. 일반적으로 어떤 등식이 항등식인 것을 증명하는 데에는, 식의 연산 법칙을 이용하는데

"한쪽 변을 다른 쪽 변으로 변형한다."

"양변을 각각 변형하여 똑같은 식으로 한다."

"양변의 차가 0이 됨을 보인다."

등의 방법에 따르면 됩니다. 또한, "등식이 항등식임을 증명한다"라는 말을, 간단히 그 "등식을 증명한다"고 합니다.

예 다음 등식을 증명하시오. [주의:이 등식은 비교적 여러 가지 경우에 이용됩니다.]

$$(ac+bd)^2+(ad-bc)^2=(a^2+b^2)(c^2+d^2)$$

증명 좌변 $(ac+bd)^2+(ad-bc)^2$을 계산하면

$$좌변 = a^2c^2+2abcd+b^2d^2)+(a^2d^2-2abcd+b^2c^2)$$
$$= a^2c^2+b^2d^2+a^2d^2+b^2c^2$$

또, 우변 $(a^2+b^2)(c^2+d^2)$을 계산하면

$$우변 = a^2c^2+a^2d^2+b^2c^2+b^2d^2$$

이것들은 완전히 같은 식으로 되어 있습니다. 그러므로 이 등식은 항등식입니다.

문제 41 다음 등식을 증명하시오.

(1) $(a^2+kb^2)(c^2+kd^2)=(ac+kbd)^2+k(ad-bc)^2$

(2) $a^2+b^2+c^2-ab-bc-ca$
$$=\frac{1}{2}\{(a-b)^2+(b-c)^2+(c-a)^2\}$$

(3) $\dfrac{1}{1-x}+\dfrac{1}{1-y}=1+\dfrac{1-xy}{(1-x)(1-y)}$

(4) $\dfrac{b}{a(a+b)}+\dfrac{c}{(a+b)(a+b+c)}=\dfrac{1}{a}-\dfrac{1}{a+b+c}$

◆ 다항식의 항등식

등식이 항등식인가 아닌가는, 그 속의 몇 개의 문자만을 주목하여 생각할 수도 있습니다. 예를 들면, 어떤 등식이 있어서, 그 속의 문자 x, y에 주목했을 때, x, y에 어떤 수를 대입해도 그 등식이 성립한다면, 그것을 <u>x, y에 대한 항등식</u>이라 합니다.

여기서는, 특히 양변이 한 개의 문자 x에 대한 다항식일 때, 그것이 <u>x에 대한 항등식</u>이 되는 것은 어떠한 경우인가를 생각해 봅시다.

예를 들면 등식
$$ax^3 + bx^2 + cx + d = 0 \qquad ①$$
이, x에 네 개의 다른 수 α_1, α_2, α_3, α_4를 대입했을 때, 각각 성립하는 것이라고 봅시다. 그 때에는
$$a = b = c = d = 0$$
으로 되어야 합니다. 그 이유는 다음과 같습니다.

우리는 이미 n차방정식의 근은 n개 이하임을 알고 있습니다. (144페이지를 보세요.) 따라서 만약 $a \neq 0$이라면 ①은 x에 대한 3차방정식이 되므로 그 근은 세 개 이하입니다. $a = 0$, $b \neq 0$이라면, ①은 이차방정식이 되므로, 그 근은 두 개 이하입니다. $a = 0$, $b = 0$, $c \neq 0$이라면, ①은 일차방정식이 되므로, 그 근은 한 개입니다. 그것은 어느 것이나 ①이 x의 네 개의 서로 다른 값에 의해 만족된다는 가정에 위배됩니다. 그러므로, ①을 만족하는 x의 네 개의 서로 다른 값 α_1, α_2, α_3, α_4가 있으면, a, b, c는 모두 0이 되어야 합니다. 따라서 또, 당연히 d도 0이 되어야 합니다.

좀더 일반적으로, 등식
$$ax^3 + bx^2 + cx + d = a'x^3 + b'x^2 + c'x + d'$$
가, x에 네 개의 다른 수를 대입했을 때에 각각 성립한다고 해 봅시다. 그 때에는
$$a = a', \quad b = b', \quad c = c', \quad d = d'$$

로 되어야 합니다. 그 이유는 간단합니다. 위의 등식을

$$(a-a')x^3+(b-b')x^2+(c-c')x+(d-d')=0$$

이라 고쳐 쓰고, 이 등식에 앞에 기술한 것을 적용하면

$$a-a'=0,\ b-b'=0,\ c-c'=0,\ d-d'=0$$

이 되기 때문입니다.

일반적으로, x에 대한 두 개의 다항식 $P(x)$와 $Q(x)$가 있고, 두 식을 내림차순 또는 오름차순으로 정리할 때, 같은 차수의 계수가 모두 일치한다면, $P(x)$와 $Q(x)$는 **다항식으로서 같다**고 합니다. 이 말을 이용하면 위에서 기술한 것은 다음과 같이 정리할 수 있습니다.

"$P(x)$와 $Q(x)$가 3차 이하의 다항식이고, 네 개의 다른 수 $\alpha_1, \alpha_2, \alpha_3, \alpha_4$에 대해서 $P(\alpha_1)=Q(\alpha_1)$, $P(\alpha_2)=Q(\alpha_2)$, $P(\alpha_3)=Q(\alpha_3)$, $P(\alpha_4)=Q(\alpha_4)$가 성립하면, $P(x)$와 $Q(x)$는 다항식으로서 같다."

이 결과가 아래와 같이 일반화된 것은 곧 알겠지요. 우리는 이것을 **다항식 일치의 정리**라고 부르기로 합시다.

다항식 일치의 정리

$P(x)$ 및 $Q(x)$가 x에 대해서 n차 이하의 다항식이고, $n+1$개의 다른 수 $\alpha_1, \alpha_2, \cdots, \alpha_{n+1}$에 대해서

$$P(\alpha_1)=Q(\alpha_1),\quad P(\alpha_2)=Q(\alpha_2)\cdots$$
$$\cdots, P(\alpha_{n+1})=Q(\alpha_{n+1})$$

이 성립한다면, $P(x)$, $Q(x)$는 다항식으로서 같다.

이 정리의 특별한 경우로, $P(x)$가 n차 이하의 다항식이고, $n+1$개의 서로 다른 수 $\alpha_1, \alpha_2, \cdots, \alpha_{n+1}$에 대해서

$$P(\alpha_1)=0,\quad P(\alpha_2)=0\ \cdots,\quad P(\alpha_{n+1})=0$$

이 성립한다면, $P(x)$는 다항식으로서 0과 같다라는 것이 됩니다. 즉, $P(x)$의 모든 차수의 계수가 0이 됩니다.

그런데, 지금 $P(x)$, $Q(x)$가 x의 다항식이고, $P(x)=Q(x)$가 x에 대해서 항등식이라고 합시다. 즉, x에 어떤 수를 대입해도 이 등식이 성립한다고 합시다. 그 때에는,

이 등식을 성립시키는 무수히 많은 x의 값이 있으므로, 당연히 다항식 일치의 정리에 의해 $P(x)$, $Q(x)$는 "다항식으로서 같다"가 됩니다. 한편 역으로, $P(x)$, $Q(x)$가 다항식으로서 같다면, 물론 $P(x)=Q(x)$는 항등식입니다.

결국, 다항식 $P(x)$, $Q(x)$에 대해서는

$P(x)=Q(x)$가 x에 대해서 항등식이다

라는 것은

$P(x)=Q(x)$가 다항식으로서 등식이다

는 것과 동치가 되는 것입니다.

(예) $ax^3+2x^2-5x+d=4x^3-bx^2-cx+3$이 x에 대해서 항등식이 되는 것은 어떤 경우인가? 그것은

$$a=4, \quad b=-2, \quad c=5, \quad d=3$$

일 때입니다.

(예) 다음 등식이 x에 대한 항등식이 되도록, 상수 a, b, c의 값을 정하시오.

$$a(x-1)(x+1)+b(x+1)(x-2)+c(x-1)(x-2)$$
$$=7x-11 \qquad\qquad ①$$

[풀이] ①의 좌변을 정리하면

$$(a+b+c)x^2-(b+3c)x-(a+2b-2c)=7x-11$$

양변의 계수를 비교하여

$$a+b+c=0, \quad b+3c=-7, \quad a+2b-2c=11$$

a, b, c에 대한 이 연립방정식을 풀면

$$a=1, \quad b=2, \quad c=-3$$

[별해] ①이 항등식이라면, 특히 $x=2, 1, -1$에 대해서도 성립할 것입니다. ①에서

x에 2를 대입하면

$$3a=7\cdot2-11=3 \quad 그러므로 \ a=1$$

x에 1을 대입하면

$$-2b=7\cdot1-11=-4 \quad 그러므로 \ b=2$$

x에 -1을 대입하면

$$6c = 7 \cdot (-1) - 11 = -18 \quad 그러므로 \ c = -3$$

위의 별해는 실제적으로는 이것만으로 충분하지만, 엄밀히 말하면 약간 논의할 여지가 있는 곳이 있습니다. 이에 대한 해답은 ①이 항등식이라면 $x = 2, 1, -1$에 대해서 성립한다고 하여

$$a = 1, \quad b = 2, \quad c = -3$$

을 유도해 낸 것이지만, 역으로 a, b, c를 이와 같이 정했을 때, ①이 분명히 항등식이 된다는 것을 완전히 논하고 있지 않기 때문입니다. 그러나 그것은, 예를 들면 다음과 같이 간단하게 설명할 수가 있습니다. 즉, $a = 1, \quad b = 2, c = -3$이라 하면, 그 정하는 방법에서 알 수 있듯이, ①은 $x = 2, 1, -1$이라는 세 개의 다른 값에 대해서는 분명히 성립합니다. 그리고 ①의 양변은 x에 대한 2차 이하의 다항식입니다. 그러므로 다항식 일치의 정리에 의해 ①의 양변은 다항식으로서 같게 되고, 따라서 항등식이 됩니다.

이 별해에서 설명한 방법은, 양변을 정리해서 계수를 비교하여, 연립방정식을 만들어 푸는 방법보다 간단하여 종종 유효하게 이용됩니다.

문제 42 다음 등식이 x에 대한 항등식이 되도록, 상수 a, b, c, d의 값을 정하시오.

(1) $(2x+1)(x^2+ax+b) = 2x^3 - 5x^2 + cx + 2$

(2) $ax(x+1) + bx(x-1) \neq c(x+1)(x-1) = 10x^2 - 2$

(3) $a(x-1)(x-3) + b(x-3)(x+2)$
$$+ c(x+2)(x-1) = 30$$

(4) $x^3 - 6x^2 + 13x - 4 = a(x-2)^3 + b(x-2)^2 + c(x-2) + d$

예 다음 등식이 x에 대한 항등식이 되도록, 상수 a, b, c의 값을 구하시오.

$$\frac{3x+6}{x^3+1} = \frac{a}{x+1} + \frac{bx+c}{x^2-x+1}$$

풀이 양변의 분모를 없애면

$$3x+6=a(x^2-x+1)+(bx+c)(x+1)$$

이 다항식의 등식이 항등식이 되도록, a, b, c를 정할 수 있으면 된다.

우변을 정리하면

$$3x+6=(a+b)x^2+(-a+b+c)x+(a+c)$$

그러므로

$$a+b=0, \quad -a+b+c=3, \quad a+c=6$$

이 연립방정식을 풀면

$$a=1, \quad b=-1, \quad c=5$$

$\boxed{\text{문제 43}}$ 다음 등식이 x에 대한 항등식이 되도록, 상수 a, b, c, d, e의 값을 구하시오.

(1) $\dfrac{x+5}{3x^2-5x-2}=\dfrac{a}{x-2}+\dfrac{b}{3x+1}$

(2) $\dfrac{3x+2}{x(x^2+2)}=\dfrac{a}{x}+\dfrac{bx+c}{x^2+2}$

(3) $\dfrac{x^3+6x-15}{(x-1)(x-2)(x+3)}=1+\dfrac{a}{x-1}+\dfrac{b}{x-2}+\dfrac{c}{x+3}$

(4) $\dfrac{2x+3}{x(x-1)^2}=\dfrac{a}{x}+\dfrac{b}{x-1}+\dfrac{c}{(x-1)^2}$

(5) $\dfrac{1}{x^4-1}=\dfrac{a}{x-1}+\dfrac{b}{x+1}+\dfrac{cx+d}{x^2+1}$

(6) $\dfrac{1}{x(x^2+1)^2}=\dfrac{a}{x}+\dfrac{bx+c}{x^2+1}+\dfrac{dx+e}{(x^2+1)^2}$

$\boxed{\text{문제 44}}$ a, b, c를 서로 다른 세 개의 수라 할 때, 다음 등식이 x에 대한 항등식임을 증명하시오.

$$\frac{x^2}{(x-a)(x-b)(x-c)}=\frac{a^2}{(a-b)(a-c)(x-a)}$$

$$+\frac{b^2}{(b-c)(b-a)(x-b)}+\frac{c^2}{(c-a)(c-b)(x-c)}$$

◆ 조건부의 등식

등식 중에는, 항등식에서는 아니지만, 어떤 조건하에서는 항상 성립하는 것도 있습니다. 간단한 한 가지 예를 들어 보겠습니다.

(예) $x+y=1$일 때, 등식 $x^2-x=y^2-y$

가 성립함을 증명하시오.

증명 주어진 조건에서 $x=1-y$

이것을 이용하여 좌변을 변형하면

$$좌변 = (1-y)^2-(1-y)$$
$$= 1-2y+y^2-1+y = y^2-y = 우변$$

이것으로 증명이 끝났습니다.

별증 $(좌변)-(우변) = (x^2-x)-(y^2-y)$
$$= (x^2-y^2)-(x-y)$$
$$= (x-y)(x+y)-(x-y)$$
$$= (x-y)(x+y-1)$$

가정에 의해 $x+y-1=0$이므로

$(좌변)-(우변)=0$ 따라서 $(좌변)=(우변)$

문제 45 $a+b+c=0$일 때, 다음 등식을 증명하시오. 단,
(2)에 있어서는 $a\neq 0,\ b\neq 0,\ c\neq 0$이라 한다.

(1) $a^2-bc = b^2-ca = c^2-ab$

(2) $\dfrac{b^2-c^2}{a}+\dfrac{c^2-a^2}{b}+\dfrac{a^2-b^2}{c} = 0$

(3) $a^3+b^3+c^3 = 3abc$

◆ 비례식

두 개의 0이 아닌 수 a, b에 대해서, $a:b$라는 기호를 생각하고, 이것을 a**와** b**의 비**, $\dfrac{a}{b}$를 이 **비의 값**이라 하는 것은, 어쩌면 여러분들이 잘 알고 있는 것이겠지요. 기호 $a:b$는 "a 대 b"라 읽습니다.

두 개의 비 $a:b$와 $c:d$는, $\dfrac{a}{b}=\dfrac{c}{d}$가 성립할 때 같다고 정합니다. 즉

$$a:b = c:d \iff \frac{a}{b}=\frac{c}{d}$$

입니다. 이런 의미에서 "비"와 "비의 값"은 종종 같은 뜻으로 쓰입니다.

$a:b=c:d$ 또는 $\dfrac{a}{b}=\dfrac{c}{d}$와 같은 식, 혹은 좀더 일반

적으로

$$a_1 : b_1 = a_2 : b_2 = \cdots = a_n : b_n$$

또는

$$\frac{a_1}{b_1} = \frac{a_2}{b_2} = \cdots = \frac{a_n}{b_n}$$

와 같은 식을 **비례식**이라 부릅니다. 비례식을 다룰 때에는, 우리는 보통 특별한 이유가 없는 한, 모든 분자와 분모가 0이 아니라고 생각하고, 그 식을 처리합니다.

예 $\dfrac{a}{b} = \dfrac{c}{d}$일 때, 다음 비례식을 증명하시오.

$$\frac{a+b}{a-b} = \frac{c+d}{c-d}$$

증명 $\dfrac{a}{b} = \dfrac{c}{d} = k$라 하면, $a = bk, c = dk$

이것에 의하여

$$\frac{a+b}{a-b} = \frac{bk+b}{bk-b} = \frac{b(k+1)}{b(k-1)} = \frac{k+1}{k-1}$$

$$\frac{c+d}{c-d} = \frac{dk+d}{dk-d} = \frac{d(k+1)}{d(k-1)} = \frac{k+1}{k-1}$$

그러므로 $\qquad \dfrac{a+b}{a-b} = \dfrac{c+d}{c-d}$

예 비례식 $\dfrac{b+c}{a} = \dfrac{c+a}{b} = \dfrac{a+b}{c}$가 성립할 때, 이 비의 값은 2 또는 -1과 같음을 증명하시오.

증명 $\dfrac{b+c}{a} = \dfrac{c+a}{b} = \dfrac{a+b}{c} = k$라 하면
$$b+c = ak, \quad c+a = bk, \quad a+b = ck$$

이 세 개의 식을 변끼리 더하면
$$2(a+b+c) = k(a+b+c)$$

에 의해서 $a+b+c \neq 0$인 경우에는 $k = 2$

또, $a+b+c = 0$인 경우에는, $b+c = -a$이므로
$$k = \frac{b+c}{a} = \frac{-a}{a} = -1$$

문제 46 $\dfrac{a}{b} = \dfrac{c}{d}$일 때, 다음 비례식을 증명하시오.

(1) $\dfrac{a}{b} = \dfrac{c}{d} = \dfrac{pa+qc}{pb+qd}$ (2) $\dfrac{(a+b)^2}{ab} = \dfrac{(c+d)^2}{cd}$

(3) $\dfrac{a^2+c^2}{ab+cd} = \dfrac{ab+cd}{b^2+d^2}$ (4) $\dfrac{(a-c)^2}{(b-d)^2} = \dfrac{a^2+c^2}{b^2+d^2}$

$$\frac{a}{a'} = \frac{b}{b'} = \frac{c}{c'}$$ 인 것을 $a : b : c = a' : b' : c'$ 라 씁니다. 기호 $a : b : c$ 는 "a 대 b 대 c"라고 읽고, 이것을 a, b, c 의 **연비**라 합니다. 같은 방법으로 네 개 이상의 수의 연비도 생각할 수가 있습니다.

예 $a : b = 5 : 6$, $b : c = 9 : 14$ 일 때, $a : b : c$ 를 되도록 간단한 정수의 비로 나타내시오.

풀이 6과 9의 최소공배수는 18이고,

$$a : b = 5 : 6 = 15 : 18$$
$$b : c = 9 : 14 = 18 : 28$$

그러므로 $a : b : c = 15 : 18 : 28$

예 $x : y : z = 2 : 3 : 4$ 일 때

$$3x + 2y : 9x - y : x + 4z$$

를 구하시오.

풀이 $\dfrac{x}{2} = \dfrac{y}{3} = \dfrac{z}{4} = k$ 라 하면

$$x = 2k, \quad y = 3k, \quad z = 4k$$

따라서

$$3x + 2y = 12k, \quad 9x - y = 15k, \quad x + 4z = 18k$$

그러므로

$$3x + 2y : 9x - y : x + 4z = 12k : 15k : 18k$$
$$= 12 : 15 : 18$$
$$= 4 : 5 : 6$$

문제 47 다음 연비를 구하시오.

(1) $a : b = 5 : 4$, $b : c = 6 : 5$ の 일 때, $a : b : c$

(2) $a : b : c = 4 : 3 : 2$ 일 때, $a + 2b : 2a - b : 5c$

(3) $a : b : c = 4 : 3 : 2$ 일 때, $a^2 : b^2 : c^2$

문제 48 $a : b : c = x : y : z$ 일 때, 다음을 증명하시오.

(1) $(a^2 + b^2 + c^2) : (x^2 + y^2 + z^2)$
$\qquad = (ab + bc + ca) : (xy + yz + zx)$

(2) $(a^2 + b^2 + c^2)(x^2 + y^2 + z^2) = (ax + by + cz)^2$

문제 49 a, b, c, s 를 주어진 양수라 할 때,

$$x : y : z = a : b : c, \quad x + y + z = s$$

가 되도록 x, y, z를 a, b, c, s로 나타내시오.

$$x : y : z = a : b : c, \qquad x + y + z = s$$

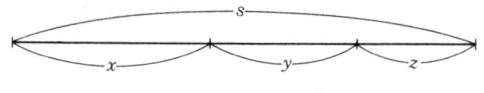

$$x : y : z = a : b : c$$

유클리트가 애호했던 귀류법은 수학자가 가
진 가장 **훌륭한 무기**의 하나이다.

G.H. 하디

 대소 관계
—— 부등식

4.1 부등식의 기본 성질

3장에서는 방정식에 대해 다루었지만, 이 장에서는 부
등식에 대해서 다루겠습니다. 그리고 이 장에서는 다시
실수의 세계로 되돌아오겠습니다.

방정식에서는, 모든 이차방정식이 근을 갖게 하기 위
하여, 수의 범위를 실수보다 확장시켜 복소수라는 수의
세계를 생각할 필요가 있었습니다. 그러나, 이것은——
예를 들면, "복소수평면"의 장에서 복소수는 좀더 당당히
실재감이 있는 수로서 등장하고, 그 밖에도 여러 곳에서
복소수를 접할 기회가 있겠지만——, 그런 특별한 곳 이
외에서는, 우리는 원칙적으로 수라 하면 실수를 생각합
니다. 특히, 부등호 >, ≥, <, ≤의 양 쪽에 나타나는 수
는 반드시 실수이다라고 약속해야 합니다. 이 약속은 중

요합니다! 수의 대소 관계를 생각하는 것은 <u>실수의 범위</u>에 <u>한한다</u>는 것입니다. 실수와 허수 사이라든가, 허수 끼리의 사이에서는 대소는 생각하지 않습니다. 따라서 설령 복소수의 범위에서 무언가를 생각하는 경우에도 부등식이 나올 때에는, 그 양변의 수는 실수이어야 합니다. 이것은 여러분이 꼭 기억해 두기를 바랍니다.

그럼, 왜 수의 대소 관계를 실수의 범위에 한해서만 생각해야 하는가? 왜 복소수 사이에서는 대소를 생각할 수 없는 것일까? 그 이유는 조금 뒤에서 설명하겠습니다. 가장 먼저 필요한 것은 그러한 이유를 아는 것이 아닙니다. 중요한 것은 부등식을 다룰 때에는 실수만을 생각한다 ──── 이것을 여러분이 머리 속에 꼭 기억하여 결코 잊지 않도록 한다는 것입니다.

◆ 부등식의 기본 성질

부등식에 대해서 우리는 이미 상당히 많은 것을 알고 있습니다. 예를 들면, 수평으로 그은 수직선상에 점으로 표시했을 때, a가 b보다 큰 것은, 점 a가 점 b보다 우측에 있는 것이었습니다. 또 양수는 원점보다 우측의 점으로, 음수는 원점보다 좌측의 점으로 표시되었습니다. 그리고 또 두 개의 양수의 합과 곱은 양수이고, 양수와 음수의 곱은 음수인 것 등도 배웠습니다.

그러나, 여기서 우리는 부등식을 좀더 체계적으로 다루고, 그것에 대하여 견실하게 논증적인 태도로 임하려고 합니다. 그러기위해서는 부등식에 대해서 여러 가지 증명을 할 때에 기초가 되는 것은 어떠한 것인가, 부등식의 가장 기본적인 성질은 무엇인가, 혹은 어느 만큼을 부등식의 기본 성질로 가정하면 그것에서 부등식의 다른 모든 성질을 이끌어 낼 수 있는 것일까? 이러한 것을 여기서 한 번 잘 정리해 두는 것이 좋겠지요.

우리는 오늘날 수학에 있어서 원칙으로 쓰여지는 방법

――몇 개의 사항을 **"공리"**로서 인정하고, 그것에서 모든 것을 이끌어내는 "공리적 방법" ――중의 하나인 작은 보기를 접하게 됩니다. 수학이라는 학문에서는 어느 하나의 체계 중에서, 무엇인가를 증명하려고 할 때, 그 증명의 근본이 되는 것은 무엇인가? 더욱더 또 그 무엇인가의 근본을 이루고 있는 것은 무엇인가? …라는 것과 같이, 점점 기초로 거슬러 올라가, 마침내 가장 기초라고 생각되는 것에 겨우 다달았을 때, 그것을 "공리"라 부르고, 그것을 증명없이 인정하기로 하고, 그러나 그것 이외의 것은 전부 "공리"에서 엄밀한 추론을 거듭함에 따라 차례차례로 이끌어내가는 방법을 취하는 것입니다. 이것이 수학 전반에 공통된 기본적인 방법입니다. 나는 여기서, 부등식을 대상으로 하여, 이러한 공리적 방법의, 한 자그마한 시도를 해 보도록 하겠습니다.

부등식의 "공리"는 무엇인가? 어떠한 성질을 부등식의 "공리"로서 선택해야 적당한가? 어느 성질만을 "공리"로서 승인하면, 부등식의 다른 여러 성질을 전부 그것에서 유도해낼 수 있을까? 이러한 것이 우리의 당면 과제입니다. 더구나, 당연한 것입니다만, "공리"로서 인정할만한 사항을――그 뒤에 논의해 나갈 때 지나치게 기교적으로 하지 않는 것에 한하여――될 수 있는 한 적은 쪽이 좋은 것입니다!

대강 말씀드리면, 부등식의 "공리"의 선택 방법에는 두 가지가 있습니다. 여기서 나는 아마 여러분이 받아들이기 쉽고, 또한 부등식의 여러 가지 성질을 이끌어내는 데에도 편리한, 다음의 기본 성질을 공리로서 채용하려고 합니다.

부등식의 기본 성질

1 두 개의 실수 a, b에 대해서
$$a>b, \quad a=b, \quad a<b$$

인 세 개의 관계 중, 어느 한 개만이 성립한다.

2 $a>b, b>c \implies a>c$

3 $a>b \implies a+c>b+c$

4 $a>b, c>0 \implies ac>bc$

물론, 이 기본 성질은 여러분이 "아무 의심도 없이" 옳다고 승인하여도 틀림이 없습니다. 나는 여기서는 이 기본 성질을 부등식의 "공리"로서 채택하기로 하겠습니다. 즉, 이 성질은 증명없이 옳다고 인정하고, 이것을 근본으로하여 부등식의 다른 여러 성질을 모두 이끌어내도록 하겠습니다.

나는 우선 여기서, 우리가 일상적으로 사용하는 부등식의 성질이, 모두 이 기본 성질에서 유도된다는 것을 나타내고자 합니다. (하지만 우리가 사용하는 부등식의 성질도 대단히 많아서, 전부 열거하는 것은 좀 곤란하며 번잡합니다. 아래에 예를 들었어도 이것이 전부를 다하는 것은 아닙니다. 그러나, 아래의 예를 보면, 우리가 평소에 당연한 것으로서 이용하고 있는 부등식의 여러 성질이, 모두 직접 기본 성질에서 유도해낼 수 있다는 것을 쉽게 이해하리라고 생각합니다.)

그리고 기본 성질에서 증명된 성질을 앞으로 인용하는데, 편의상 각각 번호를 붙이기로 하겠습니다.

5 $a>b+c \iff a-b>c$

증명 성질 **3**에 의해서

$a>b+c$일 때, 양변에 $-b$를 더하면

$$a-b>c$$

역으로, $a-b>c$일 때, 양변에 b를 더하면

$$a>b+c$$

위의 **5**에 의하면, 부등식에 있어서도, 그 중 어떤 항을 부호를 바꾸어 다른 변으로 옮길 수가 있습니다. 즉, 부등식에 있어서도 **이항 법칙**이 성립하는 것입니다.

6 $a>b \iff a-b>0$

증명 **5**에 있어서 특히 $c=0$이라 하면, 이 결론이 얻어
집니다.

7 $a<0 \iff -a>0$

증명 성질 **3**에 의해서

$a<0$의 양변에 $-a$를 더하면 $0<-a$

역으로 $0<-a$의 양변에 a를 더하면 $a<0$

8 $-a>-b \iff a<b$

증명 **6**에 의해서

$$-a>-b \iff (-a)-(-b)>0$$
$$\iff b-a>0 \iff b>a$$

9 $a>0,\ b>0 \implies a+b>0$

증명 $a>0$의 양변에 b를 더하면, 성질 **3**에 의해서

$$a+b>b$$

이것과 $b>0$에서, 성질 **2**에 의해 $a+b>0$

10 $a>0,\ b>0 \implies ab>0$

증명 $b>0$이므로, $a>0$의 양변에 b를 곱하면, 성질 **4**
에 의해서

$$ab>0b=0$$

11 $a>b,\ c<0 \implies ac<bc$

증명 $c<0$이므로 **7**에 의해서 $-c>0$

$a>b$의 양변에 $-c$를 곱하면, 성질 **4**에 의해서

$$a(-c)>b(-c) \text{ 즉, } -ac>-bc$$

그러므로 **8**에 의해 $ac<bc$

12 $a>0,\ b<0 \implies ab<0$

13 $a<0,\ b>0 \implies ab<0$

14 $a<0,\ b<0 \implies ab>0$

증명 **12**, **13**, **14**는 어느 것이나 똑같이 증명할 수 있습
니다. 예를 들면 **14**는 $a<0$의 양변에 b를 곱하고, **11**을
이용하면 $b<0$이므로

$$ab>0b=0$$

이 됩니다.

그런데, 위의 **10**과 **14**에 의하면, $a>0$, $a<0$ 모두
$$a^2 > 0$$
임을 알 수 있습니다. (이것은 이미 몇 번이나 이용하여
왔습니다.) 특히, $1=1^2$이므로, $1>0$입니다!

그런데 1이 0보다 크다고? 그것은 당연하지 않은가?
증명할 필요도 없지 않은가? 여러분은 아마, 이런 식으로
말하겠지요. 그렇습니다. 말 그대로 이것은 당연합니다!
우리는 이것을 오랜 옛날부터 알아서 아무 의심도 품고
있지 않습니다. 그러나 여러분, 우리가 지금 어떤 입장에
있는지를 한 번 더 생각해 봅시다. 우리는 여기서 부등식
에 대해 앞에서 들었던 기본 성질 **1, 2, 3, 4** 만을 증명 없
이 인정하고 있으며, 그 밖의 것은 **모두** 기본 성질로부터
증명하려고 하는 것들입니다. 그리고, 이 기본 성질 중에
는 "$1>0$이다"는 것은 포함되어 있지 않습니다!

어쨌든, 위에서 $1>0$인 것을 알 수 있었습니다. 이것에
서 또 다음과 같은 성질을 유도해낼 수 있습니다.

15　$a>0 \implies \dfrac{1}{a}>0$

16　$a<0 \implies \dfrac{1}{a}<0$

증명　**15**에 대해서 증명합시다. $a>0$일 때, 만약 $\dfrac{1}{a}<0$
이라면, **12**에 의해 $a \cdot \dfrac{1}{a}=1<0$로 되어, $1>0$인 것에 모
순입니다. 따라서 $\dfrac{1}{a}>0$이어야만 합니다.

16의 증명도 같은 형태입니다.

17　$a>0,\ b>0 \implies \dfrac{a}{b}>0$

18　$a>0,\ b<0 \implies \dfrac{a}{b}<0$

19　$a<0,\ b>0 \implies \dfrac{a}{b}<0$

20　$a<0,\ b<0 \implies \dfrac{a}{b}>0$

17, 18, 19, 20의 증명은 모두 연습문제로서 여러분에게
맡기겠습니다.

21 $a>b,\ c>0 \implies \dfrac{a}{c}>\dfrac{b}{c}$

22 $a>b,\ c<0 \implies \dfrac{a}{c}<\dfrac{b}{c}$

21, **22**의 증명도 연습문제로 합니다.

[문제 1] **17**, **18**, **19**, **20**, **21**, **22**를 증명하시오.

[문제 2] 다음을 증명하시오.

(1) $a>b,\ c>d \implies a+c>b+d$

(2) $a>b>0,\ c>d>0 \implies ac>bd$

(3) $a>b>0 \implies \dfrac{1}{a}<\dfrac{1}{b}$

앞에서 우리는 기본 성질 **1**, **2**, **3**, **4**에서 **5~22**와 같은 부등식의 여러 가지 성질을 이끌어냈습니다. 실제로, 이 간단한 성질은 여러분이 이미 잘 알고 있는 것들이었습니다. 이제부터는, 이들 성질도 자유로이 이용하기로 합시다.

더욱이, 이 항에서는 "등호가 있는 부등식"은 아직 언급하지 않았지만

$$a>b \text{ 또는 } a=b$$

인 것을 $a \geq b$로 쓰는 것도 잘 알고 있을 것입니다. 그리고, 이 "등호가 있는 부등식"에 대해서도 위에서 들어왔던 여러 성질과 유사한 성질, 예를 들면

$$a \geq b,\ b \geq c \implies a \geq c$$
$$a \geq b \iff a-b \geq 0$$
$$a \geq b,\ c>0 \implies ac \geq bc$$

등등이 성립합니다. 그러나, 나는 이 성질에 대해서는 하나하나 열거하고 증명하는 일은 하지 않겠습니다. 필요에 따라서, 여러분은 스스로 그러한 성질을 쉽게 증명할 수 있겠지요. 나는 여기서 여러분에게 다만 간단한 연습문제를 두 개 제시하는 것으로 그치겠습니다.

문제 3 $a \geqq b$, $c \geqq d$일 때, $a+c \geqq b+d$임을 증명하시오. 또, $a \geqq b$, $c \geqq d$이고 $a+c = b+d$이면, $a = b$, $c = d$임을 증명하시오.

문제 4 임의의 두 실수 a, b에 대해서 $a^2 + b^2 \geqq 0$임을 증명하시오. 또, $a^2 + b^2 = 0$이라면 $a = b = 0$임을 증명하시오.

◆ 기본 성질의 다른 선택 방법

위에서 우리는 178페이지의 성질 **1**, **2**, **3**, **4**를 부등식의 "공리"로 채택하고, 부등식의 다른 여러 성질은 이미 거기에서 유도해냈습니다. 그러나, 부등식의 "공리"로서는 다른 것을 취할 수도 있습니다. 설명을 공정하게 하기 위해, 다음에 그 "다른 공리"에 대해 말해 보겠습니다. (이 이야기는 일종의 "부록"으로 이 과정의 본 줄거리와는 거의 관계가 없습니다. 여러분이 만약, 이러한 "공리"의 이야기에 흥미가 없고, 멈추고 싶지 않다면 이 부분을 생략하고 앞으로 나아가도 조금도 지장이 없습니다.)

나는 지금, 앞에서 기본 성질 **1**, **2**, **3**, **4**로부터 유도해 낸 여러 성질 중 특히 "양수"와 관련된 성질의 기본적인 것에 주목하고 싶습니다. 우선, 기본 성질 **1**에 의하면, 임의의 실수 a, b에 대해서, $a > b$, $a = b$, $a < b$인 세 개의 관계 중 한 개만이 성립하므로, 특히 $b = 0$이라 하면, 임의의 실수 a에 대해서

$$a > 0, \quad a = 0, \quad a < 0$$

라는 세 개의 관계 중, 한 가지만이 성립합니다. 그리고, 성질 **7**에 따르면, $a < 0$은 $-a > 0$인 것과 동치입니다. 그러므로 지금, 부등호를 사용하는 대신에, 보통 $a > 0$인 것을 "a는 양이다"라는 말로서 설명하기로 하면, 위의 것은 다음과 같이 표현됩니다.

<u>a를 실수라 하면, "a는 양이다.", "$a = 0$이다." 또는 "$-a$는 양이다."라는 세 개의 경우 중 어느 한 가지만이 성립한다.</u>

또, 성질 **9**와 **10**은 다음과 같이 표현됩니다.

a와 b가 모두 양이라면, 합 $a+b$나 곱 ab도 양이다.

위에서 밑줄 친 두 개의 성질은, "양수"에 관한 기본적인 성질입니다. 앞에서는, 우리는 기본 성질 **1**, **2**, **3**, **4**를 "공리"로 하여, 그것으로부터 정수에 관한 이 성질을 유도해냈던 것입니다. 그런 의미에서, 이 성질은 "정리"였습니다. 그러나 실은, 역으로, 양수에 관한 이 성질을, 부등식의 "공리"로서 채택할 수도 있습니다. 즉, 이 성질을 "공리"로서 인정하면, 역으로 앞의 기본 성질 **1**, **2**, **3**, **4**를 유도해낼 수 있는 것입니다. 이상을 선명하게 하기 위해 나는 위에서 말했던 두 개의 성질을 **양수의 기본 성질**로서 한번 더 확실히 써 두겠습니다.

양수의 기본 성질

A a를 실수라 하면, "a는 양이다.", "$a=0$이다" 또는 "$-a$는 양이다"라는 세 개의 경우 중 어느 한 가지만이 성립한다.

B a와 b가 모두 양이라면, 합 $a+b$, 곱 ab는 양이다.

위의 양수에 관한 기본 성질 **A**, **B**에 대하여, 하나의 특징적인 것은, 이 성질에는 "양수"라는 개념이 이용되고 있을 뿐이고, 최초에는 (저어도 표면적으로는) 부등식이라는 것은 전혀 모습을 나타내지 않는다는 것입니다. 이것은 주의할 만합니다. 특히 "공리"의 형태에 흥미를 갖는 사람들은 여기에 주목해 두는 것이 좋을 것입니다.

그런데 우리가 현재 문제로 하는 것은, 이 기본 성질 *A*, **B**가 부등식의 "새로운 공리"로 되는 것, 즉, 이 성질 **A**, **B**를 "공리"로서 승인하면, 앞의 기본 성질 **1**, **2**, **3**, **4**는 여기에서 "정리"로서 유도된다는 것입니다. 이 때문에 우선 *A*, *B*를 기준으로 하여, 적당한 방식에 따라 부등식을 정의해 놓아야 합니다. 그러나, 그 정의의 방식은,

앞의 성질 **6**에 의해 결정적으로 보이고 있습니다. 즉, 우리는

$$a > b$$

라는 것은,

"$a - b$가 양수이다"

라는 것으로 <u>정의하는</u> 것입니다. 이 정의에 따르면, 특히 $a > 0$인 것은 "a가 양수이다"라는 것과 동치가 됩니다.

그리고 위와 같이 $a > b$라는 관계를 정했을 때, 전항의 기본 성질 **1**, **2**, **3**, **4**가 모두 유도된다는 것을 증명합시다. 앞 페이지를 넘기기 귀찮은 사람을 위해, 나는 다시 한 번 기본 성질 **1**, **2**, **3**, **4**를 아래에 다시 쓰고, 그것에 대해 하나하나 증명을 하겠습니다.

1 두 개의 실수 a, b에 대해서

$$a > b, \quad a = b, \quad a < b$$

인 세 개의 관계 중 어느 한 개만이 성립한다.

증명 양수의 성질 **A**에 의해, 두 개의 실수 a, b는

$$a - b는 양이다 \tag{①}$$
$$a - b = 0이다 \tag{②}$$
$$-(a - b)는 양이다 \tag{③}$$

라는 세 경우 중 어느 한 개만이 성립합니다. 정의에 의해서 ①일 때에는 $a > b$입니다. 또, ③일 때에는 $-(a - b) = b - a$이므로 정의에 따라 $b > a$, 즉 $a < b$입니다. 또, ②일 때에는 물론 $a = b$가 됩니다. 이것으로 $a > b$, $a = b$, $a < b$인 세 개의 관계 중 어느 한 개만이 성립한다는 것을 알 수 있습니다.

2 $a > b, b > c \implies a > c$

증명 $a > b$, $b > c$라면, $a - b$, $b - c$는 모두 양입니다. 그러므로 양수의 성질 **B**에 의해서, 합

$$(a - b) + (b - c) = a - c$$

도 양이 됩니다. 이것은 $a > c$임을 의미합니다.

3 $a > b \implies a + c > b + c$

증명 $a>b$라면 $a-b$는 양이고

$$(a+c)-(b+c)=a-b$$

이므로, $(a+c)-(b+c)$도 양이 됩니다. 그러므로

$$a+c>b+c$$입니다.

4 $a>b,\ c>0 \implies ac>bc$

증명 $a>b,\ c>0$이라면, $a-b,\ c$는 모두 양입니다. 그러므로 양수의 성질 **B**에 의해서 곱

$$(a-b)c=ac-bc$$

도 양이 됩니다. 따라서, $ac>bc$입니다.

이상으로, **A**, **B**로부터 앞의 성질 **1, 2, 3, 4**를 모두 유도해 냈습니다. 그러므로 **A**, **B**를 앞의 **1, 2, 3, 4** 대신에 부등식의 "공리"로 채택할 수도 있습니다. 이것이, 우리가 여기서 주장하고 싶은 것이었습니다.

◆ 복소수 사이에서는 왜 대소를 생각할 수가 없는가?

이 절의 마지막으로, "복소수 사이에서는 왜 대소를 생각할 수가 없는가"라는 이유를 설명해 보겠습니다. 사실상 "복소수 사이에서는 대소의 순서를 생각할 수 없다"라는 것은, 약간 오해를 초래하는 말입니다. 이것은 꼭 정확한 말은 아닙니다 라고 말하는 것은, 어떠한 의미에서도 복소수 사이에서는 결코 대소의 순서를 붙일 수가 없다고 하는 뜻은 아니기 때문입니다. 만약──그것이 수학적으로 충분한 의미를 가지는 것인지 어떤지는 제쳐놓고──우리가 복소수 사이에 순서를 붙이려고 생각하면, 어떻게든 순서를 붙일 수가 있습니다. 보통 "복소수 사이에서는 대소의 순서를 생각할 수 없다"라고 하는 것은 정학히 말하면, 앞에 말한 부등식의 기본 성질 **1, 2, 3, 4**를 만족하는 대소의 순서는 생각할 수 없다라는 의미인 것입니다. 즉, 기본 성질 **1**의 "두 개의 실수"를 "두 개의 복소수"로 바꾸고 그 **1, 2, 3, 4** 속의 모든 문자를 일반적으로 복소수라 했을 때에, 이 성질을 모두 만족하는 대소

의 순서를 복소수 사이에 정의할 수 없다고 하는 것입니다.

그 이유는 매우 간단합니다. 실제로 만일 복소수 사이에서 기본 성질 **1, 2, 3, 4**를 만족하는 순서를 정의한다고 합시다. 그 때는 180페이지에서 말한 것처럼, 임의의 복소수 a에 대해서도 $a^2 > 0$이라 해야만 합니다. 특히 $1 = 1^2 > 0$이 되고, 따라서 $-1 < 0$이 됩니다. 그러나 허수단위 i를 생각하면

$$i^2 = -1$$

이 되어서, 이 좌변은 양수, 우변은 음수입니다. 이것은 모순입니다! 이상으로, 복소수 사이에서는 기본 성질 **1, 2, 3, 4**를 만족하는 대소의 순서는 정의할 수 없음이 증명되었습니다.

4.2 부등식의 해법

예를 들어, 문자 x를 포함하는 부등식

$$2x - 3 > 5 \qquad ①$$

를 생각해 봅시다. 이 부등식 x에

　　5를 대입하면 좌변의 값은 $2 \cdot 5 - 3 = 7$

　　10을 대입하면 좌변의 값은 $2 \cdot 10 - 3 = 17$

이 되어, 이 부등식은 성립합니다. 그러나, x에

　　3을 대입하면 좌변의 값은 $2 \cdot 3 - 3 = 3$

　　-2를 대입하면 좌변의 값은 $2 \cdot (-2) - 3 = -7$

이 되어, 이 부등식은 성립하지 않습니다. 즉, 부등식 ①은 x의 값에 의해서 성립하거나 성립하지 않기도 합니다. 이와 같이 부등식에 대해서는 x의 어떤 값에 대해서 그 부등식이 성립하는가라는 것이 문제가 됩니다.

일반적으로, 문자 x를 포함하는 어떤 부등식이 주어졌을 때, 그 부등식을 성립하게 하는 x의 값 전체의 집합을, 그 부등식의 **해**라고 합니다. 부등식을 성립하게 하는

x의 개개의 값도 역시 "해"라고 부르는 일이 있지만, 보통은 그저 부등식의 "해"라고 하는 경우에는, 부등식을 성립하게 하는 x의 값 전체의 집합을 의미합니다. 그리고 부등식의 해를 구하는 일을 **부등식을 푼다**고 합니다.

우선 여기에서는, 일차부등식과 이차부등식의 푸는 방법을 논하기로 합시다. 여기에서 말하는 푸는 방법은, 대수적인 "식의 계산"만을 사용하고 있습니다. 실제로는, 여러 가지 부등식을 푸는 데에는――이차부등식의 경우까지 포함해서――, 단지 식의 계산에만 의존하지 않고, "함수의 그래프"를 이용하여 생각하는 편이, 시각적으로도 알기 쉽고, 또 효율적입니다. 그러나, 그러한 "그래프를 이용한 해법"에 대해서는, 다음의 "함수"의 장에서 다시 자세하게 다루기로 합시다.

◆ 일차부등식

이항해서 정리한 결과 $P(x)$를 x의 1차식으로 하여
$$P(x)>0, \quad P(x)\geqq 0, \quad P(x)<0, \quad P(x)\leqq 0$$
의 어느 형태로 되는 부등식을, x에 대한 **일차부등식**이라고 합니다.

일차부등식은, 부등식의 기본 성질을 이용해서, 간단히 풀 수가 있습니다. 다음 예를 봅시다.

(예) 부등식 $\frac{1}{2}x+4>\frac{4}{3}x-1$을 푸시오.

풀이 양변을 6배하면
$$3x+24>8x-6$$
$8x$를 좌변에 이항하고, 24를 우변에 이항하면
$$3x-8x>-6-24$$
즉
$$-5x>-30$$
양변을 -5로 나누면 $x<6$

〈답〉 $x<6$

계속하면서, 여기에서 **44**페이지에서 설명했던 "집합의 표기법"을 생각해 둡시다. 거기서 기술했던 것과 같이, 일반적으로, x에 대한 어떤 조건이 주어졌을 때, 그 조건을 만족하는 x 전체의 집합을

$$\{x \mid x를 \ 만족하는 \ 조건\}$$

이라는 표기법으로 나타냈습니다. 위 예의 부등식의 해를 정확하게 말하면 "$x < 6$라는 조건을 만족하는 실수 전체의 집합"입니다. 따라서, 정확하게 그것은

$$\{x \mid x < 6\}$$

라고 써야 할 것입니다. (다만, 여기서는, 문자 x가 실수라는 것은 은연중에 양해된 사실이라 하겠습니다.) 그러나, 부등식의 해를 언제나 이와 같이 정확하게 집합의 표기법을 사용하여 쓸 필요는 없습니다. 여러분의 건전한 판단력을 기대하면 위 예의 답 "$x < 6$"라는 방법으로 쓸지라도, 어쩌면 거의 모든 사람이, 이것은 이 부등식을 만족하는 것이 "$x < 6$라는 조건을 만족하는 실수 전체의 집합이다." 즉 집합의 형식적 표기법을 사용하면 $\{x \mid x < 6\}$인 것이라고 자연스럽게 해석하겠지요. 그렇기 때문에, 우리는 평소에 위 예의 답과 같이, 단지 답을 "$x < 6$"로 쓰는 것입니다.

예 다음 두 개의 부등식을 동시에 만족하는 x의 값의 범위를 구하시오. [주의 : "범위"라 하면 일상어의 느낌이 들지만, "집합"이라 하면 어쩐지 무겁게 느껴집니다. 그러나 결국은 같은 것입니다.]

$$2x - 3 < 4x + 5 \qquad ①$$
$$7x - 5 \leq 3x + 9 \qquad ②$$

풀이 ①의 $4x$를 좌변으로, -3을 우변으로 이항하면

$$-2x < 8$$

양변을 -2로 나누면 $\quad x > -4$

②의 $3x$를 좌변으로, -5를 우변으로 이항하면

$$4x \leq 14$$

양변을 4로 나누면 $x \leqq \dfrac{7}{2}$

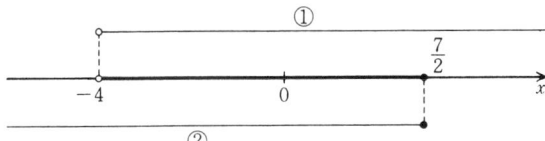

그러므로 ①과 ②를 동시에 만족하는 x 값의 범위는
$-4 < x \leqq \dfrac{7}{2}$입니다.

$$\langle \text{답} \rangle \quad -4 < x \leqq \dfrac{7}{2}$$

예 다음 부등식을 푸시오.

(1) $|x-2| \leqq 3$ (2) $|x-2| > 3$

풀이 실수 a에 대하여, 절대치 $|a|$는 원점과 점 a와의
거리를 나타내고 있으므로

$$|a| \leqq 3 \Longleftrightarrow -3 \leqq a \leqq 3$$

$$|a| > 3 \Longleftrightarrow a < -3 \quad \text{또는} \quad 3 < a$$

가 됩니다.

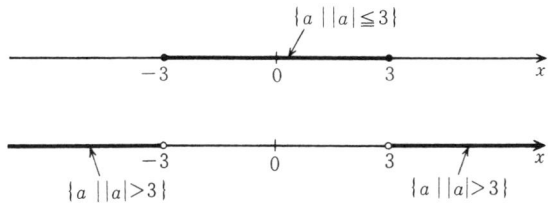

따라서

(1) $|x-2| \leqq 3$을 고쳐 쓰면

$$-3 \leqq x-2 \leqq 3$$

$-3 \leqq x-2$를 풀면 $-1 \leqq x$

$x-2 \leqq 3$을 풀면 $x \leqq 5$

$$\langle \text{답} \rangle \quad -1 \leqq x \leqq 5$$

(2) $|x-2| > 3$을 고쳐 쓰면

$$x-2 < -3 \text{ 또는 } 3 < x-2$$

$x-2 < -3$을 풀면 $x < -1$

$3 < x-2$를 풀면 $5 < x$

〈답〉 $x < -1,\ 5 < x$

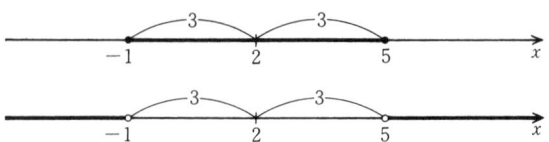

[주의 : 위에서 (2)의 답을 "$x < -1,\ 5 < x$"라고 쓴 것은, 정확하게 말하면, 이 부등식의 해는, 집합 $\{x \mid x < -1\}$과 집합 $\{x \mid 5 < x\}$를 합친 것임을 의미합니다.]

예제 분자와 분모의 합이 80인 기약분수가 있는데, 소수로 고치면 0.7보다 크고 0.8보다 작게 됩니다. 이 분수를 구하시오.

풀이 분모를 x, 분자를 y라 하면, 문제의 뜻에 따라

$$x + y = 80 \qquad\qquad ①$$

$$0.7 < \frac{y}{x} < 0.8 \qquad\qquad ②$$

이 됩니다. ②의 각 변에 $10x$를 곱하면

$$7x < 10y < 8x \qquad\qquad ③$$

①에서 $y = 80 - x$이므로 이것을 ③에 대입하면

$$7x < 10(80 - x) < 8x$$

여기서 $7x < 10(80 - x)$를 풀면

$$17x < 800 에서 \ x < 47.05\cdots$$

또 $10(80 - x) < 8x$를 풀면

$$800 < 18x 에서 \ x > 44.44\cdots$$

그러므로

$$44.44\cdots < x < 47.05\cdots$$

그런데, 우리가 생각하고 있는 상황에서 x는 당연히 정수이므로, 이 부등식을 만족하는 x는

$$x = 45,\ 46,\ 47$$

중의 어느 것입니다. 이들의 값을 ①에 대입하고 y를 구하면 $y = 35,\ 34,\ 33$이 되며 따라서

$$\frac{y}{x} = \frac{35}{45}, \quad \frac{34}{46}, \quad \frac{33}{47}$$

이 됩니다. 그러나 이 중 $\frac{35}{45}$ 와 $\frac{34}{46}$ 는 기약분수가 아닙니다. 따라서 문제에 합당한 분수는 $\frac{33}{47}$ 뿐입니다.

⟨답⟩ $\frac{33}{47}$

[문제 5] 다음 부등식을 푸시오.

(1) $2x - 7 > -15$ (2) $3x - 8 \leqq 20 - 4x$

(3) $\dfrac{2x+3}{4} \geqq \dfrac{3x+4}{5}$ (4) $\dfrac{x-1}{2} - \dfrac{2x-9}{3} < \dfrac{x}{4}$

[문제 6] 다음 두 개의 부등식을 동시에 만족하는 x값의 범위를 구하시오.

(1) $17 - 5x \leqq 50 + 6x,$ $3x + 11 > 5x + 7$

(2) $\dfrac{x}{2} > \dfrac{x-1}{3},$ $\dfrac{x}{5} > \dfrac{x-1}{6}$

[문제 7] 다음 부등식을 푸시오.

(1) $|x-1| < 3$ (2) $|2x-5| > 5$ (3) $|2x+1| \leqq 5$

[문제 8] 몇 개의 공과 몇 개의 상자가 있습니다. 한 상자에 공을 9개씩 넣었더니 30개가 남았습니다. 다음에, 한 상자에 공을 12개씩 넣었더니, 마지막 상자에는 12개보다 적게 들어갔습니다. 공의 개수를 구하시오.

◆ **이차부등식**

이항해서 정리하면, $P(x)$는 2차식으로서

$$P(x) > 0, \quad P(x) \geqq 0, \quad P(x) < 0, \quad P(x) \leqq 0$$

중의 어느 것이 되는 부등식을, x에 대한 **이차부등식**이라 합니다.

예를 들면, 다음의 두 개의 이차부등식

$$x^2 + x - 6 > 0 \qquad\qquad ①$$
$$x^2 + x - 6 < 0 \qquad\qquad ②$$

을 풀어봅시다.

①, ②의 좌변은 $(x+3)(x-2)$로 인수분해되고, 인수 $x+3,\ x-2$의 부호는 각각 다음과 같이 됩니다.

$x<-3,\ \ x=-3,\ \ \ -3<x$에 따라

$$x+3<0,\ \ x+3=0,\ \ x+3>0$$

$x<2,\ \ x=2,\ \ 2<x$에 따라

$$x-2<0,\ \ x-2=0,\ \ x-2>0$$

따라서 $(x+3)(x-2)$의 부호는 다음 표와 같이 됩니다.

x	$x<-3$	-3	$-3<x<2$	2	$2<x$
$x+3$	$-$	0	$+$	$+$	$+$
$x-2$	$-$	$-$	$-$	0	$+$
$(x+3)(x-2)$	$+$	0	$-$	0	$+$

이 표에서, 부등식 ①의 해는 집합 $\{x\,|\,x<-3\}$과 $\{x\,|\,2<x\}$를 합한 것이고, 부등식 ②의 해는 집합 $\{x\,|\,-3<x<2\}$임을 알 수 있습니다.

이들의 해를, 보통

부등식 ①의 해는 $x<-3,\ \ 2<x$

부등식 ②의 해는 $-3<x<2$

와 같이 간단히 써서 나타냅니다.

다음으로 일반적인 2차식 $P(x)=ax^2+bx+c$에 대해서, 이차부등식

$$P(x)>0,\ \ P(x)\geqq0,\ \ P(x)<0,\ \ P(x)\leqq0$$

을 생각해 봅시다. 여기서 우리는 x^2의 계수 a가 양인 경우만을 조사해 놓으면 충분합니다. 왜냐하면, 예를 들어

$$-2x^2 + 7x + 15 > 0$$

와 같은 부등식은, 양변에 -1을 곱하면

$$2x^2 - 7x - 15 < 0$$

으로 고쳐 쓸 수 있고, 이 부등식에 있어서는 x^2의 계수가 양으로 되어 있기 때문입니다.

그러므로 앞으로는 $a > 0$으로서, 2차식 $P(x) = ax^2 + bx + c$를 생각합시다. 나는 지금, 실수 x의 여러 가지 값에 대해서 이 식의 부호를 조사해 보고 싶기 때문에, 이차방정식 $P(x) = 0$, 즉

$$ax^2 + bx + c = 0$$

의 판별식을 $D = b^2 - 4ac$로서, 이 판별식 D의 부호에 따라 나누어서 생각해 보려고 합니다.

1 $D > 0$인 경우

이 때에는 이차방정식 $P(x) = 0$은 서로 다른 두 개의 실수해 α, β를 갖고, $P(x)$는

$$P(x) = a(x - \alpha)(x - \beta)$$

로 인수분해됩니다. $a > 0$이므로, $P(x)$의 부호는

$$(x - \alpha)(x - \beta)$$

의 부호와 같습니다. 지금 $\alpha < \beta$로서, 수직선을 두 점 α, β외 세 부분으로 나누면, 나누어진 두 점 α, β에서 $(x - \alpha)(x - \beta)$의 값은 물론 0이고, 또 나누어진 세 부분에서 $(x - \alpha)(x - \beta)$의 부호는, 인수 $x - \alpha$, $x - \beta$의 부호를 조사한 것에 따라 다음 표와 같이 됩니다.

x	$x < \alpha$	α	$\alpha < x < \beta$	β	$\beta < x$
$x - \alpha$	$-$	0	$+$	$+$	$+$
$x - \beta$	$-$	$-$	$-$	0	$+$
$(x - \alpha)(x - \beta)$	$+$	0	$-$	0	$+$

이 $(x - \alpha)(x - \beta)$의 부호는 다음 그림과 같이 그림으

로 나타낼 수 있습니다 다만, 점 α, β에서 $(x-\alpha)(x-\beta)$의 값은 0입니다.

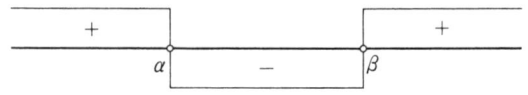

위의 표 혹은 그림에서, 다음의 결론을 얻을 수 있습니다.

$D>0$인 경우

$\underline{a>0,\ \alpha<\beta}$일 때, 이차 부등식

$a(x-\alpha)(x-\beta)>0$의 해는 $\boldsymbol{x<\alpha,\ \beta<x}$

$a(x-\alpha)(x-\beta)\geqq0$의 해는 $\boldsymbol{x\leqq\alpha,\ \beta\leqq x}$

$a(x-\alpha)(x-\beta)<0$의 해는 $\boldsymbol{\alpha<x<\beta}$

$a(x-\alpha)(x-\beta)\leqq0$의 해는 $\boldsymbol{\alpha\leqq x\leqq\beta}$

---

2 $D=0$인 경우

이 때에는 이차방정식 $P(x)=0$은 중근 α를 갖고, $P(x)$는

$$P(x)=a(x-\alpha)^2$$

으로 인수분해됩니다. 항상 $(x-\alpha)^2\geqq0$이고, 이것이 0이 되는 것은 $x-\alpha=0$ 즉, $x=\alpha$일 때에 한합니다. $a>0$으로 가정하고 있기 때문에, 항상 $P(x)\geqq0$이고 $x=\alpha$일 때에 한하여 $P(x)=0$됩니다. 그러므로 다음 사실을 알 수 있습니다.

$D=0$인 경우

$\underline{a>0}$일 때, 이차부등식

$a(x-\alpha)^2>0$의 해는   **$\boldsymbol{\alpha}$ 이외의 모든 실수**

$a(x-\alpha)^2\geqq0$의 해는   **실수 전체**

$a(x-\alpha)^2<0$의 해는   **없다**

$a(x-\alpha)^2\leqq0$의 해는 $\boldsymbol{x=\alpha}$

---

3 $D<0$인 경우

이 때에는 이차방정식 $P(x)=0$은 실근을 갖지 않습니다. 그리고 다음의 변형에서 알 수 있듯이, $P(x)$는 모든 실수 x에 대해서 항상 양수값을 취합니다.

$$P(x) = ax^2+bx+c = a\left(x^2+\frac{b}{a}x\right)+c$$
$$= a\left(x^2+\frac{b}{a}x+\frac{b^2}{4a^2}\right)-\frac{b^2}{4a}+c$$
$$= a\left(x+\frac{b}{2a}\right)^2-\frac{b^2-4ac}{4a}$$
$$= a\left(x+\frac{b}{2a}\right)^2-\frac{D}{4a}$$

$a>0$라고 가정하고 있기 때문에, 항상 $a\left(x+\frac{b}{2a}\right)^2\geq 0$ 이고, 또, $D<0$이므로 $-\frac{D}{4a}>0$입니다. 따라서 모든 실수 x에 대해서

$$P(x) = a\left(x+\frac{b}{2a}\right)^2-\frac{D}{4a}>0$$

이 되는 것입니다. 그러므로 이 경우에는 다음의 결론을 얻을 수 있습니다.

$D<0$인 경우

$a>0,\ D=b^2-4ac<0$일 때, 이차부등식

$ax^2+bx+c>0$의 해는 **실수 전체**

$ax^2+bx+c\geq 0$의 해는 **실수 전체**

$ax^2+bx+c<0$의 해는 **없다**

$ax^2+bx+c\leq 0$의 해는 **없다**

이상에서 우리는, x^2의 계수가 양인 2차식 $P(x)$에 대하여, 이차부등식

$$P(x)>0,\quad P(x)\geq 0,\quad P(x)<0,\quad P(x)\leq 0$$

인 해의 완전한 목록을 만들 수가 있었습니다.

물론 x^2의 계수가 음인 이차부등식에 대해서도, 같은 모양의 목록을 만들 수가 있습니다. 그러나 전에도 말했

지만, 그와 같은 이차부등식은 양변에 -1을 곱하여 x^2의 계수를 양으로 고친 후, 위의 결론을 적용하면 되겠지요.

예 다음 이차부등식을 푸시오.

(1) $x^2-5x+6>0$ (2) $x^2-2x-1\leqq0$

(3) $15+7x-2x^2>0$ (4) $4x^2+12x+9>0$

(5) $x^2+2x+2>0$ (6) $x^2+2x+2\leqq0$

풀이 (1)   이차방정식 $x^2-5x+6=0$의 해는 $x=2,3$

〈답〉 $x<2,\ 3<x$

(2)   방정식 $x^2-2x-1=0$의 해는

$$x=1\pm\sqrt{2}$$

이고, 물론 $1-\sqrt{2}<1+\sqrt{2}$, 따라서

〈답〉 $1-\sqrt{2}\leqq x\leqq1+\sqrt{2}$

(3)   양변에 -1을 곱하면 $2x^2-7x-15<0$

방정식 $2x^2-7x-15=0$의 해는 $x=-\dfrac{3}{2},5$

〈답〉 $-\dfrac{3}{2}<x<5$

(4)   방정식 $4x^2+12x+9=0$은 중근 $x=-\dfrac{3}{2}$을 가집니다. 따라서

〈답〉 $-\dfrac{3}{2}$ 이외의 모든 실수

[주의 : 간단히 "$x\neq-\dfrac{3}{2}$으로 써도 된다.]

(5)   방정식 $x^2+2x+2=0$은 실근을 갖지 않습니다. 따라서

〈답〉 실수 전체

(6)   〈답〉 (해는)없다.

예 다음 두 개의 부등식을 동시에 만족하는 x값의 범위를 구하시오.

$$x^2+6x+5>0,\ \ 2x^2-3x-20\leqq0$$

풀이 방정식 $x^2+6x+5=0$을 풀면

$$(x+1)(x+5)=0\text{에서 } x=-1,\ -5$$

따라서, 부등식 $x^2+6x+5>0$의 해는

$$x<-5,\ \ -1<x \qquad\qquad ①$$

방정식 $2x^2 - 3x - 20 = 0$을 풀면

$$(x-4)(2x+5) = 0 \text{에서 } x = -\frac{5}{2}, 4$$

따라서, 부등식 $2x^2 - 3x - 20 \leq 0$의 해는

$$-\frac{5}{2} \leq x \leq 4 \qquad\qquad ②$$

구하는 것은 ①과 ②를 동시에 만족하는 x의 범위이므로, 그림에서 알 수 있듯이 $-1 < x \leq 4$가 됩니다.

〈답〉　$-1 < x \leq 4$

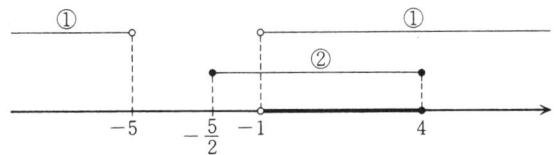

예제　이차방정식 $x^2 - 2kx + (3-2k) = 0$ 이 서로 다른 두 개의 실근을 갖도록, 상수 k값의 범위를 구하시오.

풀이　판별식을 D라 하면

$$\frac{D}{4} = k^2 - (3-2k) = k^2 + 2k - 3$$

서로 다른 두 개의 실근을 가지는 것은 $D > 0$일 때이므로

$$k^2 + 2k - 3 > 0, \quad (k-1)(k+3) > 0$$

그러므로　　　　　　　　〈답〉　$k < -3, \; 1 < k$

문제 9　다음 이차부등식을 푸시오.

(1)　$(x-2)(2x+3) > 0$　　(2)　$(4+x)(5-2x) \leq 0$

(3)　$x^2 - 7x + 12 < 0$　　(4)　$x^2 - 2x - 24 \leq 0$

(5)　$x^2 - 4x + 2 \geq 0$　　(6)　$10 + x - 2x^2 > 0$

(7)　$x^2 + 8x + 16 > 0$　　(8)　$-2x^2 \geq 0$

(9)　$x^2 - x + 1 > 0$　　(10)　$4x^2 + 5 < 6x$

(11)　$5x - 10x^2 < 2$　　(12)　$2x^2 + 3x - 4 \leq x^2 + x$

문제 10　다음 두 개의 부등식을 동시에 만족하는 x값의 범위를 구하시오.

(1)　$x^2 - x - 6 > 0, \quad 2x^2 + 3x - 5 < 0$

(2)　$x^2 > 1, \quad x^2 - 2x - 8 \leq 0$

(3) $x^2 - 7x + 10 \geqq 0, \quad 2x^2 - 5x - 3 > 0$

(4) $3x^2 + 4x - 4 < 0, \quad 2x^2 + 9x - 5 \leqq 0$

(5) $x^2 + 2x - 35 \geqq 0, \quad |x-2| < 10$

문제 11 다음 두 개의 부등식을 동시에 만족하는 x의 정수 값을 구하시오.

$$x^2 - 3x - 10 \geqq 0, \quad x^2 - 2x - 40 < 0$$

[힌트 : 풀이 과정에서 $\sqrt{41}$의 크기를 조사할 필요가 있는데, $36 < 41 < 49$이므로 $6 < \sqrt{41} < 7$입니다.]

문제 12 다음 각각의 경우에 상수 k값의 범위는 어떻게 됩니까? 그 범위를 구하시오.

(1) 이차방정식 $x^2 + (k+3)x + 1 = 0$이 다른 두 개의 실근을 갖는다.

(2) 이차방정식 $x^2 - 2(k-1)x + 4k = 0$이 실근을 갖는다.

(3) 이차방정식 $x^2 + 2(2k+1)x - (k^2 - 1) = 0$이 허근을 갖는다.

문제 13 다음 두 개의 이차방정식 중 하나는 다른 두 개의 실근을, 다른 하나는 허근을 갖도록, 상수 a값의 범위를 구하시오.

$$x^2 - ax + 4 = 0, \quad x^2 + 2x - a = 0$$

⊬4.3 부등식의 증명

앞의 절에서 우리는 "부등식을 푸는"방법을 다루었습니다. 즉, 문자 x를 포함하는 부등식이었고, 그것이 x값에 의하여 성립하거나 성립하지 않을 때, 그 부등식을 성립시키는 x값 전체의 집합을 부등식의 해라 하고, 그것을 구하는 일을 문제로 해 왔습니다.

그러나 이 절에서는, 우리는 "부등식을 증명하는 일"을 다루려고 합니다.

예를 들면, $a > b > c$라 하는 가정이 있으면, 우리는 부

등식
$$(a-b)(b-c)>0$$
을 증명할 수가 있습니다.

[증명 : $a>b>c$라면
$$a-b>0, \quad b-c>0$$
그리고 양수의 곱은 양이므로
$$(a-b)(b-c)>0$$
가 됩니다.] 우리가 이 절에서 다루는 것은, 이와 같은 "부등식의 증명"입니다. 부등식과 등식을 대조시켜 보면, "부등식을 푸는"일은 "방정식을 푸는"일에 대응하고, "부등식을 증명하는"일은, 항등식 혹은 조건이 있는 등식과 같은 "등식을 증명하는"일에 대응하고 있습니다.

◆ 대소의 판정

나는 전에 176페이지에서 부등식의 기본 성질 **1, 2, 3, 4**를 언급하고 그 페이지에서 179페이지에 걸쳐서, **5, 6, 7**, …, **20, 21, 22**와 같은, 부등식에 대한 기본적인 여러 성질을 유도하였습니다. "부등식의 증명"에 있어서는, 물론 이 기본적인 여러 성질을 자유롭게 이용해도 지장이 없습니다. 특히, 176페이지의 **6** 즉
$$a>b \iff a-b>0$$
은, 부등식의 증명에 있어서, 기본적인 수단이 되는 성질입니다. 이 성질의 a와 b를 바꾸어 넣어, $b-a>0$와 $a-b<0$가 동치인 것에 주의하면
$$a<b \iff a-b<0$$
라 하는 성질도 얻을 수 있습니다. 등호가 있는 경우도 포함해서, 한번 더 이 성질을 써 둡시다.
$$a>b \iff a-b>0, \ a<b \iff a-b<0$$
$$a \geqq b \iff a-b \geqq 0, \ a \leqq b \iff a-b \leqq 0$$
이 성질은, 요컨대 두 실수의 대소를 판정하는 데는, 이들의 차를 취하고 그 부호를 조사하면 된다는 것을 우

리에게 보여 주고 있습니다. 이것은 간단한 것입니다만 기본적인 것입니다. 이것을 일부러 위에 고딕체로 쓴 것은, 실제적으로 두 실수의 대소의 판정에는 이 성질을 이용하는 때가 매우 많기 때문입니다.

예 $a>c$, $b>d$일 때, 부등식

$$ab+cd>ad+bc$$

가 성립함을 증명하시오.

증명 $A=ab+cd$, $B=ad+bc$라 하면

$$\begin{aligned}
A-B &= (ab+cd)-(ad+bc)\\
&= (ab-ad)+(cd-bc)\\
&= a(b-d)-c(b-d)\\
&= (a-c)(b-d)
\end{aligned}$$

$a>c$, $b>d$이므로 $a-c>0$, $b-d>0$. 따라서

$$A-B=(a-c)(b-d)>0$$

그러므로 $A>B$

문제 14 $a>b>c>d$일 때, 다음 부등식을 증명하시오.

$$ab+cd>ac+bd>ad+bc$$

◆ 제곱의 합의 성질

임의의 실수에 대해서 $a^2\geqq0$이고, $a^2=0$이 되는 것은 $a=0$일 때에 한한다고 하는 것은 이제까지 이 책에서 자주 말하였습니다. 이것을 반복하여 말하는 것은, 그것이 기본적인 중요한 사항으로서, 여러분이 꼭 새겨 둘 필요가 있기 때문입니다. 이 사실과 양수의 합은 양이다라는 것에서

임의의 실수 a, b에 대해서 $a^2+b^2\geqq0$이고,

$a^2+b^2=0$이 되는 것은 $a=b=0$일 때에 한한다.

라는 것도 유도할 수 있습니다. (이것은 180페이지 문제 4에 있습니다.) 두 실수의 제곱의 합만이 아니고, 세 실수의 제곱의 합, 네 실수의 제곱의 합, …에 대해서도 똑같이 성립합니다. 나는 다음에 세 실수의 제곱의 합에 대

한 경우를 대표적으로 정리의 형태로 써 두겠습니다.

> 임의의 실수 a, b, c에 대하여
> $$a^2 + b^2 + c^2 \geqq 0$$
> 여기서 등호가 성립하는 것은 $a = b = c = 0$일 때에 한한다.

제곱의 합에 관하여 위에서 말한 성질도, 부등식의 증명에 있어서 종종 기본적인 역할을 합니다.

예 부등식 $a^2 + b^2 \geqq ab$를 증명하시오. 또 이 부등식이 등호로서 성립하는 것은 $a = b = 0$일 때에 한하는 것을 증명하시오.

[주의 : 여기서 "부등식을 증명하라"하는 것은, "임의의 실수 a, b에 대하여 이 부등식이 성립하는 것을 증명하라"라는 의미입니다. 일반적으로 단지 "부등식을 증명하라"고 한 경우에는, 그 속에 포함된 문자가 어떠한 실수이어도 반드시 그 부등식이 성립하는 것을 증명하라,는 의미로 해석하여야 합니다.]

증명 **1** 우선 $a^2 + b^2 \geqq ab$를 증명하기 위해, $a^2 + b^2 - ab$를 다음과 같이 변형합니다.

$$a^2 + b^2 - ab = a^2 - ab + \frac{1}{4}b^2 + \frac{3}{4}b^2$$
$$= \left(a - \frac{b}{2} \right)^2 + \frac{3}{4}b^2$$

따라서

$$a^2 + b^2 - ab = \left(a - \frac{b}{2} \right)^2 + \frac{3}{4}b^2 \geqq 0$$

그러므로

$$a^2 + b^2 \geqq ab$$

2 $a^2 + b^2 = ab$ 즉, $a^2 + b^2 - ab = 0$ 이면

$$\left(a - \frac{b}{2} \right)^2 + \frac{3}{4}b^2 = 0$$

이것이 성립하는 것은

$$a - \frac{b}{2} = 0 \text{ 과 } b = 0$$

일 때, 즉 $a = b = 0$일 때에 한합니다.

예제   다음 부등식을 증명하시오.

$$a^2 + b^2 + c^2 \geqq ab + bc + ca$$

등호는 어떠한 경우에 성립합니까?

증명 **1** $P = a^2 + b^2 + c^2 - ab - bc - ca$라 합니다.

$P \geqq 0$인 경우를 증명하면 됩니다만, P대신에 이 식을 2배한 $2P$를 생각하면, 식이 다음과 같이 변형됩니다.

$$\begin{aligned}
2P &= 2a^2 + 2b^2 + 2c^2 - 2ab - 2bc - 2ca \\
&= (a^2 - 2ab + b^2) + (b^2 - 2bc + c^2) + (c^2 - 2ca + a^2) \\
&= (a - b)^2 + (b - c)^2 + (c - a)^2
\end{aligned}$$

따라서 $2P \geqq 0$, 그러므로 $P \geqq 0$가 됩니다.

2.   등호가 성립하는 것은 $P = 0$이 될 때이고, 그것은

$$a - b = 0, \quad b - c = 0, \quad c - a = 0$$

일 때, 즉 $a = b = c$일 때입니다.

위 예제의 부등식의 증명은 매우 교묘합니다만, P대신에 $2P$를 취하여 식을 변형하는 것 등은, 어떻게 하여 그런 착상이 생기는지 약간 이해가 가지 않을지도 모릅니다. 나도 중학생 시절 처음 이 증명을 보았을 때는 매우 훌륭한 문제라고 마음 속으로 느낀 기억이 있지만, 그것은 $2P$라는 식에서 출발하여 그것을 위의 증명과 같이 변형하여 보이기 때문에 마술적으로 느껴지는 것입니다. 역으로 생각해 보면 이 부등식의 증명은 그렇게 이상한 것은 아닙니다. 즉

$$(a - b)^2 = a^2 - 2ab + b^2 \geqq 0$$

이므로

$$a^2 + b^2 \geqq 2ab$$

이와 똑같은 모양으로

$$b^2 + c^2 \geqq 2bc$$

$$c^2 + a^2 \geqq 2ca$$

그리고, 이 세 부등식을 변변끼리 더하면

$$2(a^2+b^2+c^2) \geqq 2(ab+bc+ca)$$

양변을 2로 나누면

$$a^2+b^2+c^2 \geqq ab+bc+ca$$

이것으로 증명하려는 부등식이 나왔습니다. 그리고, 이 증명은 아주 "자연스럽습니다"!

더구나, 위에서 $a^2+b^2 \geqq 2ab$라는 부등식이 나왔습니다만, 이 부등식은 매우 잘 이용됩니다. 이 부등식이 등호로 성립하는 것은 $(a-b)^2=0$ 즉, $a=b$가 될 때입니다. 이것을 아래에 한 번 더 적어 놓겠습니다.

임의의 실수 a, b에 대하여

$$a^2+b^2 \geqq 2ab$$

이고, 등호가 성립하는 것은 $a=b$일 때에 한한다.

문제 15 다음 부등식을 증명하시오. 등호는 어떤 경우에 성립합니까?

(1) $a^2+ab+b^2 \geqq 0$ (2) $2x^2-3xy+4y^2 \geqq 0$

(3) $x^2+y^2 \geqq 4x-6y-13$

문제 16 다음 부등식을 증명하시오.

(1) $(a^2+b^2)(x^2+y^2) \geqq (ax+by)^2$

(2) $a^4+b^4 \geqq a^3b+ab^3$

(3) $a^2+b^2+c^2+3 \geqq 2(a+b+c)$

[힌트 : (1), (2) 좌변에서 우변을 빼고 인수분해]

◆ **산술평균과 기하평균**

수학에서는 양수에 관한 부등식이 잘 나타납니다. 특히 다음의 산술평균과 기하평균에 대한 부등식은, 매우 널리 응용되는 중요한 부등식입니다.

양수 a, b에 대하여

$$\frac{a+b}{2}, \quad \sqrt{ab}$$

를 각각 a, b의 **산술평균**, **기하평균**이라 합니다. 그 대소

관계는 다음과 같이 됩니다.

산술평균 ≧ 기하평균

즉, 다음의 정리가 성립합니다.

> 임의의 양수 a, b에 대하여
> $$\frac{a+b}{2} \geqq \sqrt{ab}$$
> 여기서 등호가 성립하는 것은 $a=b$일 때에 한한다.

증명 앞에서 나는, 임의의 실수 a, b에 대하여
$$a^2+b^2 \geqq 2ab$$
가 성립하는 것을 증명하였습니다. 지금 a, b를 양수라 하고 위 부등식의 a, b에 $\sqrt{a}$, $\sqrt{b}$를 대입하면
$$(\sqrt{a})^2+(\sqrt{b})^2 \geqq 2\sqrt{a}\sqrt{b}$$
즉 $\qquad\qquad\qquad a+b \geqq 2\sqrt{ab}$
이 양변을 2로 나누면 구하려는 부등식이 얻어집니다.

(예) $a>0$, $b>0$일 때, 다음 부등식을 증명하시오.

(1) $\quad a+\dfrac{1}{a} \geqq 2$ $\qquad$ (2) $\quad (a+b)\left(\dfrac{4}{a}+\dfrac{9}{b}\right) \geqq 25$

증명 (1) $\quad a+\dfrac{1}{a} \geqq 2\sqrt{a \cdot \dfrac{1}{a}} = 2$

(2) $\quad (a+b)\left(\dfrac{4}{a}+\dfrac{9}{b}\right) = 4+\dfrac{9a}{b}+\dfrac{4b}{a}+9$

$$= \frac{9a}{b}+\frac{4b}{a}+13$$
$$\geqq 2\sqrt{\frac{9a}{b} \cdot \frac{4b}{a}}+13$$
$$= 2\sqrt{36}+13 = 25$$

(예) 둘레의 길이가 일정한 직사각형 중에서 넓이가 최대가 되는 것은 정사각형임을 증명하시오.

증명 직사각형의 두 변을 a, b, 둘레의 길이를 $4l$, 넓이를 S라 할 때,

$$l = \frac{a+b}{2}, \quad S = ab \text{이고}$$

$$\frac{a+b}{2} \geqq \sqrt{ab} \qquad \qquad ①$$

이므로

$$l \geqq \sqrt{s} \qquad \qquad ②$$

가 됩니다. l이 일정하면, S가 최대가 되는 것은 ② 즉, ①이 등호가 성립하는 때이고, 그것은 $a=b$일 때이며, 즉 직사각형이 정사각형일 때입니다.

문제 17 앞의 예에서, $a>0, b>0$일 때

$$(a+b)\left(\frac{4}{a}+\frac{9}{b}\right) \geqq 25$$

라는 부등식을 증명하였습니다. 여기서 등호가 성립하는 것은 a, b 사이에 어떤 관계가 있을 때입니까?

문제 18 다음 부등식을 증명하시오. 다만, 문자는 모두 양수입니다.

(1) $\dfrac{a}{b}+\dfrac{b}{a} \geqq 2$ (2) $\left(\dfrac{a}{b}+\dfrac{c}{d}\right)\left(\dfrac{b}{a}+\dfrac{d}{c}\right) \geqq 4$

(3) $\sqrt{xy} \geqq \dfrac{2xy}{x+y}$ (4) $x^3+y^3 \geqq x^2y+xy^2$

(5) $(b+c)(c+a)(a+b) \geqq 8abc$

[주의 : (4)는 산술평균, 기하평균의 부등식과는 관계가 없습니다.]

문제 19 넓이가 일정한 직사각형 중에서 둘레의 길이가 최소인 것은 정사각형임을 증명하시오.

문제 20 옆의 그림과 같은 직육면체에서, 세 변의 길이를 각각

$$AC=a, \quad AD=b, \quad AE=c$$

라 하고, 또 세 면의 대각선의 길이를 각각

$$AC=p, \quad AH=q, \quad AF=r$$

라 합니다. 이 때, 부등식 $pqr \geqq 2\sqrt{2}abc$가 성립함을 증명하시오.

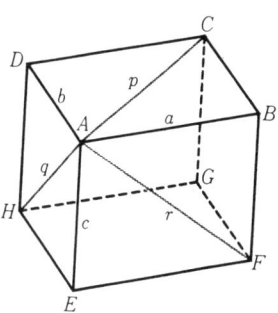

◆ 제곱에 의한 비교

$a \geqq 0$, $b \geqq 0$이고, $a = b = 0$이 아니면, $a + b > 0$이므로

$$a - b \quad \text{와} \quad a^2 - b^2 = (a + b)(a - b)$$

의 부호는 일치합니다. 따라서 다음이 성립합니다.

$a \geqq 0$, $b \geqq 0$일 때

$$\boldsymbol{a > b \iff a^2 > b^2}$$

즉, 양수의 대소는 이들 수를 제곱한 수의 대소와 일치합니다. 그러므로, 제곱한 수의 대소를 조사함으로써, 본래의 수의 대소를 조사할 수 있습니다. 양수에 관해서는, 이 "제곱에 의한 비교법"도 자주 이용됩니다. [주의 :이 "비교법"은 일반적인 실수에 대해서는 통용되지 않습니다. 즉, 일반적으로 실수 a, b에 대해서 $a^2 > b^2$이더라도, $a > b$라고는 결론 지을 수 없습니다. 예를 들면, $a = -3$, $b = 2$라 하면, $a^2 = 9$, $b^2 = 4$이므로, $a^2 > b^2$이 되지만, $a > b$는 아니고, $a < b$가 됩니다.

예 $a > 0$, $b > 0$일 때, $\sqrt{a} + \sqrt{b}$와 $\sqrt{a+b}$의 대소를 비교하시오.

풀이 $\sqrt{a} + \sqrt{b}$도 $\sqrt{a+b}$도 양이므로, 둘의 제곱을 비교합니다.

$$(\sqrt{a} + \sqrt{b})^2 = a + 2\sqrt{ab} + b$$
$$(\sqrt{a+b})^2 = a + b$$

따라서

$$(\sqrt{a} + \sqrt{b})^2 - (\sqrt{a+b})^2 = 2\sqrt{ab} > 0$$

그러므로

$$(\sqrt{a} + \sqrt{b})^2 > (\sqrt{a+b})^2$$

따라서

$$\sqrt{a} + \sqrt{b} > \sqrt{a+b}$$

예 임의의 실수 a, b에 대하여 $\sqrt{a^2 + b^2} \geqq |a|$를 증명하시오.

증명 양변의 제곱을 비교하면

$$(\sqrt{a^2+b^2})^2 - |a|^2 = a^2 + b^2 - a^2 = b^2 \geqq 0$$

문제 21 $a > 0$, $b > 0$일 때, 다음 부등식을 증명하시오.

(1) $\sqrt{2(a+b)} \geqq \sqrt{a} + \sqrt{b}$

(2) $\sqrt{3(a+b)} \geqq \sqrt{2a} + \sqrt{b}$

문제 22 $a > 0$, $b > 0$, $p > 0$, $q > 0$일 때, 다음 부등식을 증명하시오.

$$\sqrt{(p+q)(a+b)} \geqq \sqrt{pa} + \sqrt{qb}$$

문제 23 임의의 실수 a, b에 대하여 $\sqrt{a^2+b^2} \leqq |a| + |b|$를 증명하시오.

문제 24 $a > b > 0$일 때, $\sqrt{a} - \sqrt{b}$와 $\sqrt{a-b}$는 어느 쪽이 큽니까?

문제 25 $a > 0$, $b > 0$, $p > 0$, $q > 0$, $p + q = 1$일 때, 다음 부등식을 증명하시오.

$$\sqrt{pa + qb} \geqq p\sqrt{a} + q\sqrt{b}$$

◆ 절대값에 관련된 부등식

절대값에 대해서는, 우리는 이미 임의의 실수 a에 대하여 $|a| \geqq 0$이고, $|a| = 0$이 되는 것은 $a = 0$일 때이며, 또 임의의 실수 a에 대하여 $|a|^2 \geqq a^2$이라는 것을 알고 있습니다. 또 정의에서 다음의 부등식이 성립합니다.

임의의 실수 a에 대하여 $|a| \geqq a$

기억하기 위하여, 이것을 확실하게 해 둡시다. $a \geqq 0$이면, 정의에 의해 $|a| = a$이므로, 위 부등식은 등호가 성립합니다. 또 $a < 0$이면, 정의에 의해서 $|a| = -a$이고, 그리고 $-a > 0$, $0 > a$이므로 $|a| > a$가 됩니다.

위 부등식의 a에 $-a$를 대입하여, $|-a| = |a|$임을 이용하면, 다음 사실을 알 수 있습니다.

임의의 실수 a에 대하여 $|a| \geqq -a$

그외에 또, 절대값에 대해서는 다음의 부등식이 성립합니다. 이 부등식은 응용하는데 중요합니다.

> 임의의 실수 a, b에 대하여
> $$|a+b| \leqq |a| + |b|$$

증명 양변 모두 음이 아니므로, 양변의 제곱을 비교합니다.

$$(|a|+|b|)^2 = |a|^2 + 2|a||b| + |b|^2 = a^2 + 2|ab| + b^2$$
$$|a+b|^2 = (a+b)^2 = a^2 + 2ab + b^2$$

그러므로
$$(|a|+|b|)^2 - |a+b|^2 = 2(|ab| - ab)$$

여기서 $|ab| \geqq ab$이므로
$$(|a|+|b|)^2 - |a+b|^2 \geq 0$$

따라서
$$(|a|+|b|)^2 \geqq |a+b|^2$$

그러므로
$$|a|+|b| \geq |a+b|$$

문제 26 위의 증명을 음미하고 그것에 의해 다음을 증명하시오.

$$ab \geqq 0 \text{이면} \quad |a+b| = |a| + |b|$$
$$ab < 0 \text{이면} \quad |a+b| < |a| + |b|$$

[주의 : 이 결과를 말로 설명하면 다음과 같습니다. 부등식 $|a+b| \leqq |a| + |b|$에 있어서 등호가 성립하는 것은, a, b 중 적어도 어느 한 쪽이 0일 때, 또는 a, b가 같은 부호(즉, 동시에 양 혹은 동시에 음)일 때이다.]

문제 27 부등식 $|a| - |b| \leqq |a+b|$를 증명하시오.

문제 28 부등식 $|a| + |b| \leqq \sqrt{2(a^2+b^2)}$ 을 증명하시오.

◆ **분수식의 부등식**

마지막으로 분수식의 부등식을 증명하는 예를 들어 봅시다.

우리는, 부등식의 양변에 같은 양수를 곱하여도, 양변을 같은 양수로 나누어도, 부등호의 방향은 변하지 않는다는 것을 알고 있습니다. 따라서, $b > 0$, $d > 0$일 때

$$\frac{a}{b} > \frac{c}{d} \iff ad > bc$$

가 됩니다. 실제로, 좌측의 부등식의 양변에 bd를 곱하면 우측의 부등식을 얻을 수 있고, 역으로 우측의 부등식의 양변을 bd로 나누면 좌측의 부등식을 얻을 수 있습니다.

분수식의 부등식 증명에 있어서 기본이 되는 것은 위의 사항입니다.

㉑ $a > 0$, $b > 0$, $A = \dfrac{ax + by}{a + b}$, $B = \dfrac{bx + ay}{a + b}$ 일 때,

$$AB \geqq xy$$

임을 증명하시오.

풀이 $AB \geqq xy$의 분모를 없앤 부등식

$$(ax + by)(bx + ay) \geqq (a + b)^2 xy \qquad ①$$

을 증명하면 된다. ①의 좌변에서 우변을 빼면

$$(ax + by)(bx + ay) - (a + b)^2 xy$$
$$= abx^2 + aby^2 - 2abxy$$
$$= ab(x - y)^2 \geqq 0$$

그러므로 ①이 성립합니다.

문제 29 b, d가 양수이고 $\dfrac{a}{b} > \dfrac{c}{d}$일 때, 다음 부등식을 증명하시오.

$$\frac{a}{b} > \frac{a + c}{b + d} > \frac{c}{d}$$

문제 30 위의 예와 같이

$$a > 0, \ b > 0, \ A = \frac{ax + by}{a + b}, \ B = \frac{bx + ay}{a + b}$$

라 할 때, $A^2 + B^2$과 $x^2 + y^2$의 대소를 비교하시오.

문제 31 $a \geq 0$, $b \geq 0$일 때, 다음 부등식을 증명하시오.

$$\frac{a+b}{1+a+b} \leq \frac{a}{1+a} + \frac{b}{1+b}$$

[주의 : 이 부등식의 증명에는, "분모를 없애지 않는" 교묘한 방법도 있습니다. 할 수 있으면 그것을 발견하세요.]

4.4 집합·명제·조건

우리는 제3장에서 등식의 증명, 제4장에서 부등식의 증명 등을 배우고, 또 제1장 9페이지에서 "$\sqrt{2}$가 무리수임의 증명"을 처음으로 하여 귀류법이라는 증명법의 예도 몇 개 들어 보았습니다. 그래서, 이 부등식에 관한 장을 끝맺을 즈음에 마지막으로, 명제·조건·증명 등에 관한 일반적인 사항을 일단 정리하여 기술해 두고자 합니다. ("논리"에 대해서 보다 자세한 사항은 아마 또 후에 서술할 기회가 있을 것입니다.)

그리고, 이 절의 첫머리에서는, 먼저 집합에 대하여 지금까지 쓰지 않고 남겨 놓았던 것을 몇 가지 기술하려고 합니다. 처음에 말하려는 것은 거의 제1장에서 이미 기술했던 것이지만, 시간도 페이지도 상당히 지나갔으므로, 한 번 더 복습을 위해 요점을 다시 정리하겠습니다.

◆ 집합·공집합·부분집합

어떤 대상의 모임을 집합이라 하고, 집합을 구성하는 대상 하나하나를 그 집합의 원소 또는 원이라 부르고, 대상 a가 집합 A의 원소인 것을 $a \in A$라 쓰고, a가 A의 원소가 아닌 것을 $a \notin A$ 라 쓰는 것은 이미 배웠습니다. 또한, 원소 a, b, c, … 로 이루어진 집합을

$$\{a, b, c, \cdots\}$$

이라는 기호로 나타내며, 문자 x에 대한 어떤 조건이 주어졌을 때, 그 조건을 만족하는 x 전체의 집합을

$$\{x \,|\, x \text{를 만족하는 조건}\}$$

이라는 기호로 나타내는 것 등도, 우리는 이미 알고 있습니다. 예를 들면, 문자 x가 실수라는 전제 아래에서 $\{x \,|\, x > 0\}$라 쓰면, 이것은 양인 실수 전체의 집합을 나타냅니다. 이 집합을 예를 들어 $\{y \,|\, y > 0\}$, $\{z \,|\, z > 0\}$ 등과 같이 써도 의미가 똑같다는 것도 이전에 주의를 주었습니다.

그런데, 역시 문자 x가 실수라는 전제 아래에서, $\{x \,|\, x^2 < 0\}$라 쓴다면, 이것은 어떤 집합을 나타내는 것일까요? 정의에 의하면, 이것은 "$x^2 < 0$이라는 조건을 만족하는 실수 x 전체의 집합"을 나타내고 있습니다. 그러나 몇 번이나 반복하여 말한 바와 같이, 임의의 실수 x에 대하여 $x^2 \geqq 0$이고 $x^2 < 0$라는 조건을 만족하는 실수 x는 존재하지 않습니다. 따라서, 위에서 말한 집합은, 한 개의 원소도 갖지 않은 것입니다. 이러한 것도 "집합"이라고 생각해도 될까요? 여러분 중에는 이런 의심을 갖는 사람도 있겠지만, 우리는 원소를 한 개도 갖고 있지 않는 집합을 적극적으로 인정하기로 합니다. 그렇게 하는 것이 편합니다. 우리는 그것을 **공집합**이라 부르고

$$\emptyset$$

이라는 기호로 표시합니다. 그러면, 문자 x가 실수를 나타낼 때, $\{x \,|\, x^2 < 0\}$은 공집합 $\emptyset$이 됩니다. 고대 인도 사람이 "0이라는 수"를 발견했기 때문에 수의 표현 방법이나 수의 연산이 매우 편리하게 된 것과 같이, 공집합의 도입은, 집합의 취급을 매우 편리하게 해 주는 것입니다. (더구나, 이 공집합이라는 개념은 여기서 설명하는 것이 처음이고 전에는 설명하지 않았습니다.)

두 개의 집합 A, B가 있고, A의 모든 원소가 B에 속할 때, 즉

$$x \in A \implies x \in B$$

가 성립할 때, A는 B의 **부분집합**이라고 하고

$$A \subset B \text{ 또는 } B \supset A$$

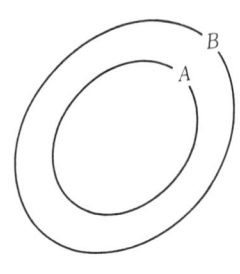

라 씁니다. 이것을 그림으로 나타내면 '왼쪽과 같이 됩니다. A가 B의 부분집합일 때, A는 B에 **포함된다**, B는 A를 **포함한다**고 합니다.

A 자신도 A의 부분집합이라고 생각합니다. 또한 공집합 ϕ은 임의의 집합 A의 부분집합이라고 합니다. 따라서, 예를 들어 집합 $\{1, 2\}$의 부분집합을 전부 써 보면

$$\{1, 2\}, \quad \{1\}, \quad \{2\}, \quad \phi$$

의 네 개가 됩니다. (여기에서 예를 들면 $\{2\}$는, 2라고 하는 단 한 개의 원소를 갖는 집합을 나타냅니다.) 여러분은 앞에서 배웠던, 집합 $\{1, 2, 3\}$의 부분집합을 전부 써 보십시오. 이것은 특별히 문제로는 내지 않고 책 뒤의 해답에도 쓰지 않겠습니다만, 부분집합은 모두 8개라는 것을 힌트로 알려 줍니다.

집합 A, B가 같다고 하는 것은, 이 두 집합의 원소가 완전히 일치할 때이며, 그 때 $A = B$라 씁니다. 그것은 결국

$$x \in A \implies x \in B, \quad x \in B \implies x \in A$$

의 양쪽이 성립한다고 말할 수밖에 없습니다. 바꾸어 말하면, $A = B$는 $A \subset B$ 그리고 $B \subset A$인 것과 동치입니다. 즉

$$A = B \iff A \subset B, \quad B \subset A$$

입니다. 특히 $A = \phi$은 물론 A가 공집합인 경우, 즉 A가 원소를 한 개도 갖지 않은 집합인 경우를 나타냅니다.

$A \subset B$이지만 $A = B$가 아닐 때에는, A는 B의 **진부분집합**이라고 합니다. 예를 들면, 양인 홀수 전체의 집합은 자연수 전체의 집합이 진부분집합입니다. 또, 집합 $\{1, 2\}$의 진부분집합은 $\{1\}, \{2\}, \phi$의 세 개입니다.

◆ 교집합 · 합집합

두 개의 집합 A, B에 대하여, A, B 모두에 속하는 원소 전체의 집합을 A, B의 **교집합**이라 하고, $A \cap B$라는 기호

로 나타냅니다. 즉

$$A \cap B = \{x \mid x \in A, \ x \in B\}$$

입니다. [여기에서 $\{x \mid x \in A, \ x \in B\}$라고 쓴 것은, 정확하게는

$$\{x \mid x \in A \quad 그리고 \quad x \in B\}$$

라고 써야겠지요. 그러나 수학에서는, 보통 이러한 방법으로 썼을 때, 콤마(,)는 "그리고"의 의미가 됩니다.]

또, A, B의 적어도 한쪽에 속하는 원소 전체의 집합을 A, B의 **합집합**이라 하고, $A \cup B$라는 기호로 나타냅니다. 즉

$$A \cup B = \{x \mid x \in A \ \text{또는} \ x \in B\}$$

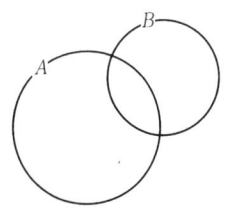

입니다. 여기에서 수학에서의 "또는"이라는 말의 일반적 용법에 대해서 주의해 두겠는데, 수학에서 "p 또는 q"라고 할 때에는 "p 그리고 q"인 경우도 포함하고 있습니다. 결국 "p 또는 q"라는 것은, "p, q의 어느 한쪽만"이라는 의미는 아닙니다. 따라서, A, B의 공통부분에 속하는 원소는 당연히 A, B의 합집합에도 속합니다.

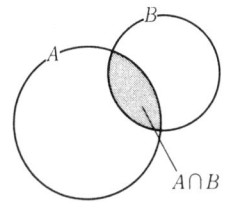

집합 A, B의 교집합 $A \cap B$, 합집합 $A \cup B$를 그림으로 보이면 오른쪽 그림과 같이 됩니다.

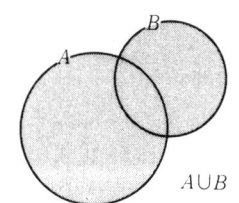

⟨예⟩ $A = \{x \mid x \text{는 } 12\text{의 양의 약수}\} = \{1, 2, 3, 4, 6, 12\}$

　$B = \{x \mid x \text{는 } 8\text{의 양의 약수}\} = \{1, 2, 4, 8\}$이면

　$A \cap B = \{x \mid x \text{는 } 12\text{와 } 8\text{의 양의 공약수}\} = \{1, 2, 4\}$

　　　$A \cup B = \{1, 2, 3, 4, 6, 8, 12\}$

⟨예⟩ 문자 x가 실수를 나타낼 때

　　$\{x \mid x > 0\} \cap \{x \mid x \leq 1\} = \{x \mid 0 < x \leq 1\}$

　　$\{x \mid x > 0\} \cup \{x \mid x \leq 1\} = $ 실수 전체의 집합

⟨예⟩ 이차부등식 $(x-1)(x+2) > 0$의 근, 즉 집합

　　$$\{x \mid (x-1)(x+2) > 0\}$$

　은 $\{x \mid x < -2\}$와 $\{x \mid 1 < x\}$의 합집합

　　$$\{x \mid x < -2\} \cup \{x \mid 1 < x\}$$

[이 근을 보통 간단히 "$x < -2, \ 1 < x$"라고 썼습니다.

간단히 쓰는 방법에서의 콤마는 "그리고"의 의미는 아닙니다. 그것은 "또는"의 의미입니다!]

문제 32 x를 실수라 하고, $A = \{x \mid |x| < 3\}$, $B = \{x \mid 1 \leq x \leq 5\}$라 합니다. $A \cap B$, $A \cup B$를 구하시오.

집합의 교집합과 합집합에 대해서는, 다음과 같은 연산법칙이 성립합니다.

교환법칙 $A \cap B = B \cap A, \qquad A \cup B = B \cup A$

결합법칙 $\begin{cases} (A \cap B) \cap C = A \cap (B \cap C) \\ (A \cup B) \cup C = A \cup (B \cup C) \end{cases}$

분배법칙 $\begin{cases} A \cap (B \cup C) = (A \cap B) \cup (A \cap C) \\ A \cup (B \cap C) = (A \cup B) \cap (A \cup C) \end{cases}$

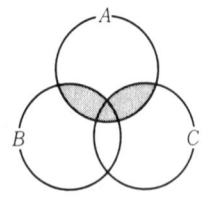

$A \cap (B \cup C)$

여기서 교환법칙과 결합법칙은 분명합니다. 분배법칙의 제1식은 왼쪽 그림을 이용하면, 용이하게 설명할 수 있습니다. 제2식에 대해서도 같은 모양이기 때문에, 여러분 스스로 해보기 바랍니다.

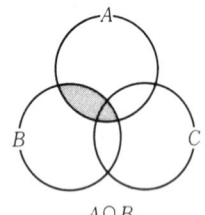

$A \cap B$

◆ 여집합, 드 모르간의 법칙

수학에서 집합을 다룰 때에는, 사전에 한 개의 "큰" 집합 U가 정해져 있고, 그 집합 U의 부분집합만을 생각하는 것이 보통입니다. 그 경우, U를 **전체집합**이라 합니다.

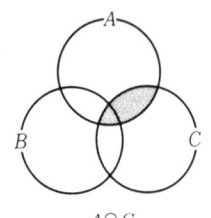

$A \cap C$

전체 집합 U가 주어져 있을 때, 그 부분집합 A에 속하지 않은 U의 원소 전체의 집합을 U에 대한 A의 **여집합**이라 합니다. 여기서는 A의 여집합을 A'로 나타내기로 합니다. [고교까지의 교과서에서는 관습적으로 여집합을 A^c라 쓰기로 되어 있지만, 이 책에서는 간단한 기호 A'를 사용하겠습니다. 다만, 이 기호로 여집합을 나타내는 경우에는, 전후의 상황에서 그것을 확실히 알 수 있게 되어 있어야 합니다.]

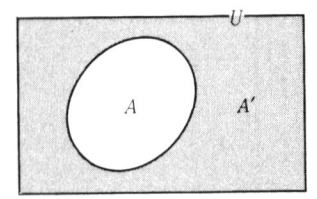

예를 들면, 실수의 전체를 전체집합으로 한 경우,

$$A = \{x \mid x > 0\}$$이면 $$A' = \{x \mid x \leqq 0\}$$

$$A = \{x \mid x는\ 유리수\}$$이면 $$A' = \{x \mid x는\ 무리수\}$$

가 됩니다.

여집합의 정의에서 분명히

$$A \cap A' = \phi, \quad A \cup A' = U$$

가 성립합니다. 또 A'의 여집합 A''가 본래의 A와 일치하는 것, 즉 $A'' = A$인 것도 분명합니다.

여집합에 대해서는 다음의 법칙이 더 성립합니다.

$$(A \cap B)' = A' \cup B', \quad (A \cup B)' = A' \cap B'$$

이것을 **드 모르간의 법칙**이라고 합니다. 오른쪽 그림은 드·모르간의 법칙의 제1식을 표시하고 있습니다.

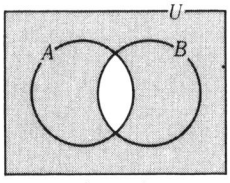

$(A \cap B)'$

집합의 여집합을 생각할 때에는 당연한 것이지만, 우선 전체집합 U가 무엇인가를 확실히 알고 있어야 합니다. 전체집합 U를 잡는 방법은, 물론 우리가 어떠한 문제를 다루고 있는가에 따라서, 여러 가지로 변합니다. 예를 들면, 그것은 자연수 전체의 집합이거나, 실수 전체의 집합이기도 하고, 혹은 또 평면상의 점 전체의 집합이거나, 평면상의 삼각형 전체의 집합이기도 합니다. 다루고 있는 문제이든지 상황 등에서, 특별히 명확하게 말하지 않아도, 전체집합이 무엇인지 저절로 확실히 아는 경우도 많지만, 어떻든 어느 전체집합 중에서 생각하고 있는지는 항상 똑똑히 인식해 두어야만 합니다.

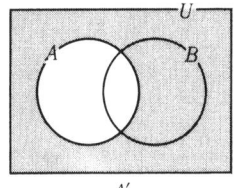

A'

B'

◈　명　제

앞에서 집합에 대한 이야기를 일단 끝냈기 때문에, 다음에는 명제에 대해 설명하기로 합니다. 명제라는 말은 지금까지도 이 책의 본문에서 "자연스럽게" 몇 번이나 나타났지만, 여기에서 한 번 더 그 의미를 확실히 하여, 역시 그것에 대한 몇 개의 기본적인 사항을 말해 보기로 합시다.

일반적으로, 옳은지 옳지 않은지 확실히 판단할 수 있

는 식이나 문장을 **명제**라 합니다. 명제가 옳을 때, 그 명제는 **참이다** 또는 **성립한다**고 말하고, 옳지 않을 때, **거짓이다** 또는 **성립하지 않는다**라고 합니다.

（예） (1) "2＋3＞4"인 식은 참인 명제입니다.

(2) "5는 짝수이다"라는 문장은 거짓인 명제입니다. 우리는 또한, 명제 p로부터, 혹은 명제 p와 q로부터

p가 아니다,　p 그리고 q,　p 또는 q,　$p \Longrightarrow q$

등의 새로운 명제를 만들 수가 있습니다. 다음에 그 명제들의 진위에 대해서 차례로 설명하겠습니다.

1　p가 이니다.　명제 p에 대하여 "p가 아니다"라는 명제를 p의 **부정**이라 합니다. 여기서는 p의 부정을 p'로 나타내기로 하겠습니다. p가 참이면 p'는 거짓이고, p가 거짓이면 p'는 참입니다.

（예） "2＋3＞4"의 부정은 "2＋3≦4"이고, 이것은 거짓인 명제입니다.

명제 p가 참인지 거짓인지에 따라서 명제 p'가 거짓 혹은 참이 되는 것을, 우리는 다음과 같이 표로 나타냅니다. 여기서 ○는 "참"을 ×는 "거짓"을 나타내고 있습니다. 이 표를 명제 p'의 **진리표**라고 합니다.

p	p'
○	×
×	○

2　p 그리고 q, p 또는 q　두 개의 명제 p, q에 대하여, "p 그리고 q"라 하는 것은, p, q가 함께 참일 때에만 참이고, 적어도 한쪽이 거짓일 때에는 거짓이 되는 명제입니다. 또 "p 또는 q"라는 것은 p, q의 적어도 한쪽이 참이면 참이고, 양쪽이 함께 거짓일 때에만 거짓이 되는 명제입니다.

（예） 다음 네 개의 명제

"4＞3" 그리고 "$\sqrt{2}$는 무리수이다."

　　　“4<3” 그리고 “$\sqrt{2}$는 무리수이다.”

　　　“4<3” 또는 “$\sqrt{2}$는 무리수이다.”

　　　“4<3” 또는 “$\sqrt{2}$는 유리수이다.”

의 참, 거짓은 위에서 순서대로 참, 거짓, 참, 거짓이 됩니다.

　위에 명제 p'의 진리표를 만들었던 것과 같이, 우리는 명제 “p 그리고 q”, “p 또는 q”의 진리표를 만들 수 있는데, 그것은 다음과 같습니다. 이 표의 읽는 법은 아마 설명이 없어도 알겠지요.

　그리고 또는

p	q	p 그리고 q
○	○	○
○	×	×
×	○	×
×	×	×

p	q	p 또는 q
○	○	○
○	×	○
×	○	○
×	×	×

　3　$p \Longrightarrow q$ (p 이면 q)　이것은 “p가 참이면 q도 참이다”라는 것을 주장하는 명제입니다. 이 명제의 진리표는 다음과 같습니다.

p	q	$p \Longrightarrow q$
○	○	○
○	×	×
×	○	○
×	×	○

　이 표에 의하면, 명제 p가 거짓일 경우에는, 명제 q의 참과 거짓에는 관계없이 $p \Longrightarrow q$는 참입니다. 이것은 결국, 그러한 “약속”으로, 여러분은 조금 이상하게 생각할지도 모르지만, 이것이 논리에 있어서 “자연스러운” 약속인 것입니다. 나는 여기서 여러분이 이 진리표를 하나의 “약속”으로서 순순히 받아들여 주기를 희망합니다. 그러나, 아직 왜 이 “약속”이 자연스러운가?라고 묻는 사람이 있겠지요. 그 질문에 답하는 것은 사실은 좀 어렵겠지만,

나는 아래에 약간의 "예"를 들어 이것을 설명해 보겠습니다.

내가 지금 이 원고를 쓰고 있는 것은 토요일밤이고, 비가 내리고 있습니다. 내일 일요일에도 비가 내릴 것 같습니다. 나는 내일의 날씨를 대충 "비가 내린다.", "비가 내리지 않는다"의 두 개로 크게 나누어서, p를 내일 "비가 내린다"라는 명제로 하고, q를 내일 "집에서 원고를 쓴다"라는 명제로 하겠습니다. 그러면, $p \Longrightarrow q$는 내일,

비가 내리면 집에서 원고를 쓴다.

라는──그다지 기쁘지 않는──명제가 됩니다. 나는 지금 이것을 나 자신에게 부과한 약속이라 하겠습니다. 그런데, 만약 내일 비가 내리지 않는다고 한다면 어떻겠습니까? 그 때에는 나는 완전히 자유입니다. 어딘가에 산책하러 나가도 좋고, 영화를 보러 가도 좋고, 집에서 멍하니 텔레비젼을 보고 있어도 좋은 것입니다. 또──기분이 내키면──집에서 원고를 써도, 물론 좋을 것입니다. 내가 위에 쓴 약속에 위반되는 것은, 내일, "비가 내리고 있는 데에도 불구하고 집에서 원고를 쓰지 않는다."라는 경우 뿐입니다. 즉 내가 약속을 위반한다, 바꾸어 말하면, 위에서 말했던 $p \Longrightarrow q$인 명제가 "거짓이다"라는 것은, "p가 참이고 q가 거짓인 경우에만 한한다"는 것입니다.

위의 설명은 그다지──혹은 전혀──"논리적"이지도 "설득적"인 것도 아니었을런지도 모릅니다. 아마 이러한 형식적인 "논리"의 이야기는 나중에 하는 것이 좋겠지요. 우선은, 여러분이 위의 설명에서 납득했든지 못했든지 그것은 별도로 하고, 하여튼, 명제 $p \Longrightarrow q$의 진리표는 위에 기재한 것처럼 된다는 것을 기억하여 주면 그것으로 족합니다.

4 $p \Longleftrightarrow q$ 이것은 "$p \Longrightarrow q$ 그리고 $q \Longrightarrow p$"라는 명제입니다. $p \Longrightarrow q$와 $q \Longrightarrow p$의 진리표를 만들고, 다시

"그리고"의 진리표를 만드는 방법을 이용하면, $p \Longleftrightarrow q$ 의 진리표는 다음과 같이 됩니다.

p	q	$p \Longrightarrow q$	$q \Longrightarrow p$	$p \Longleftrightarrow q$
○	○	○	○	○
○	×	×	○	×
×	○	○	×	×
×	×	○	○	○

즉, 명제 $p \Longleftrightarrow q$는, p, q의 참과 거짓이 일치할 때 참, 일치하지 않을 때 거짓이 됩니다. $p \Longleftrightarrow q$를 **p와 q는 동치** 라고 읽는 것도, 104페이지에서 이미 기술해 두었습니다.

연습을 위해 명제와 동치에 대한 연습문제를 몇 개 들 겠습니다.

문제 33 p, q를 명제라 할 때, "p' 또는 q"의 진리표를 만들고, 그것을 $p \Longrightarrow q$의 진리표와 비교하여, 다음을 나타내시오.

$$(p' \text{ 또는 } q) \Longleftrightarrow (p \Longrightarrow q)$$

문제 34 명제 p, q에 대하여 다음을 나타내시오.

$$(p \text{ 그리고 } q)' \Longleftrightarrow (p' \text{ 또는 } q')$$

$$(p \text{ 또는 } q)' \Longleftrightarrow (p' \text{ 그리고 } q')$$

명제에 대해서의 이들 동치식도 **드 모르간의 법칙**이라 합니다.

문제 35 명제 p, q에 대하여, $p \Longleftrightarrow q$의 부정 $(p \Longleftrightarrow q)'$의 진리표를 만들고,

$$(p \Longrightarrow q)' \Longleftrightarrow (p \text{ 그리고 } q')$$

임을 나타내시오. [이 결과는 여러분에게 한 가지 주의를 요구합니다. $(p \Longrightarrow q)'$는 절대로 $p \Longrightarrow q'$와 동치가 아닙니다. 때때로, 그와 같이 오해하고 있는 사람을 보기 때문에, $p \Longrightarrow q$의 부정은 $p \Longrightarrow q'$와 다르다고 하는 것을 여기서 강조해 두겠습니다.]

◆ 조건과 집합

조건이라는 말도, 이미 이 책에서는 "자연스럽게 뜻을 알고 있는"것으로서 거리낌없이 사용해 왔습니다. 새삼스럽게 그 의미를 한 번 더 다시 생각해 봅시다. 먼저 예를 들어 보겠습니다.

예 (1) x 가 실수를 나타낼 때, "$(x-2)(x-4)<0$"라는 식은, 이 자체로서는 참과 거짓을 말할 수 없습니다. 그러나 x 에 개개의 실수를 대입하면, 각각 참과 거짓이 정해집니다.

예를 들면

$x=3$ 일 때 $(3-2)(3-4)=1\cdot(-1)=-1<0$ 은 참

$x=5$ 일 때 $(5-2)(5-4)=3\cdot1=3<0$ 은 거짓

입니다.

(2) n 이 자연수를 나타낼 때 "n 이 소수이다"라는 문장도, 이 자체로서는 참과 거짓은 정해지지 않지만, n 에 개개의 자연수를 대입했을 때에는 각각 참과 거짓이 정해집니다. 예를 들면

$n=2, 3, 11, 17$ 등에 대해서는 참

$n=4, 6, 15, 20$ 등에 대해서는 거짓

이 됩니다.

일반적으로, 어떤 전체집합 U 의 임의의 원소를 나타내는 문자를 포함하는 식이나 문장에서, 그 문자에 U 의 개개의 원소를 대입했을 때에 각각 참과 거짓이 정해지는 것을, 그 문자에 대한 **조건**이라 합니다. 또 그 문자를 **변수**라 하고, 전체집합 U 를 그 변수의 **변역**이라 합니다. 위예의 (1)은 x 에 대한 조건이고, x 의 변역은 실수 전체의 집합, 또 (2)는 n 에 대한 조건이고, n 의 변역은 자연수 전체의 집합입니다.

앞으로 조건도 명제와 같이 p, q 등의 문자로 나타내기로 합니다. (예를 들면, p 가 변수 x 에 대한 조건인 경우, 단지 p 가 아닌 $p(x)$ 로 쓰면, 보다 명확하게 되지요. 여러

분은 이후로 필요에 따라 자기 스스로 그와 같이 수정해 주세요.)

U를 변역으로 하는 변수 x의 조건 p가 주어졌을 때,
$$P=\{x\,|\,x\text{는 조건 }p\text{를 만족한다}\}$$
는, U의 부분집합이 됩니다. 앞으로는 이것을 간단히
$$P=\{x\,|\,p\}$$
와 같이 쓰기로 합시다. (위에서도 말한 바와 같이, $P=\{x\,|\,p(x)\}$로 쓰면 더욱더 의미가 확실합니다.) 나는 이 집합 P를 여기에서는 조건 p의 **진리집합**이라 부르겠습니다.

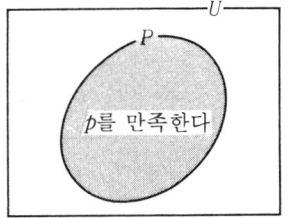

(예) 방정식 $x^3=1$의 근이 $1, \dfrac{-1+\sqrt{3}i}{2}, \dfrac{-1-\sqrt{3}i}{2}$ 인 것은 자세히 말하면, 전체집합 U를 복소수의 전체라 할 때,

x에 대한 조건 "$x^3=1$"의 진리집합은
$$\left\{1, \dfrac{-1+\sqrt{3}i}{2}, \dfrac{-1-\sqrt{3}i}{2}\right\}$$
라는 것을 의미하고 있습니다.

(예) 전체집합 U를 실수 전체라 할 때, 이차부등식 $(x-2)(x-4)<0$의 근은,

x에 대한 조건 "$(x-2)(x-4)<0$"의 진리집합
$$\{x\,|\,2<x<4\}$$
입니다.

(예) 전체집합 U를 자연수 전체로 하고, 변수를 n이라 할 때,

n에 대한 조건 "n이 소수이다"
의 진리집합은, "소수 전체의 집합"이 됩니다.

p, q가 모두 U를 변역으로 하는 변수 x의 조건일 때,
$$p\text{가 아니다,}\quad p\text{ 그리고 }q,\quad p\text{ 또는 }q$$
도 또 x에 대한 조건이 됩니다. "p가 아니다"라는 조건을 p의 부정이라 하고, 명제의 경우와 같이 p'로 나타냅

니다.

㉠ (1) 실수 x에 대하여, 조건 "$x>1$"의 부정은, 조건 "$x\leq 1$"입니다.

(2) 정수 n에 대하여, 조건 "n은 짝수이다"의 부정은, "n은 홀수이다"가 됩니다.

(3) 실수 x에 대하여

조건 "$x<1$ 그리고 $x>-1$"은 조건 "$x^2<1$"와 같습니다.

(4) 실수 x에 대하여

조건 "$x>1$ 또는 $x>-1$"는 조건 "$x^2>1$"와 같습니다.

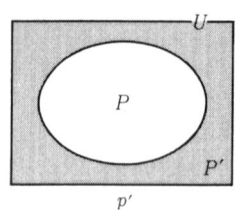

p'

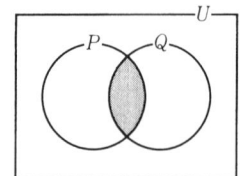

p 그리고 q

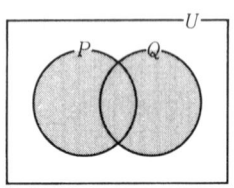

p 또는 q

x에 대한 조건 p, q에 대하여, 그 진리집합을

$$P=\{x\,|\,p\}, \quad Q=\{x\,|\,q\}$$

라 하면, 조건

$$p', \quad p \text{ 그리고 } q, \quad p \text{ 또는 } q$$

의 진리집합은, 명확하게 각각

$$\text{여집합 } P', \quad \text{교집합 } P\cap Q, \quad \text{합집합 } P\cup Q$$

가 됩니다.

다음에, 조건 p, q에 대하여, 조건 "p 그리고 q"의 부정을 생각해 봅시다. p, q의 진리집합을 위와 같이 P, Q라 하면, "p 그리고 q"의 진리집합은 $P\cap Q$이므로, "p 그리고 q"의 부정의 진리집합은 $(P\cap Q)'$가 되어, 213페이지의 드 모르간의 법칙에 따르면, 그것은 $P'\cup Q'$와 같게 됩니다. 그리고 $P'\cup Q'$는 "p' 또는 q'"의 진리집합입니다. 따라서

$$(p \text{ 그리고 } q)' \Longleftrightarrow p' \text{ 또는 } q'$$

가 성립합니다. 같은 방법으로

$$(p \text{ 또는 } q)' \Longleftrightarrow p' \text{ 그리고 } q'$$

임을 알 수 있습니다.

이것을 (조건에 대한) **드 모르간의 법칙**이라고 합니다. (명제에 대한 드 모르간의 법칙은 **문제 34**에 있습니

다.)

㉠ (1)　실수 x에 대하여, 조건 "$x > -1$ 그리고 $x < 2$" 즉 "$-1 < x < 2$"의 부정은, 조건 "$x \leqq -1$ 또는 $x \geqq 2$" 가 됩니다.

(2)　실수 x에 대하여, 조건 "$x \geqq 4$ 또는 $x < 0$"의 부정은, 조건 "$x < 4$ 그리고 $x \geqq 0$" 즉 "$0 \leqq x < 4$"가 됩니다.

이것으로 여러분은, 논리의 연산과 집합 연산과의 사이에는 밀접한 관계가 있음을 이해했으리라 생각합니다.

◆　명제 $p \Longrightarrow q$

지금까지와 같이 U를 전체집합으로 하고, p와 q는 U를 변역으로 하는 변수 x의 조건이라 할 때, "p가 아니다", "p 그리고 q", "p 또는 q" 등은 역시 x에 대한 조건입니다. 그것에 대하여

$$p \Longrightarrow q \ (p \text{ 이면 } q)$$

라는 것은 조건이 아닙니다. 이것은 명제입니다! 자세히 말하면, 이것은 "변수 x가 조건 p를 만족한다면 x는 반드시 조건 q도 만족한다"는 명제를 나타내고 있습니다.

예를 들면, U가 실수의 전체일 때

$$x > 2 \Longrightarrow x > 1$$

라는 명제는 "$x > 2$를 만족하는 실수 x는 반드시 $x > 1$을 만족한다"고 하는 명제를 나타내고 있습니다.

여러분에게 확실히 인식시키기 위해, 한번 더

$$p \Longrightarrow q$$

라는 명제의 의미를 정확히 말씀드리겠습니다. 그것은,

전체집합 U의 어떠한 원소 x에 대해서도

x가 p를 만족한다면 x는 반드시 q를 만족한다

고 하는 명제입니다.

조건 p, q의 진리집합을 $P = \{x \,|\, p\}$, $Q = \{x \,|\, q\}$라 하면

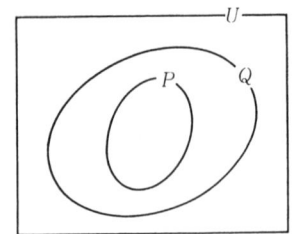

위에서 진술한 것은

　　U의 임의의 원소 x에 대하여 $x \in P \Longrightarrow x \in Q$인 것과 같습니다. 즉, $P \subset Q$인 것과 같습니다.

　따라서

　　명제 $p \Longrightarrow q$가 성립하는 것은 $P \subset Q$와 같은 것

이 됩니다. 따라서 또,

　　명제 $p \Longleftrightarrow q$가 성립하는 것은 $P=Q$와 같은 것

이 됩니다.

　다음에, 명제 $p \Longrightarrow q$의 부정을 생각해 봅시다. 위에서 말한 것처럼, 명제 $p \Longrightarrow q$가 성립하는 것은 $P \subset Q$이기 때문에 "명제 $p \Longrightarrow q$가 성립하지 않는다"라고 하는 것은 "$P \subset Q$가 아니다"와 같습니다. 즉, "$p \Longrightarrow q$가 성립하지 않는다"고 하는 것은, 전체집합 U 속에

　　$x \in P$이지만 $x \in Q$가 아닌 x가 존재한다

는 것을 의미하고 있습니다.

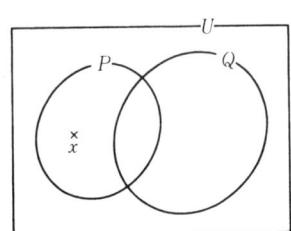

(예) 실수 x에 대하여, 명제 "$x>1 \Longrightarrow x>2$"는 성립하지 않습니다. 예를 들면 $x=1.5$는, 조건 $x>1$을 만족하지만, 조건 $x>2$는 만족하지 않습니다.

　일반적으로, 명제 $p \Longrightarrow q$가 성립하지 않는 것을 나타낼 때에는, 위의 예와 같이, 조건 p를 만족하지만 조건 q는 만족하지 않는 하나의 예를 나타내면 됩니다. 그와 같은 예를 **반례**라고 합니다.

문제 36 다음의 명제는 성립합니까? 성립하지 않는 것에 대해서는 반례를 들어 주시오. (단, x는 실수를 나타냅니다.)

(1)　$x^2=1 \Longrightarrow x=1$　　(2)　$x^2<1 \Longrightarrow x<1$

(3)　$x^2>1 \Longrightarrow x>1$　　(4)　$x<1 \Longrightarrow x^2<1$

(5)　$x>1 \Longrightarrow x^2>1$

[주의 : 위에서는 조건 p, q에 대하여 $p \Longrightarrow q$는 언제나 명제를 나타낸다고 하였습니다. 이것은 조금 지나친 말일지

도 모릅니다. $p' \Longrightarrow q$를 "p 또는 q"라는 조건으로 해석할 가능성도 있기 때문입니다. 그러나 실제로는, 이러한 해석은 거의 되지 않고, 특별한 사정이 없는 한, $p \Longrightarrow q$는 언제나 본문에서 말한 것처럼 명제로서 해석됩니다. 이것은 "이라면"이라는 논리어의 한 특성이라고도 말할 수 있겠지요.]

◈ 두 개 이상의 문자를 포함하는 조건

우리는 이제까지 다만 한 개의 문자에 대한 조건을 생각해 왔지만, 조건에는 물론 두 개 이상의 문자를 포함하는 것도 있습니다. 그와 같은 조건──두 변수 이상의 조건──에 대해서도, 역시 "p가 아니다", "p 그리고 q", "p 또는 q"와 같은 조건을 생각할 수가 있고, 또 조건 p, q에서 "$p \Longrightarrow q$"꼴의 명제를 만들 수가 있습니다.

그리고, 이제까지 기술해 왔던 것은 이러한 두 개 이상의 문자를 포함하는 조건에 대해서도 (진리집합을 생각하는 방법 등은 조금 수정할 필요가 있습니다만), 기본적으로는 아무 것도 변하지 않습니다. 예를 들면, 드·모르간의 법칙 등도, 위와 완전히 같은 모양으로 성립합니다. 따라서 나는, 세세한 것은 하나하나 다시 설명하지 않고, 몇 개의 간단한 예와 문제를 내는 것만으로 마치겠습니다.

⟮예⟯ (1)　실수 x, y에 대하여 "$x > 0$ 또는 $y > 0$"의 부정은 "$x \leqq 0$ 그리고 $y \leqq 0$"입니다.

(2)　정수 m, n에 대하여, "m, n은 모두 짝수이다"의 부정은 "m, n의 적어도 한쪽은 홀수이다"가 됩니다.

⟮예⟯ (1)　명제 "$a = 0 \Longrightarrow ab = 0$"은 참입니다.

(2)　명제 "$ab = 0 \Longrightarrow a = 0$"은 거짓입니다. 예를 들면,

$$a = 1, \quad b = 0$$

은, $ab = 0$을 만족합니다만, $a = 0$을 만족하지 않습니

다.

(예) a가 0이 아닌 실수이고, b, c가 실수를 나타낼 때, 다음 명제는 참입니다.

$$b^2 - 4ac > 0 \implies \text{이차방정식 } ax^2 + bx + c = 0$$
$$\text{은 서로 다른 두 개의 실근을 갖는다.}$$

문제 37 a, b가 실수를 나타낼 때, 다음 명제의 참, 거짓을 말하시오. 거짓인 것에 대해서는 반례를 들어 주시오.

(1) $a > b \implies a^2 > b^2$ (2) $a^2 = b^2 \implies a = b$

(3) $a > b \implies a^3 > b^3$

문제 38 a, b가 복소수를 나타낼 때, 다음의 명제는 성립합니까?

$$a^2 + b^2 = 0 \implies a = b = 0$$

◆ **역과 필요조건 · 충분조건**

p, q가 조건을 나타낼 때, 명제 $p \implies q$에 있어서, p를 **가정**, q를 **결론**이라 합니다. 가정과 결론을 바꾸어 넣는 명제 $q \implies p$를 $p \implies q$의 역이라 합니다.

예를 들면, 위의 예와 같이

        "$a = 0 \implies ab = 0$"은 성립하지만,

        "$ab = 0 \implies a = 0$"은 성립하지 않습니다.

일반적으로 $p \implies q$가 옳다고 해서, 역 $q \implies p$가 반드시 옳은 것은 아닙니다. 이것을

역은 반드시 참이 되는 것은 아니다

라 말합니다.

명제 $p \implies q$가 성립할 때,

        q를, p가 성립하기 위한 필요조건

        p를, q가 성립하기 위한 충분조건

이라 합니다.

(예) "$a = 0 \implies ab = 0$"은 참이므로

$ab=0$은 $a=0$이 성립하기 위한 필요조건,

$a=0$은 $ab=0$이 성립하기 위한 충분조건

입니다.

명제 $p \Longrightarrow q$와 $q \Longrightarrow p$가 동시에 성립할 때, 즉 p $\Longleftrightarrow q$가 성립할 때, q을 p이기 위한 **필요충분조건**이라 합니다. 이때 p는, q이기 위한 필요충분조건입니다. 또, p, q가 서로 다른 필요충분조건인 것을 p와 q는 **동치**라고 합니다. 동치인 조건은, 수학적으로는 완전히 "같은 내용"을 나타내고 있습니다. 그 때문에, 종종 조건 p와 q가 동치인 것을, "조건 p와 q는 같다"라고 말하기도 합니다.

[주의 : q는 "p가 성립하기 위한 필요충분조건"인 것을 간단히, q는 "p가 성립하기 위한 조건"이라고 말하는 경우도 있습니다.]

(예) "$ab=0 \Longleftrightarrow a=0$ 또는 $b=0$"이므로

"$a=0$ 또는 $b=0$"은

$ab=0$이 성립하기 위한 필요충분조건

입니다.

(예) 이차방정식 $ax^2+bx+c=0$에 대하여, 이것이 서로 다른 두 개의 실근, 중근, 서로 다른 두 개의 허근을 갖기 위한 필요충분조건은, 각각

$b^2-4ac>0, \quad b^2-4ac=0, \quad b^2-4ac<0$

입니다. 이것은, 제 3 장 118페이지의 정리를 보면 곧 알 수 있습니다.

필요조건, 충분조건, 필요충분조건(동치)이라는 말은, 수학에서 극히 기본적인 말이지만, 그 내용을 똑똑히 기억하기는 상당히 어려운 것입니다. 여러분은, 아래의 도식을 보고, 시각적으로 그 의미를 꼭 기억해 주세요. 그리고 또, "$p \Longrightarrow q$일 때, q는 p의 필요조건, p는 q의 충분조건"이라는 말을 몇 번이라도 반복해서 외고, 완전히 기억한다고 자신이 생길 때까지, 읽어 주세요.

$$p \implies q \qquad\qquad p \iff q$$

$$\boxed{\text{충분조건}} \quad \boxed{\text{필요조건}} \qquad\qquad \boxed{\text{필요충분조건}}$$
$$\boxed{\text{동치}}$$

문제 39 다음의 (1) – (10)에 있어서, q는 p가 성립하기 위한 필요조건인가, 충분조건인가, 필요충분조건인가, 그렇지 않으면, 그 어느 것도 아닌가 조사해 보십시오.

(1) $p : 2x - 5 = 0$ $\qquad\qquad$ $q : x = \dfrac{5}{2}$

(2) $p : a = b$ $\qquad\qquad\qquad$ $q : a^2 = b^2$

(3) $p : (x-1)(x-2) = 0$ $\qquad$ $q : x = 1$

(4) $p : ac = bc$ $\qquad\qquad\quad$ $q : a = b$

(5) $p : ac = bc$ $\qquad\qquad\quad$ $q : a = b$ 또는 $c = 0$

(6) $p : ab > 0$ $\qquad\qquad\quad$ $q : a > 0$

(7) $p : a < b$ $\qquad\qquad\qquad$ $q : a^2 < b^2$

(8) $p : a^2 < b^2$ $\qquad\qquad\quad$ $q : |a| < |b|$

(9) $p : x > 0, \ y > 0$ $\qquad\quad$ $q : x + y > 0$

(10) $p : x > 0, \ y > 0$ $\qquad\quad$ $q : x + y > 0, \ xy > 0$

단, 문자는 모든 실수를 나타내는 것으로 합니다.

◆ 이 · 대우

p, q가 조건일 때에, 명제 $p \implies q$에 대하여, 명제 $q \implies p$를 그 역이라 하는 것은 위에서 말했지만, 그 외에

명제 $p' \implies q'$를 $p \iff q$의 **이**
명제 $q' \implies p'$를 $p \iff q$의 **대우**

라 합니다. 물론 여기서, p', q'는 각각 조건 p, q의 부정을 나타내고 있습니다.

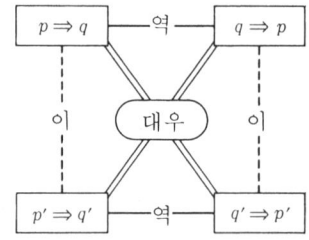

역, 이, 대우의 관계를 그림으로 나타내면 왼쪽과 같이 됩니다. 이 중, 역과 대우는 기억해야 할 말이지만, 이라는 말은 그 의미를 잊어버려도 상관 없습니다. 이것은 그 말의 "정의"가 있을 뿐이고, 실제로 사용되는 경우는 거의 없기 때문입니다. (전문적인 수학자라도, "명제 $p \implies$

q의 이는 어떠한 명제인가라고 질문 받고 곧바로 답 할 수 있는 사람은 적을지도 모릅니다.) 기억해야 할 말은, 역과 대우입니다. 특히 중요한 것은 "대우"입니다라고 말하는 것은, 명제 $p \Longrightarrow q$와 그 대우 $q' \Longrightarrow p'$와는 동치입니다. 즉 참과 거짓이 일치하기 때문입니다.

나는 다음에 이것을, 간단히 하기 위해, p, q가 한 변수 x에 대한 조건인 경우에 대하여 설명하겠습니다. 변수 x의 변역, 즉 전체집합을 U라 하고, 조건 p, q의 진리집합을 각각

$$P = \{x \mid p\}, \qquad Q = \{x \mid q\}$$

라 합니다. 이 때, 여러분이 이미 알고 있는 것과 같이, 명제 $p \Longrightarrow q$가 성립하는 것은 $P \subset Q$인 것과 같습니다. 그리고 또 명확하게, $P \subset Q$인 것은 $Q' \subset P'$인 것과 같습니다. 그러므로, 명제 $p \Longrightarrow q$가 성립하는 것은, 명제 $q' \Longrightarrow p'$가 성립하는 것과 같게 됩니다.

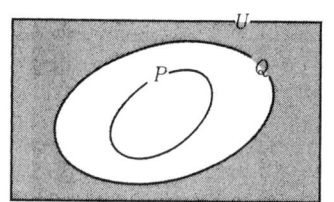

위에서는 p, q는 한 변수 x에 대한 조건이라 하였지만, 두 변수 이상의 조건인 경우에도 이것은 성립합니다.

**명제 $p \Longrightarrow q$와 그 대우 $q' \Longrightarrow p'$는
참과 거짓이 일치한다.**

이 정리는 매우 중요합니다. 실제로 우리는 종종 명제 $p \Longrightarrow q$를 나타내기 위해, 그 대우 $q' \Longrightarrow p'$를 증명할 수가 있기 때문입니다. 이 "대우에 따른 증명법"의 실지 예는, 이 책에서는 1장 앞부분에 있었습니다. 즉 8~9페이지의 n이 정수일 때,

n^2이 짝수라면, n도 짝수이다.

라는 명제의 증명이 그것이었습니다. 우리는 이 명제를 증명하기 위해, 그 대우

n이 홀수라면, n^2은 홀수이다.

를 증명했던 것입니다. (여러분은 그 페이지로 돌아가서, 이 사실을 다시 한 번 확인해 보십시오.)

더욱이 여기서 주의할 것은, 명제 $p \Longrightarrow q$를, 그 대우 $q' \Longrightarrow p'$로 증명하는 것은, 이미 배웠던 귀류법의 한 예 (더구나 중요한 한 예)입니다. 실제로 그것은, "결론 q의 부정 q'에서 가정 p와 모순인 결과를 유도해낸다"고 하는 꼴로 되어 있기 때문입니다.

(예) 실수 a, b에 대하여 $a^2+b^2 \leq 8$이라면, "$a \leq 2$ 또는 $b \leq 2$"임을 증명하시오.

증명 이 명제의 대우는

$$a > 2, \ b > 2 \implies a^2+b^2 > 8$$

로 되지만, 임의의 실수 x에 대하여

$$x > 2 \implies x^2 > 4$$

이므로, 이 대우가 성립하는 것은 분명합니다. 따라서, 이 명제는 증명되었습니다.

문제 40 다음의 명제를 대우를 써서 증명하시오.

(1) 정수 m, n에 대하여, mn이 짝수라면, m, n의 적어도 한 쪽은 짝수이다.

(2) $a > 0, b > 0, a^2+b^2 > 50$이라면, a, b 중 적어도 한 쪽은 5보다 크다.

(3) 정수 m, n에 대하여, m^2+n^2이 3의 배수라면, m, n은 모두 3의 배수이다.

마지막으로 이 장을 끝맺는 의미에서, 한번 더 증명 문제를 출제하겠습니다. 이것은 "대우에 따른 증명"과는 별로 관계가 없습니다.

문제 41 a, b, c는 0이 아닌 실수이고, 이차방정식 $ax^2+2bx+c=0$은 허근을 갖고, $bx^2+2cx+a=0$은 중근을 갖고 있습니다. 이 때, 이차방정식 $cx^2+2ax+b=0$은 서로 다른 두 개의 실근을 갖게 됨을 증명하시오.

해 답

제 1 장

문제 1 $\dfrac{1}{6}=0.16\dot{}$ $\dfrac{30}{11}=2.\dot{7}\dot{2}$ $-\dfrac{65}{202}=-0.3\dot{2}178$

$\dfrac{1}{17}=0.\dot{0}588235294117647\dot{}$

문제 2 $1.\dot{6}=\dfrac{5}{3}$ $3.5\dot{2}=\dfrac{317}{90}$ $0.\dot{5}\dot{7}=\dfrac{19}{33}$

$4.25\dot{4}=\dfrac{234}{55}$ $1.\dot{7}4\dot{0}=\dfrac{47}{27}$

문제 3 (1) 덧셈, 뺄셈, 곱셈에 대하여 닫혀 있다. 나눗셈에 대해서는 닫혀 있지 않다.

(2) 곱셈에 대해서 닫혀 있다. 다른 연산에 대해서는 닫혀 있지 않다.

(3) 덧셈, 곱셈, 나눗셈에 대하여 닫혀 있다. 뺄셈에 대해서는 닫혀 있지 않다.

문제 4 $ab=c$라 하고, c가 유리수라고 가정해 봅니다. 그러면, $b=\dfrac{c}{a}$ 의 우변이 유리수가 되어 b가 무리수라는 것에 모순입니다.

문제 5 $a+b\sqrt{2}=c+d\sqrt{2}$의 우변을 좌변으로 이항하면 $(a-c)+(b-d)\sqrt{2}=0$이다. 따라서 위의 예제에서, $a-c=0$, $b-d=0$, 즉 $a=c$, $b=d$라는 결론을 유도할 수 있습니다.

문제 6 $\dfrac{1}{8}$, $\dfrac{1}{9}$, 1, $-\dfrac{1}{125}$

문제 7 (1) a^2 (2) 1   (3) $\dfrac{1}{a^3}$

(4) a^3 (5) $\dfrac{1}{a^4}$ (6) $\dfrac{b^3}{a^3}$

문제 8 **1** $a>0, b>0$ 일 때,

$ab>0$이므로 $|ab|=ab$

또 $|a|=a$, $|b|=b$ 이므로 $|a||b|=ab$

2 $a>0, b<0$ 일 때,

$ab<0$이므로 $|ab|=-ab$

또 $|a|=a$, $|b|=-b$ 이므로

$|a||b|=a(-b)=-ab$

3 $a<0, b>0$ 일 때,

2 와 같은 모양

4 $a<0, b<0$ 일 때,

$ab>0$이므로 $|ab|=ab$

또 $|a|=-a$, $|b|=-b$ 이므로

$|a||b|=(-a)(-b)=ab$

5 a, b 중 적어도 한 쪽이 0일 때, $|ab|$, $|a||b|$ 모두 0이다.

문제 9 (1) $q=18$, $r=18$ (2) $q=-5$, $r=10$

(3) $q=0$, $r=5$ (4) $q=-1$, $r=8$

문제 10 (1) 최대공약수 $3^3 \cdot 19$, 최소공배수 $3^6 \cdot 7^2 \cdot 19^2$

(2) 최대공약수 $2^2 \cdot 13$, 최소공배수 $2^4 \cdot 5^2 \cdot 11^2 \cdot 13^3$

문제 11 (1) 15   (2) 9   (3) 572

문제 12 (1) $r=5$, $s=-4$ (2) $r=20$, $s=-9$

문제 13 $r=-6$, $s=29$

문제 14 (1) $\{3k|k$는 정수$\}$ (2) $\{22k|k$는 정수$\}$

문제 15 (1) 4와 3은 서로 소

(2) 10000과 3969는 서로 소

문제 16 (1) $-\sqrt{2}$ (2) $2\sqrt{3}$

(3) 3   (4) $\dfrac{1}{6}$

문제 17 (1) $\dfrac{\sqrt{7}}{14}$ (2) $\sqrt{2}+1$

(3) $4(\sqrt{5}-2)$

문제 18 4.6458

문제 19 (1) $\sqrt{3}+1$ (2) $\sqrt{5}-2$

(3) $\sqrt{5}+\sqrt{3}$ (4) $3-\sqrt{6}$

(5) $\dfrac{\sqrt{6}-\sqrt{2}}{2}$ (6) $\dfrac{\sqrt{14}+\sqrt{6}}{2}$

문제 20 1

제 2 장

문제 1 (1) $ax^3+bx^2y+cxy^2+dy^3$

(2) 10개 즉, $x^3, x^2y, xy^2, y^3, x^2, xy, y^2, x, y$ 의 각 항과 상수항

문제 2 10개 즉, $x^2, y^2, z^2, xy, yz, zx, x, y, z$ 의 각 항과 상수항

문제 3 (1) $A+B=9x^3-3x^2-5x-6$

$A-B=-7x^3-x^2+5x-8$

(2) $A+B=-8y^3-y^2+15y-2$

$A-B=4y^3-9y^2-3y+12$

문제 4 (1) $2x^3-13x^2+21x-4$

(2) $x^4+x^3-10x^2+29x-15$

(3) $-3a^4+2a^3+8a^2-3a-4$

(4) $x^5+2x^4-14x^3+9x^2-12x+18$

문제 5 (1) $9x^2+30xy+25y^2$

(2) $16a^2-56ab+49b^2$

(3) $x^2-\dfrac{y^2}{4}$ (4) $x^2+3x-28$

(5) $18x^2-3x-10$

(6) $10a^2-17ab+3b^2$

문제 6 $n=3k+1$이면 $n^2=9k^2+6k+1=(9k^2+6k)+1$이고, 괄호 안은 3의 배수입니다. 또 $n=3k+2$이면 $n^2=9k^2+12k+4=(9k^2+12k+3)+1$이고, 괄호 안은 3의 배수입니다. 따라서, n^2을 3으로 나누면 1만 남습니다.

문제 7 (1) $a^2+4b^2+c^2-4ab-4bc+2ca$

(2) $x^2+4xy+4y^2-6x-12y+9$

문제 8 (1) $x^3+6x^2+12x+8$

(2) $8a^3-36a^2b+54ab^2-27b^3$

문제 9 (1) $ab(2a-3b)$ (2) $(2x-3)(x-4)$

(3) $(a+3)(b-4)$ (4) $(x-a)(x-b)$

문제 10 (1) $(5x-2)^2$ (2) $(2a+3)^2$

(3) $9(2+a)(2-a)$

(4) $(x+1)(x-1)(y+1)(y-1)$

(5) $(a-b)(a+b)(a^2+b^2)$

(6) $(a^2+b^2-c^2)^2-4a^2b^2=(a^2+b^2-c^2)^2-(2ab)^2$

$=(a^2+b^2-c^2+2ab)(a^2+b^2-c^2-2ab)$

$=\{(a+b)^2-c^2\}\{(a-b)^2-c^2\}$

$=(a+b+c)(a+b-c)(a-b+c)(a-b-c)$

문제 11 (1) $(x+2)(x+7)$ (2) $(x+7)(x-4)$

(3) $(x-6)(2x-1)$ (4) $(3x+4)(4x+3)$

(5) $(a+b)(3a-10b)$

(6) $(2x+5y)(8x-9y)$

문제 12 (1) $(3x-1)(9x^2+3x+1)$

(2) $(4x+5)(16x^2-20x+25)$

(3) $(2a-5b)(4a^2+10ab+25b^2)$

문제 13 (1) $(x+y)(x-y-1)$

(2) $(a+b+c)(a-c)$

(3) $(x-y+2)(x-y+3)$

(4) $(x+1)(x-1)(x-y)$

(5) $(x+1)^2(x-1)^2$

(6) $(x+y)(x-y)(x+5y)(x-5y)$

(7) $(a-2)(a+2)(a^2+5)$

(8) $(a-2b)(a+2b)(a^2+4b^2)$

(9) $(2x-3y)(2x+3y)(4x^2+9y^2)$

(10) $(x-y)(x+y)(x^2+2y^2)$

(11) $(x-2)(x+6)(x+2)^2$

(12) $(x+2y-3)(2x-y+2)$

(13) $(x+2y-5)(x-3y+4)$

(14) $(x-2)(2x+y+3)$

(15) $(a+3b-2)(a-b-1)$

(16) $(a^2+2a+2)(a^2-2a+2)$

(17) $(x^2+x+1)(x^2-x+1)$

(18) $(a+b+1)(a+c+1)$

(19) $(x+y+1)(x^2-xy+y^2-x-y+1)$

(20) $3(a-b)(b-c)(c-a)$

문제 14 (1) 몫$=x+2$, 나머지$=9$

(2) 몫$=x^2-2x+3$, 나머지$=0$

(3) 몫$=6x-5$, 나머지$=-7x+5$

(4) 몫$=x^2-3x-2$, 나머지$=9x+7$

(5) 몫$=2a^3+a^2+2$, 나머지$=0$

문제 15 (1) 몫$=a-b$

(2) 몫$=a^3+a^2b+ab^2+b^3$

(3) 몫$=a^2+b^2+c^2-bc-ca-ab$

문제 16 처음에 최대공약수, 다음에 최소공배수를 씁니다.

(1) xy^2z, $x^3y^2z^3$ (2) a^2b, $a^3b^3c^2$

(3) $x-3$, $(x+1)(x-1)(x+3)(x-3)$

(4) $a+b$, $(a+b)^2(a-b)(a^2-ab+b^2)$

(5) $x+y+z$, $(x+y+z)(x+y-z)(x-y+z)(-x+y+z)$

문제 17 차수가 같은 것은 $(x-2)^2$과 $(x-2)(x+4)$. 차수가 같다고 하는 제한을 하지 않으면, 이 해 이외에 $x-2$와 $(x-2)^2(x+4)$

문제 18 (1) $x-7$ (2) $x+1$ (3) x^2-2x-2

문제 19 (1) 0 (2) $\dfrac{1}{x+1}$ (3) 1

(4) $-\dfrac{1}{x-1}$ (5) $\dfrac{(x-2)(x^2+2)}{x(x+1)}$

(6) $\dfrac{x}{x^2-x+1}$ (7) $\dfrac{x}{(x-1)(x-2)(2x+1)}$

(8) $\dfrac{2(2x+3)}{x(x+1)(x+2)(x+3)}$　　(9) $\dfrac{8a^7}{a^8-1}$

(10) $\dfrac{3}{x(x+3)}$　　(11) 0

(12) $\dfrac{1}{(a+1)(b+1)(c+1)}$

문제 20　(1) $\dfrac{x+7}{x}$　　(2) $\dfrac{1}{x}$

(3) $\dfrac{(x+2)(x+4)}{(x-2)(x+3)}$

(4) $\dfrac{5(x^2-2x+4)}{4(x-6)(x+1)}$

(5) $\dfrac{2(a+1)(a-2)}{(a-1)(a+2)}$

(6) $\dfrac{1-b}{a}$　　(7) $\dfrac{1}{3}$　　(8) 1

문제 21　(1) $\dfrac{x}{x-2}$　　(2) $\dfrac{x-1}{x}$　　(3) $\dfrac{2}{a}$

제 3 장

문제 1　(1) $x=-7$　　(2) $x=-\dfrac{2}{5}$

(3) $x=4$　　(4) $x=-5$

문제 2　겹치는 시각은 7시 $38\dfrac{2}{11}$ 분

직각을 이루는 시각은 7시 $21\dfrac{9}{11}$ 분과

7시 $54\dfrac{6}{11}$ 분

문제 3　(1) $x=-3,\,-6$　　(2) $x=\pm\dfrac{15}{4}$

(3) $x=0,\,-4$　　(4) $x=\dfrac{3}{2}$

(5) $x=\dfrac{5}{2},\,-\dfrac{2}{7}$　　(6) $x=2,\,-\dfrac{3}{2}$

문제 4　(1) $x=\dfrac{3}{4},\,-2$　　(2) $x=1\pm\sqrt{5}$

(3) $x=-4\pm4\sqrt{2}$　　(4) $x=\dfrac{11\pm3\sqrt{5}}{2}$

(5) $x=-\dfrac{3}{2},\,-\dfrac{4}{3}$　　(6) $\dfrac{2\pm\sqrt{10}}{3}$

문제 5　(1) $-6i$　　(2) $2+8i$　　(3) -36

(4) $31-29i$　　(5) $-i$　　(6) 1

(7) i　　(8) -1　　(9) $\dfrac{3}{5}+\dfrac{4}{5}i$

(10) i　　(11) $\dfrac{1}{2}-\dfrac{5}{2}i$　　(12) $-i$

(13) $-i$　　(14) -4　　(15) $\dfrac{1}{5}$

(16) $-\dfrac{7}{25}+\dfrac{24}{25}i$

문제 6　$x^2+x+1=0,\quad x^3=1$

문제 7　(1) $x=\pm2\sqrt{2}\,i$　　(2) $x=\pm\dfrac{4}{5}i$

(3) $x=\dfrac{-1\pm\sqrt{3}\,i}{2}$　　(4) $x=\dfrac{5\pm\sqrt{31}\,i}{4}$

(5) $x=1\pm2i$　　(6) $x=\dfrac{-2\pm\sqrt{3}\,i}{3}$

문제 8　$a=2,\ \dfrac{2}{3}$

$a=2$ 일 때 $x=-3$, $a=\dfrac{2}{3}$ 일 때 $x=-\dfrac{7}{3}$

문제 9　(1) -6　　(2) -7　　(3) $\dfrac{4}{5}$

(4) $-\dfrac{71}{4}$

문제 10　(1) $2-2i$　　(2) $b=-4,\ c=4$

(3) $x=2$ (중근)

문제 11　(1) $(7x+5)(8x+7)$

(2) $\left(x-\dfrac{1+\sqrt{5}}{2}\right)\left(x-\dfrac{1-\sqrt{5}}{2}\right)$

(3) $(3x+5i)(3x-5i)$

(4) $3\left(x-\dfrac{2+\sqrt{5}\,i}{3}\right)\left(x-\dfrac{2-\sqrt{5}\,i}{3}\right)$

(5) $(\sqrt{2}\,x+1)(\sqrt{2}\,x+13)$

문제 12　$ax^2+bxy+cy^2=a\left(x^2+\dfrac{b}{a}xy+\dfrac{c}{a}y^2\right)$

$=a\{x^2-(\alpha+\beta)\,xy+\alpha\beta y^2\}$

$=a(x-\alpha y)(x-\beta y)$

문제 13　실수의 범위에서는

$$x^4+x^2+1=(x^2+x+1)(x^2-x+1)$$

x^4+x^2+1

$=\left(x+\dfrac{1+\sqrt{3}\,i}{2}\right)\left(x+\dfrac{1-\sqrt{3}\,i}{2}\right)$

$\times\left(x-\dfrac{1+\sqrt{3}\,i}{2}\right)\left(x-\dfrac{1-\sqrt{3}\,i}{2}\right)$

문제 14　(1) $2x^2-16x+35=0$

(2) $4x^2+4x+25=0$

(3) $7x^2-2x+1=0$

문제 15 $-10, -10, -6, 0, -4, 26, -10$

문제 16 $-9, -10, 0, -27$

문제 17 $-2x+4$

문제 18 $x-1$을 인수로 갖는 것은 $P(x), R(x)$

 $x+1$을 인수로 갖는 것은 $R(x)$

 $x+2$를 인수로 갖는 것은 $P(x), Q(x)$

문제 19 $k=3, k=8$

문제 20 $P(2)=0, P(-2)=0$ 에서 p, q 를 구하면,

$$p=-\frac{3}{2}, \quad q=-4$$

문제 21 (1) $(x+1)(x+2)(x-3)$

(2) $(x+1)(x^2-7x+2)$

(3) $(x-2)(x+2)(2x+1)$

(4) $(2x+1)(x^2-x+1)$

문제 22 계산에 의하여 간단히 확인할 수 있다.

문제 23 계산에 의하여 간단히 확인할 수 있지만, ω는 방정식 $x^2+x+1=0$의 근이었던 것을 생각하면, 이 등식은 분명하다.

문제 24 (1) $x=2, -1\pm\sqrt{3}\,i$

(2) $x=-1, \dfrac{1\pm\sqrt{3}\,i}{2}$

(3) $x=-2, 1\pm\sqrt{3}\,i$

문제 25 $\dfrac{x}{a}=y$로 놓으면, 주어진 방정식은 $y^3=1$이 됩니다. y에 대한 이 방정식의 근은 $1, \omega, \omega^2$이고, x는 그 a배이기 때문에, $a, a\omega, a\omega^2$으로 됩니다.

문제 26 (1) $x=\pm1, \pm i$ (2) $x=\pm\sqrt{3}, \pm\sqrt{5}\,i$

문제 27 (1) $x=1, \dfrac{-1\pm\sqrt{13}}{2}$

(2) $x=3$ (이중근), -2

(3) $x=2, \pm\dfrac{\sqrt{6}}{2}$

(4) $x=-\dfrac{1}{2}, \dfrac{1\pm\sqrt{3}\,i}{2}$

(5) $x=1, -1, -1\pm\sqrt{3}\,i$

(6) $x=-2$ (이중근), $2\pm2i$

문제 28 $x=\dfrac{\sqrt{6}\pm\sqrt{6}\,i}{2}, \dfrac{-\sqrt{6}\pm\sqrt{6}\,i}{2}$

문제 29 $x=4$ 또는 $5-\sqrt{17}$

문제 30 (1) $x=3, y=-2$ (2) $x=3, y=4$

(3) $x=1, y=-2, z=3$

(4) $x=-3, y=5, z=-1$

(5) $x=-6, y=13, z=-29$

(6) $x=1, y=2, z=3, u=4$

(7) $x=\dfrac{5}{2}, y=0, z=-4, u=\dfrac{3}{2}$

문제 31 백의 자리, 십의 자리, 일의 자리 숫자를 x, y, z라 하면,

$$x+y+z=12, \quad 3y=x+z,$$

$$100z+10y+x=100x+10y+z+693$$

이 연립방정식을 풀면 $x=1, y=3, z=8$

답 138

문제 32 (1) $x=4, y=3 ; x=-3, y=-4$

(2) $x=2\sqrt{3}, y=6 ; x=-2\sqrt{3}, y=-6$

(3) $x=2, y=3 ; x=-\dfrac{2}{3}, y=-\dfrac{7}{3}$

(4) $x=2+\sqrt{2}, y=2-\sqrt{2}$

 $x=2-\sqrt{2}, y=2+\sqrt{2}$

(5) $x=4, y=1 ; x=1, y=4$

(6) $x=-5, y=5 ; x=\dfrac{3}{5}, y=\dfrac{4}{5}$

문제 33 세로 $x$cm, 가로 $y$cm라 하면

$$(x-4)(y+5)=xy \text{에서 } 5x-4y-20=0$$

$$(x+4)(y-5)=\frac{2}{3}xy \text{에서}$$

$$15x-12y+60=xy$$

이 연립방정식을 풀면 $x=12, y=10$

문제 34 두 변을 $x$cm, $y$cm라 하면

$$x+y=21, x^2+y^2=15^2=225$$

이 연립방정식을 풀면   답 12cm, 9cm

문제 35 힌트처럼 x, y를 정하면

$$2x+3y=50, x^2+2y^2=300$$

이 연립방정식을 풀면

$$x=10, y=10 \text{ 또는 } x=\frac{230}{17}, y=\frac{130}{17}$$

따라서, 정사각형의 둘레 40cm, 직사각형의 둘레 60cm 또는 정사각형의 둘레 $\dfrac{920}{17}$ cm, 직사각형의 둘레 $\dfrac{780}{17}$ cm

문제 36 (1) $x=\pm6, y=\pm2 ; x=\pm2\sqrt{7}$,

 $y=\pm\sqrt{7}$ (복부호동순)

(2) $x=\pm1, y=\pm2 ; x=\pm\sqrt{6}\,i$,

 $y=\mp\dfrac{3}{2}\sqrt{6}\,i$ (복부호동순)

(3) $x=\pm2, y=\mp3 ; x=\pm3, y=\mp2$

(4)　$x=\pm5,\ y=\mp3$; $x=\pm3i,\ y=\pm5i$
　　　（복부호동순）

(5)　$x=3,\ y=2$; $x=2,\ y=3$

(6)　$x=1,\ y=-1$; $x=\dfrac{2}{3},\ y=-2$

(7)　$x=1\pm i,\ y=1\mp i$ （복부호동순）

(8)　$x=\pm2,\ y=\pm3i$ 부호의 조합은 임의

문제 37 (1)　힌트처럼 $z=x+yi$라 하면
$$z^2=(x^2-y^2)+2xyi$$
따라서
$$x^2-y^2=15,\quad xy=-4$$
이 연립방정식의 "실근"을 구하면, $x=\pm4$, $y=\mp1$(복부호동순). 답 $z=\pm(4-i)$

(2)　(1)과 같은 형태로 $x^2-y^2=0,\ xy=2$ 이 연립방정식의 실근을 구하면
$$x=\pm\sqrt{2},\ y=\pm\sqrt{2}\ \text{（복부호동순）}$$
답 $z=\pm(\sqrt{2}+\sqrt{2}i)$

문제 38　문제 37과 같이, $z=x+yi$라 하면
$$x^2-y^2=a,\quad 2xy=b$$
이 두 식으로부터, x^2과 $-y^2$은 t에 대하여 이차방정식
$$t^2-at-\frac{b^2}{4}=0$$
의 두 개의 근이 됩니다. 이 이차방정식을 근의 공식에 의해 풀면, $x,\ y$는 0이 아닌 실수이기 때문에 $x^2>0,\ y^2>0$이며, 또 $\sqrt{a^2+b^2}>a,\ \sqrt{a^2+b^2}>-a$인 것에 주의하면, $x^2,\ y^2$은 각각
$$x^2=\frac{a+\sqrt{a^2+b^2}}{2},\ y^2=\frac{-a+\sqrt{a^2+b^2}}{2}$$
이 됨을 알 수 있습니다. 마지막으로, 괄호 안의 부호를 취하는 방법은, $2xy=b$라는 식에서, $b>0$일 때는 $x,\ y$는 같은 부호, $b<0$일 때는 $x,\ y$는 다른 부호이어야 합니다. 그러므로, z는 문제에 식으로 주어집니다.

문제 39 (1)　$x=-2,\ y=3,\ z=4$;
$$x=-\frac{2}{15},\ y=-\frac{11}{15},\ z=-\frac{16}{3}$$

(2)　$x=20,\ y=21,\ z=29$; $x=21,\ y=20,$
　　　$z=29$

(3)　$x=\pm\dfrac{3}{2},\ y=\mp\dfrac{5}{2},\ z=\pm5$ （복부호동순）

(4)　$x=\pm2,\ y=\mp1,\ z=\mp3$ （복부호동순）

문제 40　세로, 가로 높이를 각각 $x\,\mathrm{cm},\ y\,\mathrm{cm},\ z\,\mathrm{cm}$ 라 하면
$$xy+yz+zx=188$$
$$(x+1)y+yz+z(x+1)=206$$
$$x(y+1)+(y+1)z+zx=204$$
제 1식과 제 2식에서 $y+z=18$, 제 1식과 제 3식에서 $x+z=16$이 얻어지고, 이 두 식으로부터 $x,\ y$를 z로 나타낸 두 식을 제 1식에 대입하면 z에 대한 이차방정식이 됩니다.

답　세로 6cm, 가로 8cm, 높이 10cm

문제 41　양변을 계산하면 같은 결과가 얻어집니다. (4)는 다음과 같이 해도 됩니다.
$$\frac{b}{a(a+b)}+\frac{c}{(a+b)(a+b+c)}$$
$$=\left(\frac{1}{a}-\frac{1}{a+b}\right)+\left(\frac{1}{a+b}-\frac{1}{a+b+c}\right)$$
$$=\frac{1}{a}-\frac{1}{a+b+c}$$

문제 42 (1)　$a=-3,\ b=2,\ c=1$

(2)　$a=4,\ b=4,\ c=2$

(3)　$a=2,\ b=-5,\ c=3$

(4)　$a=1,\ b=0,\ c=1,\ d=6$

문제 43 (1)　$a=1,\ b=-2$

(2)　$a=1,\ b=-1,\ c=3$

(3)　$a=2,\ b=1,\ c=-3$

(4)　$a=3,\ b=-3,\ c=5$

(5)　$a=\dfrac{1}{4},\ b=-\dfrac{1}{4},\ c=0,\ d=-\dfrac{1}{2}$

(6)　$a=1,\ b=-1,\ c=0,\ d=-1,\ e=0$

문제 44　양변에 $(x-a)(x-b)(x-c)$를 곱하면
$$x^2=\frac{a^2(x-b)(x-c)}{(a-b)(a-c)}+\frac{b^2(x-c)(x-a)}{(b-c)(b-a)}$$
$$+\frac{c^2(x-a)(x-b)}{(c-a)(c-b)}$$
이 다항식의 등식은 $x=a,\ b,\ c$에 대하여 성립하고, 그리고 양변은 2차 이하의 다항식입니다. 따라서 이것은 항등식이 됩니다.

문제 45 (1)　생략

(2)　$\dfrac{b^2-c^2}{a}+\dfrac{c^2-a^2}{b}+\dfrac{a^2-b^2}{c}$

$$= -\left(\frac{b^2-c^2}{b+c}+\frac{c^2-a^2}{c+a}+\frac{a^2-b^2}{a+b}\right)$$
$$= -\{(b-c)+(c-a)+(a-b)\}=0$$

(3) 81페이지의 인수분해 공식
$$a^3+b^3+c^3-3abc=(a+b+c)(a^2+b^2+c^2$$
$$-ab-bc-ca)$$
를 이용하면, 바로 결론을 얻을 수 있습니다.

문제 46 주어진 비의 값을 k라 하면, (1)의 각 변은 k, (2)의 양변은 $\dfrac{(k+1)^2}{k}$, (3)의 양변은 k, (4)의 양변은 k^2

문제 47 (1) $15:12:10$ (2) $2:1:2$
(3) $16:9:4$

문제 48 $a=kx,\ b=ky,\ c=kz$라 하면, (1)의 양변은 k^2, (2)의 양변은 $k^2(x^2+y^2+z^2)^2$

문제 49
$$x=\frac{as}{a+b+c},\quad y=\frac{bs}{a+b+c},\quad z=\frac{cs}{a+b+c}$$

제 4 장

문제 1 17, 18, 19, 20 : $\dfrac{a}{b}=a\cdot\dfrac{1}{b}$ 로 하여, 성질 **4, 12, 13, 14** 및 **15, 16**을 이용한다. **21, 22** : $\dfrac{a}{c}=a\cdot\dfrac{1}{c},\ \dfrac{b}{c}=b\cdot\dfrac{1}{c}$ 로 하여, 성질 **4, 11, 15, 16**을 이용한다.

문제 2 (1) 성질 **3**에 의하여, $a>b$로부터 $a+c>b+c$, 또 $c>d$로부터 $b+c>b+d$, 여기서 **2**를 이용한다.
(2) 성질 **4**에 의하여, $a>b$, $c>0$으로부터 $ac>bc$, 또 $c>d$, $b>0$으로부터 $bc>bd$. 여기서 성질 **2**를 이용한다.
(3) 성질 **21**에 의하여, $a>b$의 양변을 b로 나누면 $\dfrac{a}{b}>1$, 또, 이 양변을 a로 나누면 $\dfrac{1}{b}>\dfrac{1}{a}$

문제 3 생략

문제 4 $a^2\geqq 0,\ b^2\geqq 0$ 이므로 $a^2+b^2\geqq 0$. 그리고 만약 $a,\ b$의 어느 한 쪽이 0이 아니면, $a^2,\ b^2$의 어느 하나는 양이기 때문에 $a^2+b^2>0$. 따라서 $a^2+b^2=0$이 되는 경우는 $a=b=0$일 때에 한합니다.

문제 5   (1) $x>-4$ (2) $x\leqq 4$

(3) $x\leqq-\dfrac{1}{2}$ (4) $x>6$

문제 6 (1) $-3\leqq x<2$ (2) $x>-2$

문제 7 (1) $-2<x<4$ (2) $x<0,\ 5<x$
(3) $-3\leqq x\leqq 2$

문제 8 상자의 개수를 x라 하면, 공의 개수는 $9x+30$이고 문제의 뜻에 의해 $12(x-1)<9x+30<12x$가 됩니다. 이것에서 $10<x<14$이고, x는 정수이므로 $x=11, 12, 13$. 따라서 공의 개수는 129, 138, 147개

문제 9 (1) $x<-\dfrac{3}{2},\ 2<x$

(2) $x\leqq-4,\ \dfrac{5}{2}\leqq x$

(3) $3<x<4$ (4) $-4\leqq x\leqq 6$

(5) $x\leqq 2-\sqrt{2},\ 2+\sqrt{2}\leqq x$

(6) $-2<x<\dfrac{5}{2}$

(7) -4 이외의 모든 실수   (8) $x=0$

(9) 실수 전체   (10) 해는 없다

(11) 실수전체

(12) $-1-\sqrt{5}\leqq x\leqq-1+\sqrt{5}$

문제 10 (1) $-\dfrac{5}{2}<x<-2$

(2) $-2\leqq x<-1,\ 1<x\leqq 4$

(3) $x<-\dfrac{1}{2},\ 5\leqq x$ (4) $-2<x\leqq\dfrac{1}{2}$

(5) $-8<x\leqq-7,\ 5\leqq x<12$

문제 11 $x=-5,\ -4,\ -3,\ -2,\ 5,\ 6,\ 7$

문제 12 (1) $k<-5,\ -1<k$
(2) $k\leqq 3-2\sqrt{2},\ 3+2\sqrt{2}\leqq k$
(3) $-\dfrac{4}{5}<k<0$

문제 13 $a<-4,\ -1<a<4$

문제 14 $(ab+cd)-(ac+bd)=(a-d)(b-c)>0$
$(ac+bd)-(ad+bc)=(a-b)(c-d)>0$

문제 15 (1) $a^2+ab+b^2=\left(a+\dfrac{b}{2}\right)^2+\dfrac{3}{4}b^2\geqq 0$
등호가 성립하는 것은 $a=b=0$ 일 때.
(2) $2x^2-3xy+4y^2=2\left(x-\dfrac{3}{4}y\right)^2+\dfrac{23}{8}y^2\geqq 0$
등호가 성립하는 것은 $x=y=0$ 일 때.

(3) $(x^2+y^2)-(4x-6y-13)$
$\quad =(x-2)^2+(y+3)^2 \geqq 0$
등호가 성립하는 것은 $x=2$, $y=-3$일 때.

문제 16 (1) $(a^2+b^2)(x^2+y^2)-(ax+by)^2$
$\quad =(bx-ay)^2 \geqq 0$

(2) $(a^4+b^4)-(a^3b+ab^3)=(a-b)^2(a^2+ab$
$+b^2$에서, $(a-b)^2 \geqq 0$, 또 문제 15(1)에서 a^2
$+ab+b^2 \geqq 0$. 따라서 $(a^4+b^4-(a^3b+ab^3)$
$\geqq 0$

(3) $(a^2+b^2+c^2+3)-2(a+b+c)$
$\quad =(a-1)^2+(b-1)^2+(c-1)^2 \geqq 0$

문제 17 $3a=2b$일 때

문제 18 (1) $\dfrac{a}{b}+\dfrac{b}{a} \geqq 2\sqrt{\dfrac{a}{b} \cdot \dfrac{b}{a}}=2$

(2) $\left(\dfrac{a}{b}+\dfrac{c}{d}\right)\left(\dfrac{b}{a}+\dfrac{d}{c}\right)$

(3) $\dfrac{x+y}{2} \geqq \sqrt{xy}$ 의 양변에 역수를 취하면
$$\dfrac{2}{x+y} \leqq \dfrac{1}{\sqrt{xy}}$$
이 양변에 **xy**를 곱한다.

(4) 좌변$-$우변$=(x-y)^2(x+y) \geqq 0$

(5) $(b+c)(c+a)(a+b)$
$\geqq 2\sqrt{\dfrac{a}{b} \cdot \dfrac{c}{d}} \times 2\sqrt{\dfrac{b}{a} \cdot \dfrac{d}{c}}=4$

문제 19 생략

문제 20 피타고라스의 정리에 의해서 $p^2=a^2+b^2$,
$q^2=b^2+c^2$, $r^2=c^2+a^2$, 따라서
$\quad p^2 \geqq 2ab$, $q^2 \geqq 2bc$, $r^2 \geqq 2ca$
이들을 곱하면 $p^2q^2r^2 \geqq 8a^2b^2c^2$. 따라서
$\quad pqr \geqq 2\sqrt{2}abc$

문제 21 생략(문제 22의 풀이 참조)

문제 22 (좌변)$^2-$(우변)$^2=(\sqrt{qa}-\sqrt{pb})^2 \geqq 0$

문제 23 (우변)$^2-$(좌변)$^2=2|a||b| \geqq 0$

문제 24 $(\sqrt{a-b})^2-(\sqrt{a}-\sqrt{b})^2=2\sqrt{b}(\sqrt{a}$
$-\sqrt{b})>0$ 그러므로 $\sqrt{a-b}>\sqrt{a}-\sqrt{b}$

문제 25 (좌변)$^2-$(우변)$^2=pq(\sqrt{a}-\sqrt{b})^2 \geqq 0$

문제 26 $(|a|+|b|)^2-|a+b|^2=2(|ab|-ab)$가
0이 되는 것은, $ab \geqq 0$일 때입니다.

문제 27 $|a|<|b|$일 때는 $|a|-|b|<0$이므로,
당연히 이 부등식이 성립합니다. $|a| \geqq |b|$일
때는
$\quad |a+b|^2-(|a|-|b|)^2=2(ab+|ab|) \geqq 0$

문제 28 $(\sqrt{2(a^2+b^2)})^2-(|a|+|b|)^2=(|a|-|b|)^2 \geqq 0$

문제 29 생략

문제 30 $x^2+y^2 \geqq A^2+B^2$

문제 31 $1+a+b \geqq 1+a$에서 $\dfrac{a}{1+a+b} \leqq \dfrac{a}{1+a}$
같은 형태로
$$\dfrac{b}{1+a+b} \leqq \dfrac{b}{1+b}$$
이 두 개의 부등식을 변끼리 더한다.

문제 32 $A \cap B=\{x \mid 1 \leqq x<3\}$,
$\quad A \cup B=\{x \mid -3<x \leqq 5\}$

문제 33 생략

문제 34

p	q	p그리고q	$(p$그리고$q)'$	p'	q'	p' 또는 q'
○	○	○	×	×	×	×
○	×	×	○	×	○	○
×	○	×	○	○	×	○
×	×	×	○	○	○	○

그리고 $(p$ 그리고 $q)' \Longleftrightarrow p'$ 또는 q'
다른 쪽도 같은 형태

문제 35

p	q	$p \Rightarrow q$	$(p \Rightarrow q)'$	p	q'	p그리고q'
○	○	○	×	○	×	×
○	×	×	○	○	○	○
×	○	○	×	×	×	×
×	×	○	×	×	○	×

문제 36 (1) 성립하지 않는다. 반례 $x=-1$

(2) 성립한다.

(3) 성립하지 않는다. 반례 $x=-2$

(4) 성립하지 않는다. 반례 $x=-2$

(5) 성립한다.

문제 37 (1) 거짓. 반례 $a=-1$, $b=-2$

(2) 거짓. 반례 $a=1$, $b=-1$

(3) 참

문제 38 성립하지 않는다. 반례 $a=1$, $b=i$

문제 39 (1) 필요충분조건 (2) 필요조건

(3) 충분조건 (4) 충분조건

(5) 필요충분조건 (6) 어느 쪽도 아니다.

(7) 어느 쪽도 아니다. (8) 필요충분조건

(9) 필요조건 (10) 필요충분조건

문제 40 (1), (2) 생략

(3) m이 3의 배수가 아니면, m은 $m=3k+1$ 또는 $m=3k+2(k$는 정수)의 꼴을 하며, m^2을 계산하면 그것은 $3u+1(u$는 정수)의 꼴이 됩니다. 이 때 n이 3의 배수이면 물론 n^2도 3의 배수이고, 따라서 m^2+n^2은 3의 배수는 아닙니다. 또, 만약 n이 3의 배수가 아니면, n^2도 $3v+1(v$는 정수)의 꼴이 되어

$$m^2+n^2=3(u+v)+2$$

가 되므로, 역시 m^2+n^2은 3의 배수가 아닙니다. 그러므로 m은 3의 배수입니다. 같은 형태로 n도 3의 배수가 됩니다.

문제 41 가정에서 $b^2-ac<0$, 즉 $b^2<ac$ ①

또 $c^2-ab=0$, 즉 $c^2=ab$ ②

①에서 $ac>0$ 이므로 a, c는 같은 부호입니다.

②에서 $ab>0$ 이므로 a, b도 같은 부호입니다.

따라서, a, b, c는 모두 같은 부호임을 알 수 있습니다. 그런데, ①, ②에서

$$b^2c^2<a^2bc$$ ③

위에 나타낸 것으로부터 $bc>0$이므로, ③의 양변을 bc로 나누면 $bc<a^2$, 따라서 $a^2-bc>0$, 이것으로부터 결론을 얻을 수 있습니다.

지은이 ● 마츠자카 가즈오(松坂和夫)

일본의 수학자, 1927년 도쿄 출생, 도쿄대 졸업.
닛쿄대 명예교수. 지은책으로 『대수에의 출발』
『선형 대수 입문』등이 있다.
이 책은 저자가 그간의 연구와 교육을 종합하여
수학의 기초부터 새롭게 이해하는 '새로운 수학 교과서'로
집필한 것이다.

옮긴이 ● 김태성(金泰星)

서울대학교 문리과대학 졸업.
미국 오리건주립대학교 대학원 졸업, 이학박사.
국립철도고등학교 · 경동고등학교 수학교사 역임.
현재 원광대학교 자연과학대 통계학과 교수.
저서로 『대학수학』등이 있음.

Super mathematics

수학독본

제 ❶ 권   수·식의 계산/방정식/부등식

지은이 ● 마츠자카 가즈오(松坂和夫)
옮긴이 ● 김태성(金泰星)
펴낸이 ● 김언호
펴낸곳 ● (주)도서출판 한길사

등록 ● 1976년 12월 24일 (제74호)
주소 ● 10881 경기도 파주시 광인사길 37
홈페이지 ● www.sonyunhangil.co.kr
전자우편 ● sonyunhangil@hangilsa.co.kr
전화 ● 031-955-2000~3
팩스 ● 031-955-2005

제1판 제 1쇄 1994년 1월 20일
제1판 제27쇄 2024년 1월 12일

값 15,000원
ISBN 89-356-4037-9 44410
          89-356-4043-3 (세트)

Super mathematics

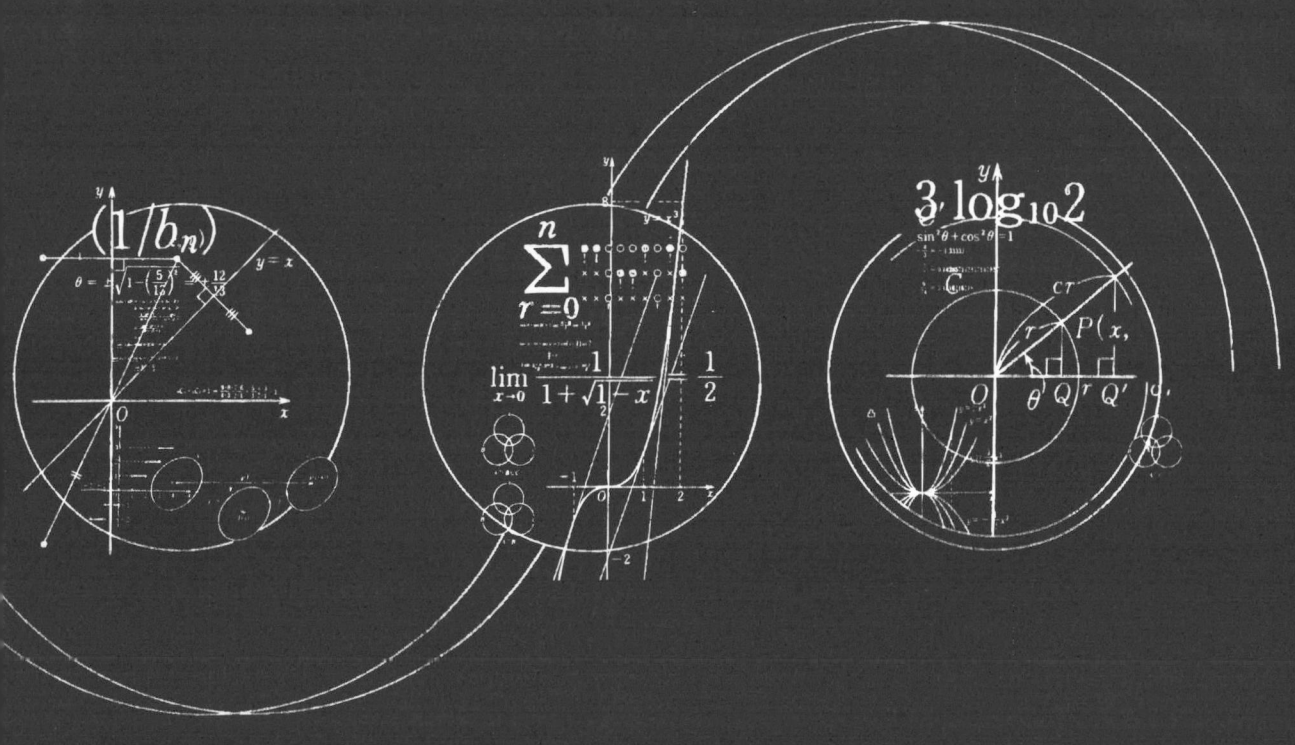